西门子工业自动化系列教材

西门子 S7–1200 PLC
编程与应用

第 2 版

刘华波　马　艳　何文雪　吴贺荣　编　著

机 械 工 业 出 版 社

本书由浅入深、全面介绍了西门子公司 SIMATIC S7-1200 PLC 的硬件、编程及应用，注重示例，强调应用。全书分为 9 章，分别介绍了 PLC 基础知识、硬件结构和安装维护、编程基础、指令系统、程序设计、精简系列面板的组态、通信和工艺功能等。

本书可作为高等院校、高职院校自动化、电气控制、计算机控制及相关专业的教材，也可供工程技术人员培训及自学使用，对西门子自动化系统的用户也有一定的参考价值。

为了配合教学，本书赠送 PPT 课件、电子教案、习题解答、教学大纲、试卷、答案、评分标准，以及本书配套的例程、教学视频、编程软件和仿真软件、用户手册等文件，教师可登录 www.cmpedu.com 免费注册，审核通过后下载教学资源，或联系编辑索取（微信：jsj15910938545，电话：010-88379739）。

图书在版编目（CIP）数据

西门子 S7-1200 PLC 编程与应用/刘华波等编著．—2 版．—北京：机械工业出版社，2020.5（2025.1 重印）
西门子工业自动化系列教材
ISBN 978-7-111-65277-9

I. ①西… Ⅱ. ①刘… Ⅲ. ①PLC 技术-程序设计-教材 Ⅳ. ①TM571.6

中国版本图书馆 CIP 数据核字（2020）第 056670 号

机械工业出版社（北京市百万庄大街 22 号 邮政编码 100037）
策划编辑：李馨馨 责任编辑：李馨馨 白文亭
责任校对：张艳霞 责任印制：张 博
北京中科印刷有限公司印刷

2025 年 1 月第 2 版·第 11 次印刷
184mm×260mm·22.75 印张·558 千字
标准书号：ISBN 978-7-111-65277-9
定价：69.90 元

电话服务　　　　　　　　　　网络服务

客服电话：010-88361066　　机 工 官 网：www.cmpbook.com
　　　　　010-88379833　　机 工 官 博：weibo.com/cmp1952
　　　　　010-68326294　　金 书 网：www.golden-book.com
封底无防伪标均为盗版　机工教育服务网：www.cmpedu.com

前　言

党的二十大报告指出，加快建设制造强国。实现制造强国，智能制造是必经之路。在新一轮产业变革中，PLC 技术作为自动化技术中的重要一环，在智能制造中扮演着不可或缺的角色。西门子 S7 系列 PLC 广泛应用于工业生产之中，拥有很高的市场占有率。S7-1200 PLC 是西门子公司 2009 年推出的面向离散自动化系统和独立自动化系统的一款控制器，采用模块化设计并具备强大的工艺功能，适用于多种场合，可满足不同的自动化需求。

本书全面介绍了 S7-1200 PLC 的硬件、编程及应用，共 9 章。第 1 章主要介绍了 PLC 的基础知识以及 S7-1200 PLC 的技术性能指标；第 2 章介绍了 S7-1200 PLC 的硬件组成、安装维护步骤等；第 3 章介绍 S7-1200 PLC 编程的基础知识，包括 PLC 的工作原理、存储区寻址、数据类型、编程方法等；第 4 章通过一个简单的入门实例介绍 TIA Portal 编程软件的使用；第 5 章介绍了 S7-1200 PLC 的指令系统；第 6 章介绍了 S7-1200 PLC 相关的程序设计，包括顺序控制设计法、数据块的使用、编程方法以及组织块的使用等；第 7 章介绍了 TIA Portal 编程软件集成的 WinCC flexible 组态精简系列面板的相关内容；第 8 章介绍了 S7-1200 PLC 的通信网络及组态步骤，主要包括以太网的串行通信等；第 9 章介绍 S7-1200 PLC 支持的工艺功能，如 PID 功能、高速计数器、运动控制和 PWM 等。

本书由刘华波、马艳、何文雪和吴贺荣编写。刘华波编写了第 1、2、3、4、6 章，马艳编写了第 5 章和第 8 章的部分内容，何文雪编写了第 8、9 章的部分内容，吴贺荣编写了第 7 章和第 9 章的部分内容，全书由刘华波统稿。

自本书第 1 版编写以来，西门子（中国）有限公司的各位同仁给予了大力支持，提供了大量技术资料，提出了宝贵建议。本书的编辑也提出了很多有价值的编写及修改建议。此外，本书得到青岛大学教学研究与改革项目资助，在此一并表示衷心的感谢。

本书的编撰注重理论和实践的结合，强调基础知识与操作技能的结合，书中提供了大量的示例，读者在阅读过程中应结合系统手册和软件帮助加强练习，举一反三，系统掌握。

因编者水平有限，书中难免有错漏及疏忽之处，恳请读者批评指正。

编者邮箱：hbliu@ qdu. edu. cn。

编　者

目　　录

第1章 概　　述

可编程序控制器是结合继电接触器控制和计算机技术而不断发展完善的一种自动控制装置，具有编程简单、使用方便、通用性强、可靠性高、体积小及易于维护等优点，在自动控制领域的应用十分广泛。目前可编程序控制器已从小规模的单机顺序控制发展到过程控制、运动控制等诸多领域。本书以西门子的紧凑型控制器S7-1200小型可编程序控制器为例，介绍可编程序控制器的基本结构、工作原理、指令系统、功能指令、程序设计及工业应用等。

可编程序控制器是在传统的继电接触器控制的基础上发展起来的，最初主要用以取代继电接触器电路所实现的逻辑控制，故称为可编程序逻辑控制器，简写为PLC（Programmable Logic Controller）。随着技术的发展，PLC不单单能完成逻辑控制，还可以实现复杂数据处理及通信功能等，因此改称为可编程序控制器，简写为PC（Programmable Controller），但为了与个人计算机（Personal Computer，PC）区别，仍习惯称之为PLC。

1.1　PLC的基础知识

1.1.1　PLC的诞生及发展

在传统的工业生产过程中存在着大量的开关量顺序控制，按照逻辑条件进行顺序动作，并按照逻辑关系进行联锁保护动作的控制，另外还有大量离散量的数据采集。这些功能是通过继电接触器控制系统来实现的。20世纪60年代，汽车生产流水线的自动控制系统就是继电接触器控制的典型代表。当时汽车的每一次改型都直接导致继电接触器控制装置的重新设计和安装。随着生产的发展，汽车型号更新的周期越来越短，这样，继电接触器控制装置就需要经常地重新设计和安装，十分费时、费工、费料。为了改变这一现状，美国通用汽车公司公开招标，要求用新的控制装置取代继电接触器控制装置，并提出了以下十项招标指标。

① 编程方便，现场可修改程序。

② 维修方便，采用模块化结构。

③ 可靠性高于继电接触器控制装置。

④ 体积小于继电接触器控制装置。

⑤ 数据可直接送入管理计算机。

⑥ 成本可与继电接触器控制装置竞争。

⑦ 输入可以是交流115V。

⑧ 输出为交流115V，2A以上，能直接驱动电磁阀、接触器等。

⑨ 在扩展时，原系统只需很小的变更。

⑩ 用户程序存储器容量至少能扩展到4KB。

1969年，美国数字设备公司（DEC）研制出第一台PLC，在美国通用汽车自动装配线上试用，获得了成功。它基于集成电路和电子技术，首次采用程序化的手段应用于电气控制，这就是第一代可编程序控制器。这种新型的工业控制装置以其简单易懂、操作方便、可靠性高、通用灵活、体积小及使用寿命长等一系列优点，很快在美国其他工业领域推广应用。到 1971 年，PLC 已经成功地应用于食品、饮料、冶金及造纸等工业领域。

早期的 PLC（20 世纪 60 年代末~20 世纪 70 年代中期）可以看作是继电接触器控制装置的替代物，其主要功能只是执行原先用继电接触器完成的顺序控制、定时控制等。它在硬件上以准计算机的形式出现，在 I/O 接口电路上做了改进以适应工业控制现场的要求。装置中的元器件主要采用分立元器件和中小规模集成电路，存储器采用磁心存储器。另外还采取了一些措施，以提高其抗干扰的能力。在软件编程上，采用广大电气工程技术人员所熟悉的继电接触器控制线路的方式——梯形图。早期的 PLC 性能要优于继电接触器控制装置，其优点是简单易懂、便于安装、体积小、能耗低、有故障显示及能重复使用等，其中 PLC 特有的编程语言——梯形图一直沿用至今。

中期的 PLC（20 世纪 70 年代中期~20 世纪 80 年代中后期）由于微处理器的出现而发生了巨大的变化。美国、日本及德国等一些厂家先后开始采用微处理器作为 PLC 的中央处理单元（CPU），使 PLC 的功能大大增强。在软件方面，除了保持其原有的逻辑运算、计时及计数等功能以外，还增加了算术运算、数据处理和传送、通信、自诊断等功能。在硬件方面，除了保持其原有的开关量模块以外，还增加了模拟量模块、远程 I/O 模块及各种特殊功能模块，并扩大了存储器的容量，使各种逻辑线圈的数量增加，还提供了一定数量的数据寄存器，使 PLC 的应用范围得以扩大。

近期（20 世纪 80 年代中后期至今）由于超大规模集成电路技术的迅速发展，微处理器的市场价格大幅度下跌，各种类型的 PLC 所采用的微处理器的档次普遍提高。而且，为了进一步提高 PLC 的处理速度，各制造厂商还纷纷研制开发了专用逻辑处理芯片，使得 PLC 软、硬件功能发生了巨大变化。当前，随着网络技术的迅猛发展，PLC 的网络通信功能进一步增强。

1.1.2　PLC 的定义

IEC（国际电工委员会）于 1982 年 11 月（第一版）和 1985 年（修订版）对 PLC 做了定义，其中修订版的定义为：PC（即 PLC）是一种数字运算操作的电子系统，专为在工业环境下应用而设计。它采用可编程序的存储器，用来在其内部存储执行逻辑运算、顺序控制、定时、计数和算术运算等操作指令，并通过数字式或模拟式的输入与输出，控制各种类型的机械或生产过程。可编程序控制器及其有关外部设备，都按易于与工业控制系统联成一个整体，易于扩充其功能的原则设计。

PLC 自诞生起就直接应用于工业环境，具有很强的抗干扰能力、广泛的适应能力和应用范围，目前已广泛应用于冶金、化工、矿业、机械、轻工、电力和通信等领域，成为现代工业自动化控制的重要支柱之一。

1.2　PLC 的特点及技术性能指标

1.2.1　PLC 的特点

PLC 具有通用性强、使用方便、适应面广、可靠性高、抗干扰能力强及编程简单等特点，这些特点使其在工业自动化控制特别是顺序控制中拥有无法取代的地位。

1. 控制功能完善

PLC 既可以取代传统的继电接触器控制，实现定时、计数及步进等控制功能，完成对各种开关量的控制，又可实现模/数、数/模转换，具有数据处理能力，完成对模拟量的控制。同时，新一代的 PLC 还具有联网功能，将多台 PLC 与计算机连接起来，构成分散和分布式控制系统，以完成大规模的、更复杂的控制任务。此外，PLC 还有许多特殊功能模块，适用于各种特殊控制的要求，如定位控制模块、高速计数模块、闭环控制模块及称重模块等。

2. 可靠性高

PLC 可以直接安装在工业现场且稳定可靠地工作。在 PLC 设计时，除选用优质元器件外，还采用隔离、滤波及屏蔽等抗干扰技术，并采用先进的电源技术、故障诊断技术、冗余技术和良好的制造工艺，从而使 PLC 的平均无故障时间达到 3 万~5 万 h 以上。大型 PLC 还可以采用由双 CPU 构成冗余系统或由三 CPU 构成表决系统，使可靠性进一步提高，如图 1-1 所示为西门子公司 S7-400 PLC 的冗余系统。

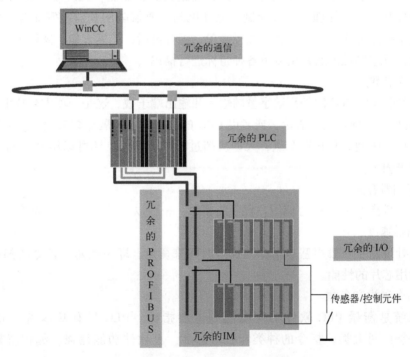

图 1-1　西门子公司 S7-400 PLC 的冗余系统

3. 通用性强

生产厂家均有各种系列化、模块化及标准化产品，品种齐全，用户可根据生产规模和控制要求灵活选用，以满足各种控制系统的要求。PLC 的电源和输入/输出信号等也有多种规格。当系统控制要求发生改变时，只需修改软件即可。

4. 编程直观、简单

PLC 中最常用的编程语言是与继电接触器电路图类似的梯形图语言，这种编程语言形象直观，容易掌握，使用者不需要专门的计算机知识和语言，即可在短时间内掌握。当生产流程需要改变时，可使用编程器在线或离线修改程序，使用方便、灵活。对于大型复杂的控制系统，还有各种图形编程语言使设计者只需要熟悉工艺流程即可编制程序。

5. 体积小、维护方便

PLC 体积小，质量轻，结构紧凑，硬件连接方式简单，接线少，便于安装维护。维修时，通过更换各种模块，可以迅速排除故障。另外，PLC 具有自诊断、故障报警功能，面板上的各种指示便于操作人员检查调试，有的 PLC 还可以实现远程诊断调试功能。

6. 系统的设计、实施工作量小

PLC 用存储逻辑代替接线逻辑，大大减少了控制设备外部的接线，使控制系统设计及实施的周期大为缩短，非常适合多品种、小批量的生产场合。同时，系统维护也变得容易，更重要的是使同一设备经过程序修改来改变生产过程成为可能。

1.2.2 PLC 的技术性能指标

PLC 最基本的应用是取代传统的继电接触器进行逻辑控制，此外还可以用于定时/计数控制、步进控制、数据处理、过程控制、运动控制、通信联网和监控等场合。PLC 具有可靠性高、抗干扰能力强、功能完善、编程简单、组合灵活、扩展方便、体积小、质量轻及功耗低等特点，其主要性能通常由以下各种指标进行描述。

（1）I/O 点数

I/O 点数通常指 PLC 的外部数字量的输入和输出端子数，这是一项重要技术指标，可以用 CPU 本机自带 I/O 点数来表示，或者以 CPU 的 I/O 最大扩展点数来表示。通常小型机最多有几十个点，中型机有几百个点，大型机超过千点。另外，还可以用 PLC 外部扩展的最大模拟量数来表示。

（2）存储器容量

存储器容量指 PLC 所能存储用户程序的多少，一般以"字节（B）"为单位。

（3）扫描速度

PLC 的处理速度一般用基本指令的执行时间来衡量，即一条基本指令的扫描速度，主要取决于所用芯片的性能。

（4）指令种类和条数

指令系统是衡量 PLC 软件功能高低的主要指标。PLC 具有基本指令和高级指令（或功能指令）两大类，指令的种类和数量越多，其软件功能越强，编程就越灵活、越方便。

（5）内存分配及编程元件的种类和数量

PLC 内部的存储器有一部分用于存储各种状态和数据，包括输入继电器、输出继电器、内部辅助继电器、特殊功能内部继电器、定时器、计数器、通用"字"存储器及数据存储器等，其种类和数量的多少关系到编程是否方便灵活，也是衡量 PLC 硬件功能强弱的重要指标。

此外，不同 PLC 还有其他一些指标，如编程语言及编程手段、输入/输出方式、特殊功能模块种类、自诊断、监控、主要硬件型号、工作环境及电源等级等。

1.2.3 S7-1200 PLC 的技术性能指标

S7-1200 PLC 是西门子公司 2009 年推出的面向离散自动化系统和独立自动化系统的紧凑型自动化产品,定位在原有的 SIMATIC S7-200 PLC 和 S7-300 PLC 产品之间。S7-1200 PLC 涵盖了 S7-200 PLC 的原有功能并且新增了许多功能,可以满足更广泛领域的应用。表 1-1 所示为目前 S7-1200 系列 PLC 不同型号 CPU 的性能指标。

表 1-1 S7-1200 系列 PLC 不同型号 CPU 的性能指标

CPU 类型	CPU 1211C	CPU 1212C	CPU 1214C	CPU 1215C	CPU 1217C
三 CPU	DC/DC/DC、AC/DC/RLY、DC/DC/RLY				DC/DC/DC
集成的工作存储区/KB	50	75	100	125	150
集成的装载存储区/MB	1	1	4	4	4
集成的保持存储区/KB	10	10	10	10	10
存储卡	可选 SIMATIC 存储卡				
集成的数字量 I/O 点数	6 输入/4 输出	8 输入/6 输出	14 输入/10 输出		
集成的模拟量 I/O 点数	2 输入		2 输入/2 输出		
过程映像区大小	1024B 输入/1024B 输出				
信号扩展板	最多 1 个				
信号扩展模块	无	最多 2 个	最多 8 个		
最大本地数字量 I/O 点数	14	82	284		
最大本地模拟量 I/O 点数	3	19	67	69	
高速计数器/个	3	5	6		
单相	3(100kHz)	3(100kHz) 1(30kHz)	3(100kHz) 3(30kHz)	3(100kHz) 3(30kHz)	4(1MHz) 2(100kHz)
正交相	3(80kHz)	3(80kHz) 1(20kHz)	3(80kHz) 3(20kHz)	3(80kHz) 3(20kHz)	3(1MHz) 3(100kHz)
脉冲输出	最多 4 个,CPU 本体 100kHz,通过信号板可输出 200kHz(CPU 1217 最多支持 1MHz)				
脉冲捕捉输入/个	6	8	14		
时间继电器/循环中断	共 4 个,精度为 1ms				
边沿中断/个	6 上升沿/6 下降沿(使用可选信号板时,各为 10 个)	8 上升沿/8 下降沿(使用可选信号板时,各为 12 个)	12 上升沿/12 下降沿(使用可选信号板时,各为 14 个)		
实时时钟精度	±60s/月				
实时时钟保持时间	40℃环境下,一般 20 天/最小 12 天(免维护超级电容)				
布尔量运算执行速度/(μs/指令)	0.08				
动态字符运算速度/(μs/指令)	1.7				
实数数学运算速度/(μs/指令)	2.3				

CPU 类型	CPU 1211C	CPU 1212C	CPU 1214C	CPU 1215C	CPU 1217C
端口数/个	1			2	
类型	以太网				
数据传输率/(Mbit/s)	10/100				
扩展通信模块	最多3个				

注：随着电子技术的发展和新产品的推出，部分指标可能有所变化。

为便于理解和比较不同产品之间的差异，下面提供其他相关 PLC 的性能指标。

S7-200 PLC 是西门子专门应用于小型自动化设备的控制装置，主要包括 CPU 22X 系列，表 1-2 所示为 S7-200 系列 PLC 不同型号 CPU 的性能指标。

表 1-2　S7-200 系列 PLC 不同型号 CPU 的性能指标

CPU 类型	CPU 221	CPU 222	CPU 224	CPU 224XP	CPU 226
用户程序区/KB	4	4	8	12	16
数据存储区/KB	2	2	8	10	10
内置 DI/DO 点数	6/4	8/6	10/14	10/14	24/16
AI/AO 点数	无	16/16	32/32	32/32	32/32
1 条指令扫描时间/μs	0.37	0.37	0.37	0.37	0.37
最大 DI/DO 点数/个	256	256	256	256	256
位存储区/个	256	256	256	256	256
计数器/个	256	256	256	256	256
计时器/个	256	256	256	256	256
时钟功能	可选	可选	内置	内置	内置
数字量输入滤波	标准	标准	标准	标准	标准
模拟量输入滤波	N/A	标准	标准	标准	标准
高速计数器	4 个 30 kHz	4 个 30 kHz	6 个 30 kHz	4 个 30 kHz	6 个 30 kHz
脉冲输出	2 个 20 kHz	2 个 20 kHz	2 个 20 kHz	2 个 20 kHz	2 个 20 kHz
通信口	1×RS485	1×RS485	1×RS485	2×RS485	2×RS485

注：由于电子技术的发展及硬件产品的更新，部分指标可能有所变化。

S7-300 PLC 是模块化的中小型 PLC 系统，能满足中等性能要求的应用，广泛应用于专用机床、纺织机械、包装机械、通用机械、机床、楼宇自动化及电器制造等生产制造领域。表 1-3 所示为 S7-300 系列 PLC 部分 CPU 的性能指标。

表 1-3　S7-300 系列 PLC 部分 CPU 的性能指标

CPU 类型	CPU 312	CPU 312C	CPU 313 C-2 PtP	CPU 313 C-2 DP	CPU 314	CPU 315- 2 DP	CPU 317- 2 PN/DP
用户存储区/KB	32	32	64	64	96	128	1000
最大 MMC/MB	4	4	8	8	8	8	8
自由编址	是	是	是	是	是	是	是
DI/DO 点数	256/256	266/262	1008/1008	8064/8064	1024/1024	1024/1024	65536/65536

（续）

CPU 类型	CPU 312	CPU 312C	CPU 313 C-2 PtP	CPU 313 C-2 DP	CPU 314	CPU 315-2 DP	CPU 317-2 PN/DP
AI/AO 点数	64/64	64/64	248/248	503/503	256/256	1024/1024	4096/4096
（处理时间/1 kbit 指令）/ms	0.2	0.2	0.1	0.1	0.1	0.1	0.05
位存储器/B	128	128	256	256	256	2048	4096
计数器/个	128	128	256	256	256	256	512
定时器/个	128	128	256	256	256	256	512
集成通信连接 MPI/DP/PtP/PN	Y/N/N/N	Y/N/N/N	Y/N/Y/N	Y/Y/N/N	Y/N/N/N	Y/Y/N/N	Y/Y/N/Y
集成的 I/O　DI/DO	—	10/6	16/16	16/16	—	—	—
集成的 I/O　AI/AO	—	—	—	—	—	—	—
集成的技术功能	—	计数，频率测量	计数，频率测量，PID 控制	计数，频率测量，PID 控制	—	—	—

注：由于电子技术的发展及硬件产品的更新，部分指标可能有所变化。

S7-400 PLC 是具有中高档性能的 PLC，采用模块化无风扇设计，坚固耐用，易于扩展，通信能力强大，适用于对可靠性要求极高的大型复杂的控制系统。表 1-4 为 S7-400 系列 PLC 部分 CPU 的性能指标。

表 1-4　S7-400 系列 PLC 部分 CPU 的性能指标

CPU 类型	CPU 412-2	CPU 414-2	CPU 416-2	CPU 417-4
程序存储区	256 KB	0.5 MB	2.8 MB	15 MB
数据存储区	256 KB	0.5 MB	2.8 MB	15 MB
S7 定时器/个	2048	2048	2048	2048
S7 计时器/个	2048	2048	2048	2048
位存储器/KB	4	8	16	16
时钟存储器	8 位（1 个标志字节）			
（输入/输出）/KB	4/4	8/8	16/16	16/16
（过程 I/O 映像）/KB	4/4	8/8	16/16	16/16
数字量通道/路	32768/32768	65536/65536	131072/131072	131072/131072
模拟量通道/路	2048/2048	4096/4096	8192/8192	8192/8192
（CPU/扩展单元）/个	1/21	1/21	1/21	1/21
编程语言	STEP 7 (LAD，FBD，STL)，SCL，CFC，GRAPH			
（执行时间/定点数）/ns	75	45	30	18
（执行时间/浮点数）/ns	225	135	90	54
MPI 连接数量/个	32	32	44	44
GD 包的大小/B	54	54	54	54
传输速率	最高 12 Mbit/s			

注：由于电子技术的发展及硬件产品的更新，部分指标可能有所变化。

S7-1500 PLC 是目前西门子公司主推的自动化系统，是在 S7-300/400 PLC 的基础上开发的中高性能控制器，见表 1-5。S7-1500 PLC 包括标准型、紧凑型、分布式以及开放式等不同类型的 CPU 模块。凭借快速的响应时间、集成的 CPU 显示面板以及相应的调试和诊断机制，S7-1500 PLC 的 CPU 能够极大地提升生产效率，降低生产成本。

表 1-5 S7-1500 PLC 的 CPU 家族

CPU 类型	标准型 CPU	工艺型 CPU	MFP-CPU	紧凑型 CPU
	CPU 1511(F)、1513(F)、1515(F)、1516(F)、1517(F)、1518(F)	CPU 1511T(F)、1515T(F)、1516T(F)、1517T(F)	CPU 1518(F)-4 PN/DP MFP	CPU 1511C、1512C
IEC 语言	√			
C/C++语言	—	—	√	—
集成 I/O	—			√
PROFINET 接口/端口（最大）	1/2~3/4		3/4	1/2
位处理速度	60~1 ns	60~2 ns	1 ns	60~48 ns
通信选项	OPC UA, PROFINET（包括 PROFIsafe, PROFIenergy 和 PROFIdrive），PROFIBUS, TCP/IP, PtP, Modbus RTU 和 Modbus TCP			
程序内存	150 KB~6 MB	225 KB~3 MB	4 MB	175~250 KB
数据内存	1~20 MB	1~8 MB	20 MB，额外 50 MB 用于 ODK 应用	1 MB
集成系统诊断	√			
故障安全	√			—
运动控制	• 外部编码器、输出凸轮、测量输入 • 速度和位置轴 • 相对同步 • 集成 PID 控制 • 高速计数、PWM、PTO 输出（通过工艺模块）	• 外部编码器、输出凸轮、测量输入 • 速度和位置轴 • 相对同步 • 集成 PID 控制 • 高速计数、PWM、脉冲串输出（通过工艺模块） • 绝对同步、凸轮同步、路径插补	• 外部编码器、输出凸轮、测量输入 • 速度和位置轴 • 相对同步 • 集成 PID 控制 • 高速计数、PWM、PTO 输出（通过工艺模块）	• 外部编码器、输出凸轮、测量输入 • 速度和位置轴 • 相对同步 • 集成 PID 控制 • 高速计数、PWM、PTO 输出

CPU 类型	高防护等级型 CPU	分布式 CPU	开放式控制器	软控制器
	CPU 1516PRO(F)-2 PN	CPU 1510SP(F)、1512SP(F)	CPU 1515SP PC(F)	CPU 1505SP(F)、1507S(F)
IEC 语言	√			
C/C++语言	—	—	√	√
集成 I/O	—			
PROFINET 接口/端口（最大）	2/4	1/3	2/3	1/2
位处理速度	10 ns	72~48 ns	10 ns	10~1 ns
通信选项	OPC UA, PROFINET（包括 PROFIsafe、PROFIenergy 和 PROFIdrive）、PROFIBUS、TCP/IP、Modbus TCP	OPC UA、PROFINET（包括 PROFIsafe, PROFIenergy 和 PROFIdrive），PROFIBUS, TCP/IP, PtP, Modbus RTU 和 Modbus TCP		

CPU 类型	高防护等级型 CPU	分布式 CPU	开放式控制器	软控制器
	CPU 1516PRO (F)-2 PN	CPU 1510SP(F)、1512SP(F)	CPU 1515SP PC(F)	CPU 1505SP(F)、1507S(F)
集成的工作存储器（用于程序）	1 MB	100~200 KB	1 MB	1~5 MB
集成的工作存储器（用于数据）	5 MB	750 KB~1 MB	5 MB，额外 10 MB 用于 ODK 应用	5~20 MB，额外 10~20 MB用于 ODK 应用
集成系统诊断	√			
故障安全	√			
运动控制	• 外部编码器、输出凸轮、测量输入 • 速度和位置轴 • 相对同步 • 集成 PID 控制 • 高速计数、PWM、PTO 输出（通过工艺模块）	• 外部编码器、输出凸轮、测量输入 • 速度和位置轴 • 相对同步 • 集成 PID 控制 • 高速计数、PWM、PTO 输出（通过工艺模块）	• 外部编码器、输出凸轮、测量输入 • 速度和位置轴 • 相对同步 • 集成 PID 控制 • 高速计数、PWM、PTO 输出（通过工艺模块）	• 外部编码器、输出凸轮、测量输入 • 速度和位置轴 • 相对同步 • 集成 PID 控制 • 高速计数、PWM、PTO 输出（通过工艺模块）

注：随着电子技术的发展和新产品的推出，部分指标可能有所变化。

1.3 PLC 的应用领域

目前，PLC 在国内外已广泛应用于钢铁、石油、化工、电力、建材、机械制造、汽车、轻纺、交通运输、环保及文化娱乐等各个行业，使用情况大致可归纳为如下几类。

1. 开关量的逻辑控制

这是 PLC 最基本、最广泛的应用领域，它取代传统的继电接触器电路，实现逻辑控制和顺序控制，既可用于单台设备的控制，也可用于多机群控及自动化流水线，如注塑机、印刷机、装订机械、组合机床、磨床、包装生产线及电镀流水线等。

2. 模拟量控制

在工业生产过程中，有许多连续变化的量，如温度、压力、流量、液位、成分和速度等都是模拟量。为了使 PLC 能够处理模拟量，必须实现模拟量（Analog）和数字量（Digital）之间的 A/D 及 D/A 转换。PLC 厂家都生产配套的 A/D 和 D/A 转换模块，使 PLC 适用于模拟量控制。

3. 运动控制

PLC 可以用于圆周运动或直线运动的控制。从控制机构配置来说，早期的 PLC 直接用于开关量 I/O 模块连接位置传感器和执行机构，现在一般使用专用的运动控制模块，如可驱动步进电动机或伺服电动机的单轴或多轴位置控制模块。世界上各主要 PLC 厂家的产品几乎都有运动控制功能，广泛应用于各种机械、机床、机器人及电梯等场合。

4. 过程控制

过程控制是指对温度、压力及流量等模拟量的闭环控制。作为工业控制计算机，PLC 能编制各种各样的控制算法程序，完成闭环控制。PID 调节是一般闭环控制系统中用得较多的调节方法。大中型 PLC 都有 PID 模块，目前许多小型 PLC 也具有此功能模块。PID 处理一般是运行专用的 PID 子程序。过程控制在冶金、化工、热处理及锅炉控制等场合有非常广泛的应用。

5. 数据处理

现代 PLC 具有数学运算（含矩阵运算、函数运算及逻辑运算）、数据传送、数据转换、排序、查表及位操作等功能，可以完成数据的采集、分析及处理。这些数据可以与存储在存储器中的参考值比较，完成一定的控制操作，也可以利用通信功能传送到其他智能装置，或将它们打印制表。数据处理一般用于大型控制系统，如无人控制的柔性制造系统；也可用于过程控制系统，如造纸、冶金及食品工业中的一些大型控制系统。

6. 通信及联网

PLC 通信含 PLC 间的通信及 PLC 与其他智能设备间的通信。随着计算机控制技术和网络技术的发展，工厂自动化网络发展得很快，各 PLC 厂商都十分重视 PLC 的通信功能，纷纷推出各自的网络系统。新近生产的 PLC 都具有支持以太网通信的接口，通信非常方便。

PLC 的应用范围已从传统的产业设备和机械的自动控制，扩展到以下应用领域：中小型过程控制系统、远程维护服务系统、节能监视控制系统，以及与生活、环境相关联的机器，而且均有急速上升的趋势。值得注意的是，随着 PLC、DCS 的相互渗透，两者的界线日趋模糊，PLC 正从传统的应用于离散制造业向应用到连续的流程工业扩展。

1.4 PLC 的分类

1.4.1 PLC 的分类方法

目前，PLC 的不同厂家或同一厂家的不同产品种类繁多，功能各有侧重，根据不同的角度可将 PLC 分成不同的类型，其常用的分类方法有如下两种。

1. 按容量分类

为了适应信息处理量和系统复杂程度的不同需求，PLC 具有不同的 I/O 点数、用户程序存储器容量和功能范围，PLC 在 20 世纪 90 年代已经形成微、小、中、大及巨型等多种类型。PLC 实现对外部设备的控制，其输入端子与输出端子的数目之和，称作 PLC 的输入/输出点数，简称 I/O 点数。按 I/O 点数 PLC 可分为微型 PLC（几十点 I/O）、小型 PLC（几百点 I/O）、中型 PLC（上千点 I/O）、大型 PLC（几千点 I/O）和巨型 PLC（上万点 I/O 及以上）。

2. 按硬件结构形式分类

PLC 的结构形式从大的方面来说分为整体式和模块式两大类，另外还出现了内插板式的 PLC，也可以看作为模块式 PLC。

（1）整体式结构

整体式结构的 PLC 是把电源、CPU、输入输出、存储器、通信接口和外部设备接口等集成为一个整体，构成一个独立的复合模块，通常微、小型 PLC 如西门子 S7-200 和 S7-1200 系列都是整体式结构。这种结构体积小，安装调试方便。

（2）模块式结构

模块式结构是将 PLC 按功能分为电源模块、主机模块、开关量输入模块、开关量输出模块、模拟量输入模块、模拟量输出模块、机架接口模块、通信模块和专用功能模块等，并根据需要搭建 PLC 结构。这种积木式结构可以灵活地配置成小、中、大型系统。

从结构上讲，由模块组合成系统有以下4种方法。

1）无底板。靠模块间接口直接相连，然后再固定到相应导轨上。欧姆龙公司的CJ1M机型就是这种结构，比较紧凑。西门子的S7-300 PLC也是类似的结构，这种结构需要采用接线插头连接，如要单独固定时，还需另外定购固定支架。

2）有底板。所有模块都固定在底板上，比较牢固，但底板的槽数是固定的，如3、5、8、10槽等。这个槽数与实际的模块数不一定相等，所以，配置时难免有空槽。这样既造成浪费，又多占空间，甚至有时还得用占空单元把多余的槽覆盖好。西门子的S7-400 PLC即是此类。

3）用机架代替底板。所有模块都固定在机架上。这种结构比底板式的复杂，但更牢靠。采用此种组合时，它的模块不用外壳，但有小面板，用于组合后密封与信号显示。

模块式结构的优点之一是用户根据生产要求，可以灵活地配置成小、中、大系统，这种积木式结构可以供用户逐步扩展系统和增加功能；优点之二是模块有密封外壳，既安全又防尘；优点之三是模块采用独立接线方式，安装和维护方便。

4）内插板式。为了适应机电一体化的要求，有的PLC制造成内插板式的，可嵌入到有关装置中。如有的数控系统，其逻辑量控制用的内置PLC，就可用内插板式的PLC代替。它有输入点、输出点，以及通信口、扩展口和编程口等。它可实现PLC所有的功能，但它只是一个控制板，可很方便地镶嵌到有关装置中。

1.4.2 PLC与单片机、计算机的比较

目前，应用于控制场合的控制装置除了PLC，还包括单片机系统以及各种工业计算机等，它们拥有不同的特点，适合不同的应用环境。

单片机是指一个集成在一块芯片上的完整计算机系统，它具有一个完整计算机所需要的大部分部件，包括CPU、内存、内部和外部总线系统，目前大部分还会配有外存；同时，集成诸如通信接口、定时器及实时时钟等外围设备。而现在最强大的单片机系统甚至可以将声音、图像、网络以及复杂的输入/输出系统集成在一块芯片上。它不是完成某一个逻辑功能的芯片，而是把一个计算机系统集成到一个芯片上。

采用单片机系统具有成本低、效益高的优点，但是由于稳定性和抗电磁干扰能力比较差，需要有相当的研发力量和行业经验才能使系统稳定。

而计算机系统与PLC相比较，计算机的编程语言为汇编语言或高级语言，其门槛要高于梯形图等编程语言，另外计算机系统的工作环境要求很高，为满足工业级的可靠性要求需要进行很多的特殊设计，也大大提高了其应用成本。

习题

1. 当选择PLC时，通常要考虑哪些性能指标？
2. 请总结S7-200与S7-1200 PLC的异同。
3. 请总结S7-1200与S7-1500 PLC的特点。
4. PLC根据不同的分类方法有哪些分类？
5. 试举例描述PLC的应用场合。

第 2 章　S7-1200 PLC 的硬件结构和安装维护

2.1　PLC 的基本结构

从结构形式上，PLC 可分为整体式和模块式两大类。不论哪种类型的 PLC，其基本结构都是相同的，示意图如图 2-1 所示。

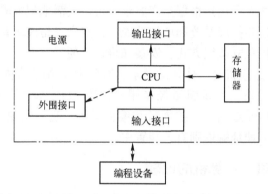

图 2-1　PLC 的基本结构示意图

1. CPU

与通用计算机一样，PLC 中 CPU 也是整个系统的核心部件，主要由运算器、控制器、寄存器及实现它们之间联系的地址总线、数据总线和控制总线构成。此外，还有外围芯片、总线接口及有关电路。CPU 在很大程度上决定了 PLC 的整体性能，如整个系统的控制规模、工作速度和内存容量等。

CPU 中的控制器控制 PLC 工作，由它读取指令，解释并执行命令。工作的时序（节奏）则由振荡信号控制。

CPU 中的运算器用于完成算术或逻辑运算，在控制器的指挥下工作。

CPU 中的寄存器参与运算，并存储运算的中间结果。它也是在控制器的指挥下工作。

作为 PLC 的核心，CPU 的功能主要包括以下几个方面。

1）CPU 接收从编程器或计算机输入的程序和数据，并送入用户程序存储器中存储。

2）监视电源、PLC 内部各个单元电路的工作状态。

3）诊断编程过程中的语法错误，对用户程序进行编译。

4）在 PLC 进入运行状态后，从用户程序存储器中逐条读取指令，并分析、执行该指令。

5）采集由现场输入装置送来的数据，并存入指定的寄存器中。

6）按程序进行处理，根据运算结果，更新有关标志位的状态和输出状态或数据寄存器的内容。

7）根据输出状态或数据寄存器的有关内容，将结果送到输出接口。

8）响应中断和各种外围设备（如编程器、打印机等）的任务处理请求。

当 PLC 处于运行状态时，首先以扫描的方式接收现场各输入装置的状态和数据，并分别存入相应的输入缓冲区。然后从用户程序存储器中逐条读取用户程序，经过命令解释后，按指令的规定执行完毕之后，最后将 I/O 缓冲区的各输出状态或输出寄存器内的数据传送到相应的输出装置。如此循环运行，直到 PLC 处于停机状态，用户程序停止运行。

CPU 模块一般都有相应的状态指示灯，如电源指示、运行停止指示、输入/输出指示和故障指示等。总线接口用于扩展连接 I/O 模块或特殊功能模块，内存接口用于外部存储器，外设接口用于连接编程器等外部设备，通信接口则用于通信。此外，CPU 模块上还有用来设定工作方式和内存区等的设定开关。

CPU 模块的工作电压一般是 5 V，而 PLC 的 I/O 信号电压一般较高，有直流 24 V 和交流 220 V。在使用时，要防止外部尖峰电压和干扰噪声侵入，以免损坏 CPU 模块中的部件或影响 PLC 正常工作。因此，CPU 模块不能直接与外部输入/输出装置相连接，I/O 模块除了传递信号外，还需进行电平转换与噪声隔离。

2. 存储器

PLC 的内部存储器分为系统程序存储器和用户程序及数据存储器。系统程序存储器用于存放系统工作程序（或监控程序）、调用管理程序以及各种系统参数等。系统程序相当于个人计算机的操作系统，能够完成 PLC 设计者规定的各种工作。系统程序由 PLC 生产厂家设计并固化在 ROM（只读存储器）中，用户不能读取。用户程序及数据存储器主要存放用户编制的应用程序及各种暂存数据和中间结果，使 PLC 完成用户要求的特定功能。

PLC 使用以下几种物理存储器。

（1）随机存取存储器（RAM）

用户可以用可编程序装置读出 RAM 中的内容，也可以将用户程序写入 RAM，因此 RAM 又叫读/写存储器。它是易失性的存储器，电源中断后，存储的信息将会丢失。

RAM 的工作速度高，价格便宜，改写方便。在关断 PLC 的外部电源后，可用锂电池保存 RAM 中的用户程序和某些数据。锂电池可用 2~5 年，需要更换锂电池时，由 PLC 发出信号，通知用户。现在仍有部分 PLC 采用 RAM 来存储用户程序。

（2）只读存储器（ROM）

ROM 的内容只能读出，不能写入。它是非易失性的，它的电源消失后，仍能保存存储的内容。ROM 一般用来存放 PLC 的系统程序。

（3）可电擦除可编程序的只读存储器（EEPROM 或 E^2PROM）

它是非易失性的，但是可以用编程装置对它编程，兼有 ROM 的非易失性和 RAM 的随机存取等优点，但是将信息写入所需的时间比 RAM 长得多。EEPROM 用来存放用户程序以及需要长期保存的重要数据。

3. 输入/输出电路

输入模块和输出模块简称为 I/O 模块，是联系外部设备与 CPU 的桥梁。

（1）输入模块

输入模块一般由输入接口、光电耦合器、PLC 内部电路输入接口和驱动电源四部分组成。输入模块可以用来接收和采集两种类型的输入信号。一种是由按钮、选择开关、数字拨码开关、限位开关、接近开关、光电开关、压力继电器或速度继电器等提供的开关量（或数字量）输入信号。另一种是由电位器、热电偶、测速发电机或各种变送器等提供的连续变化的模拟信号。

各种 PLC 输入电路结构大都相同，其输入方式有两种类型。一种是直流输入（DC 12 V 或 24 V），其外部输入器件可以是无源触点，如按钮、行程开关等，也可以是有源器件，如各类传感器、接近开关及光电开关等。在 PLC 内部电源容量允许前提下，有源输入器件可以采用 PLC 输出电源，否则必须外接电源。另一种是交流输入（AC 100~120 V 或 AC 200~240 V）。

当输入信号为模拟量时，信号必须经过专用的模拟量输入模块进行 A/D 转换，然后通过输入电路进入 PLC。输入信号通过输入端子经 RC 滤波、光隔离后进入内部电路。

（2）输出模块

数字量输出模块用来控制接触器、电磁阀、电磁铁、指示灯、数字显示装置和报警装置等设备。为适应不同负载需要，各类 PLC 的数字量输出都有 3 种方式，即继电器输出、晶体管输出及晶闸管输出。继电器输出方式最常用，适用于交、直流负载，其特点是带负载能力强，但动作频率与响应速度慢；晶体管输出适用于直流负载，其特点是动作频率高，响应速度快，但带负载能力小；晶闸管输出适用于交流负载，响应速度快，带负载能力不大的场合。

模拟量输出模块用来控制调节阀、变频器等执行装置。

输入/输出模块除了传递信号外，还具有电平转换与隔离的作用。此外，输入/输出点的通断状态由发光二极管显示，外部接线一般接在模块面板的接线端子上，或使用可拆卸的插座型端子板，不需断开端子板上的外部连线，就可以迅速地更换模块。

4. 编程装置

编程装置是用来对 PLC 进行编程和设置各种参数的。通常 PLC 编程有两种方法：一是采用手持式编程器，体积小，价格便宜，它只能输入和编辑指令表程序，又叫作指令编程器，便于现场调试和维护；另一种方法是采用安装有编程软件的计算机和连接计算机与 PLC 的通信电缆，这种方式可以在线观察梯形图中触点和线圈的通断情况及运行时 PLC 内部的各种参数，便于程序调试和故障查找。程序编译后下载到 PLC，也可将 PLC 中的程序上载到计算机。程序可以存盘或打印，通过网络还可以实现远程编程和传送。

5. 电源

PLC 使用 220 V 交流电源或 24 V 直流电源。内部的开关电源为各模块提供 5 V、±12 V、24 V 等直流电源。小型 PLC 一般都可以为输入电路和外部的电子传感器（如接近开关等）提供 24 V 直流电源，驱动 PLC 负载的直流电源一般由用户提供。

6. 外围接口

通过各种外围接口，PLC 可以与编程器、计算机、PLC、变频器、EEPROM 写入器和打印机等连接，总线扩展接口用来扩展 I/O 模块和智能模块等。

2.2 S7-1200 PLC 的硬件结构

S7-1200 的 CPU 将微处理器、集成电源、输入电路和输出电路组合到一个设计紧凑的外壳中，以形成功能强大的 PLC。S7-1200 PLC 作为紧凑型自动化产品的新成员，目前有 5 款 CPU，CPU 1211C、CPU 1212C、CPU 1214C、CPU 1215C 和 CPU 1217C，部分型号产品图片如图 2-2 所示。

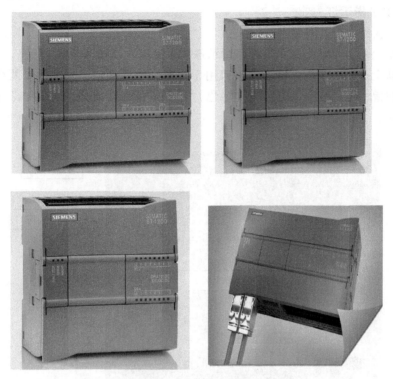

图 2-2　S7-1200 产品图片

每款 CPU 根据电源信号和输入/输出信号的类型有不同的型号，其本机自带数字量输入/输出点数亦有所差异，具体数据见表 1-1。

S7-1200 的 CPU 都支持扩展一个信号板（Signal Board），而对于信号模块（Signal Module），CPU 1211C 不支持，CPU 1212C 支持 2 个，CPU 1214C、1215C、1217C 支持最多 8 个。S7-1200 PLC 都自带至少一个 PROFINET 接口，都支持最多 3 个扩展通信模块。

S7-1200 PLC 的附件还包括存储卡、电源和以太网交换机等。通过存储卡，将一个程序转移到多个 CPU，只需简单地将内存卡安装到 CPU 中并执行一个上电周期，处理过程中 CPU 内的用户程序不会丢失。

2.2.1　S7-1200 PLC 的 CPU 模块

S7-1200 PLC 不同型号的 CPU 面板是类似的，如图 2-3 所示为 CPU 1214C 的面板示意图。

CPU 有 3 类状态指示灯，用于提供 CPU 模块的运行状态信息。

（1）STOP/RUN 指示灯

该指示灯的颜色为纯橙色时指示 STOP 模式，纯绿色时指示 RUN 模式，绿色和橙色交替闪烁时指示 CPU 正在启动。

（2）ERROR 指示灯

该指示灯的颜色为红色闪烁时指示有错误，如 CPU 内部错误、存储卡错误或组态错误（模块不匹配）等，纯红色时指示硬件出现故障。

（3）MAINT 指示灯

该指示灯在每次插入存储卡时闪烁。

CPU 模块上的 I/O 状态指示灯用来指示各数字量输入或输出的信号状态。

CPU 模块上提供一个以太网通信接口用于实现以太网通信，还提供了两个可指示以太网通信状态的指示灯。其中，"Link"（绿色）点亮指示连接成功，"Rx/Tx"（黄色）点亮指示传输活动。

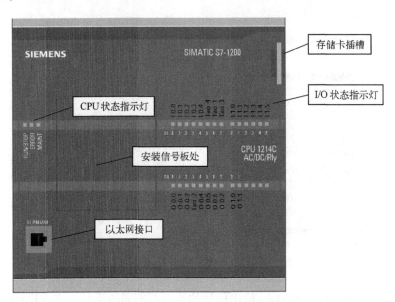

图 2-3　CPU 1214C 的面板示意图

拆下 CPU 上的挡板可以安装一个信号板如图 2-4 所示。通过信号板可以在不增加空间的前提下给 CPU 增加 I/O 和 RS485 通信功能。目前，信号板包括数字量输入、数字量输出、数字量输入/输出、模拟量输入、模拟量输出、热电偶和热电阻模拟量输入以及 RS485 通信等类型。

另外，S7-1200 PLC 的 I/O 接线端子是可拆卸的。

图 2-4　信号板的使用

2.2.2　S7-1200 PLC 的信号模块

S7-1200 PLC 提供了各种 I/O 信号模块用于扩展其 CPU 能力，信号模块包括数字量输入模块、数字量输出模块、数字量输入/直流输出模块、数字量输入/交流输出模块、模拟量输入模块、模拟量输出模块、热电偶和热电阻模拟量输入模块以及模拟量输入/输出模块等，如图 2-5 所示。

图 2-5　各种信号模块

各数字量信号模块还提供了指示模块状态的诊断指示灯。其中，绿色指示模块处于运行状态，红色指示模块有故障或处于非运行状态。

各模拟量信号模块为各路模拟量输入和输出提供了 I/O 状态指示灯。其中，绿色指示通道已组态且处于激活状态，红色指示个别模拟量输入或输出处于错误状态。此外，各模拟量信号模块还提供有指示模块状态的诊断指示灯。其中，绿色指示模块处于运行状态，而红色指示模块有故障或处于非运行状态。

2.2.3　S7-1200 PLC 的通信模块

S7-1200 的 CPU 最多可以添加 3 个通信模块，支持 PROFIBUS 主从站通信，RS485 和 RS232 通信模块可以实现点对点的串行通信。SIMATIC STEP 7 Basic 工程组态系统中有各种扩展指令或库功能，如 USS 驱动协议、Modbus RTU 主站和从站协议等，能够实现相关通信的组态和编程。

S7-1200 的 CPU 家族提供各种各样的通信选项以满足用户的网络要求，如 I-Device、PROFINET、PROFIBUS、远距离控制通信、点对点（PtP）通信、USS 通信、Modbus RTU、AS-i 及 I/O Link MASTER 等。

1. PROFINET

S7-1200 PLC 本机集成的 PROFINET 接口允许与以下设备通信：编程设备、HMI 设备及其他 SIMATIC 控制器等；支持以下协议：TCP/IP、ISO-on-TCP 及 S7 通信（服务器端）。

S7-1200 PLC 通信接口由一个抗干扰的 RJ45 连接器组成。该连接器具有自动交叉网线（Auto-Cross-Over）功能，支持最多 23 个以太网连接，数据传输速率达 10/100 Mbit/s。为了使布线最少并提供最大的组网灵活性，可以将紧凑型交换机模块 CSM 1277 和 S7-1200 PLC 一起使用，从而组建成一个统一或混合的网络（具有线形、树形或星形的拓扑结构）。

采用公开的用户通信和分布式 I/O 指令，S7-1200 的 CPU 可以和以下设备通信：其他的 CPU、PROFINET I/O 设备（如 ET 200 和 SINAMICS）、使用标准的 TCP 通信协议的设备。如图 2-6 所示。

2. PROFIBUS

通过使用 PROFIBUS 主站和从站通信模块，S7-1200 的 CPU 支持 PROFIBUS 通信标准。PROFIBUS 主站通信模块同时支持下列通信连接，如图 2-7a 所示。

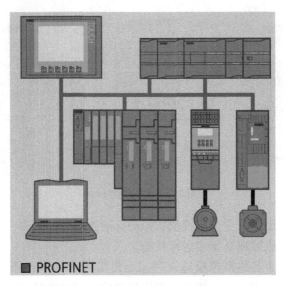

图 2-6　S7-1200 PLC 的 PROFINET 通信

1）为人机界面与 CPU 通信提供 3 个连接。
2）为编程设备与 CPU 通信提供 1 个连接。
3）为主动通信提供 8 个连接，采用分布式 I/O 指令。
4）为被动通信提供 3 个连接，采用 S7 通信指令。

通过使用 PROFIBUS-DP 从站通信模块 CM 1242-5，S7-1200 PLC 可以作为一个智能 DP 从站设备与任何 PROFIBUS-DP 主站设备通信。如图 2-7b 所示。

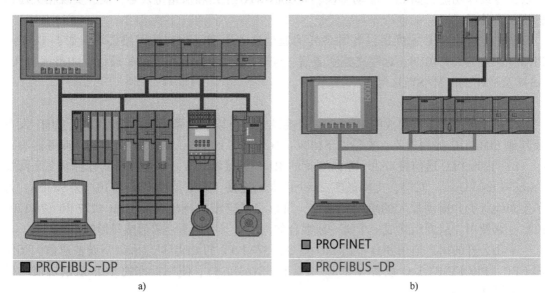

a) b)

图 2-7　S7-1200 PLC 的 PROFIBUS 通信
a）PROFIBUS-DP 主站　b）PROFIBUS-DP 从站

3. 远程控制通信

通过使用 GPRS 通信处理器，S7-1200 的 CPU 支持通过 GPRS 实现监视和控制的简单远程控制，如图 2-8 所示。

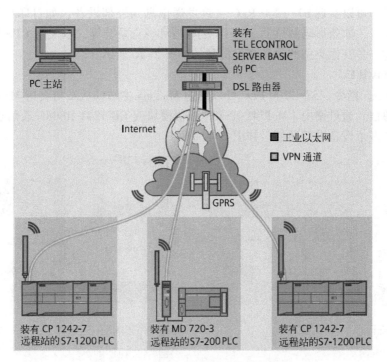

图 2-8 S7-1200 PLC 的远程控制通信

TS 适配器 IE Basic 拥有为各种通信技术精选的 TS 模块，如 Modem、ISDN、GSM 及 RS232 等，支持所有远程服务功能，不需要现场的 PG/PC，不需要专业人员经常到现场，节省因售后服务而产生的差旅费用。如图 2-9 所示。

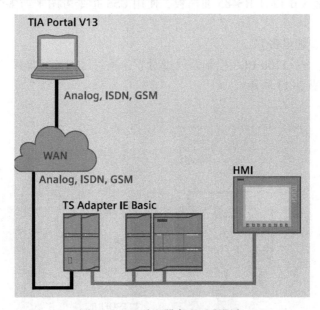

图 2-9 TS 适配器实现远程服务

4. 点对点（PtP）通信

点对点通信可以实现 S7-1200 PLC 直接发送信息到外部设备，如打印机等，或者从其他设备接收信息，如条形码阅读器、RFID 读写器和视觉系统等，以及与 GPS 装置、无线电调制解调器和许多其他类型的设备交换信息。如图 2-10 所示。

5. Modbus RTU

通过 Modbus 指令，S7-1200 PLC 可以作为 Modbus 主站或从站与支持 Modbus RTU 协议的设备进行通信。通过使用 CM 1241 RS485 通信模块或 CB 1241 RS485 通信板，Modbus 指令可以用来与多个设备进行通信。如图 2-11 所示。

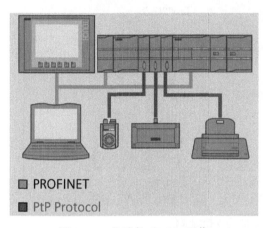

■ PROFINET
■ PtP Protocol

图 2-10　点对点（PtP）通信

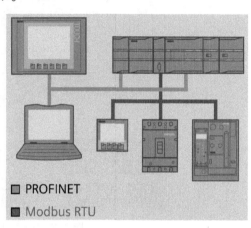

■ PROFINET
■ Modbus RTU

图 2-11　Modbus 通信

6. USS 通信

通过 USS 指令，S7-1200 的 CPU 可以控制支持 USS 协议的驱动器。通过 CM 1241 RS485 通信模块或者 CB 1241 RS485 通信板，使用 USS 指令可用来与多个驱动器进行通信。如图 2-12 所示。

7. I-Device（智能设备）

通过简单组态，S7-1200 PLC 控制器通过对 I/O 映射区的读写操作可实现主从架构的分布式 I/O 应用。如图 2-13 所示。

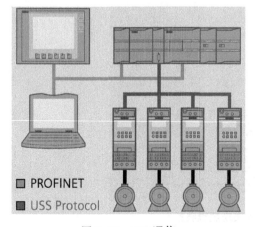

■ PROFINET
■ USS Protocol

图 2-12　USS 通信

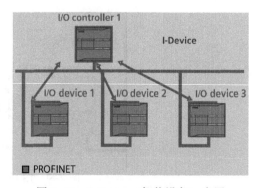

■ PROFINET

图 2-13　I-Device（智能设备）应用

2.2.4　S7-1200 PLC 的定位

S7-1200 PLC 紧凑型控制器定位在原有的 SIMATIC S7-200 PLC 和 S7-300 PLC 产品之间。它与 S7-200 PLC 和 S7-300 PLC 的区别和差异主要体现在硬件、通信、工程、存储器、功能块、计数器、定时器及工艺功能等方面。

在硬件扩展方面，S7-200 PLC 最多支持 7 个扩展模块，S7-300 PLC 主机架最多支持 8 个扩展模块，且扩展模块全部在 CPU 的右侧（若水平放置），而 S7-1200 PLC 支持扩展最多 8 个信号模块和最多 3 个通信模块，其对比示意图如图 2-14 所示。

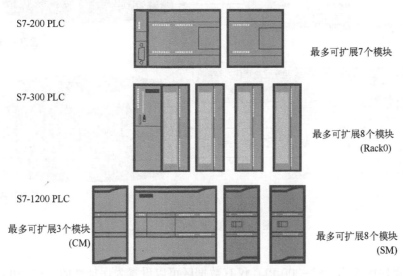

图 2-14　硬件扩展对比示意图

在 CPU 本机输入/输出点及其信号面板方面，以 CPU 224XP、CPU 313C 和 CPU 1214C 为例来说明，S7-1200 PLC 支持通过信号面板来根据需要增加 I/O 点，而 S7-200 PLC 和 S7-300 PLC 则是固定的。

在硬件组态方面，S7-200 PLC 的地址自动分配，不能改变；而 S7-1200 PLC 和 S7-300 PLC 的地址可以由用户手动重新分配。

在通信方面，S7-200 PLC、S7-300 PLC 和 S7-1200 PLC 都支持通过 RS232 和 RS485 实现点对点通信，支持 ASCII、USS 和 Modbus 等通信协议。S7-200 PLC 需要 RS232 转换器实现 RS232 的串口通信，S7-300 PLC 需要选用带 PtP 接口的 CPU 或者 CP 模块实现 RS232 的串口通信，而 S7-1200 PLC 通过 RS232 通信模块即可实现。S7-1200 PLC 本机集成了 PROFINET 以太网接口，支持与编程设备、HMI 和其他 CPU 的通信。

S7-1200 PLC 的编程软件 STEP 7 Basic 提供了一个易用、集成的工程框架，可以用于 S7-1200 PLC、精简 HMI 面板和伺服系统的组态。

在存储器方面，S7-200 PLC 的程序存储器和数据存储器的大小是固定不变的，而 S7-1200 PLC 和 S7-300 PLC 的则是浮动的。

在装载存储区方面，S7-1200 的 CPU 符号表和注释可以在线获得，即 S7-1200 的 CPU 符号表和注释可以保存在 CPU 中，而 S7-200 和 S7-300 的 CPU 皆不支持此功能。

S7-1200 PLC 中利用"符号化存取"，可以最优化分配数据块所占的存储区；而在 S7-300 PLC 中，由于是混合声明数据块中的数据类型，这使得存储区的分配使用非常杂乱，其示意图如图 2-15 所示。

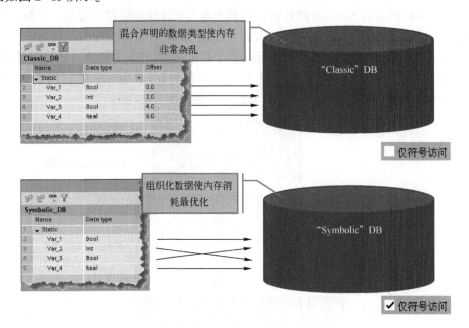

图 2-15　数据块存储区分配

在保持存储区方面，S7-200 PLC 仅有数据区可以设置为保持性的，S7-300 PLC 是以字节为单位进行保持性设置的，而 S7-1200 PLC 最多可以设置 2048 B 的保持区，可以对数据块中的离散变量设置保持性。

在存储卡大小上，S7-1200 PLC 的存储卡最大可到 24MB。对于 S7-200 PLC 和 S7-1200 PLC，存储卡都是可选的，可以存放的内容是相同的。而 S7-300 PLC 的存储卡是必需的，且 S7-300 PLC 的存储卡无法存放配方和数据记录等。此外，S7-1200 PLC 的存储卡还将用来实现存储区扩展、程序分配及固件升级等功能。

在块的类型方面，S7-200 PLC 有主程序、子程序、中断子程序及数据区 V 区等，而 S7-1200 PLC 和 S7-300 PLC 类似，有 OB、FB、FC 及数据块 DB 等。

在程序结构方面，S7-200 PLC 调用子程序，最大嵌套深度为 8，所有程序块共用一个通用数据块；而 S7-1200 PLC 像 S7-300 PLC 一样具有 FC、FB 和 OB 等，高度模块化，且可以重复利用，最大嵌套深度为 16。S7-200 PLC 中将事件分配给中断，中断事件触发相应的子程序；而 S7-1200 PLC 和 S7-300 PLC 类似，都是通过组织块分配事件。

S7-1200 PLC 的新数据类型使应用更加灵活。例如用于日期和时间时，S7-200 PLC 需要读取相应的 V 区数据，S7-300 PLC 通过调用 SFC 读取日期时间数据，而 S7-1200 PLC 可以通过符号名访问 DTL 结构的所有组成部分。

在计数器指令方面，S7-200 PLC、S7-300 PLC 和 S7-1200 PLC 也有不同。S7-200 PLC 的计数器当计数值大于或等于设定值时，计数器状态位置位；S7-300 PLC 的计数器当计数值大于 0 时，计数器输出置位；而 S7-1200 PLC 的计数器当计数值大于或等于设定值时，输出置位。S7-200 PLC 计数器的计数范围是 0~32767，S7-300 PLC 的 S5 计数器的计数范围是 0~999，S7-1200 PLC 的计数范围可以调整。

在定时器指令方面，S7-200 PLC 和 S7-1200 PLC 也有差异。S7-200 PLC 的定时器当计时值大于或等于设定值时，定时器状态位置位；S7-300 PLC 的定时器当计时值大于设定值时，定时器输出置位；而 S7-1200 PLC 的定时器当计时值大于或等于设定值时，输出置位；而且 S7-1200 PLC 的定时时间可以像 S7-300 PLC 的一样直接输入，不需要像 S7-200 PLC 那样使用定时时基 1/10/100 ms 进行换算。

在工艺功能方面，S7-200 PLC 一般是通过向导来实现的，而 S7-1200 PLC 则是通过调用相应的块来实现的。

上述差异的详细内容将在后续章节进行介绍。

2.2.5 电源计算

S7-1200 的 CPU 有一个内部电源，为 CPU、信号模块、信号扩展板及通信模块提供电源，并且也可以为用户提供 24 V 电源。

CPU 为信号模块、信号扩展板及通信模块提供 5 V 直流电源，不同的 CPU 能够提供的功率是不同的。在硬件选型时，需要计算所有扩展模块的功率总和，检查该数值是否在 CPU 提供功率范围之内，如果超出则必须更换容量更大的 CPU 或减少扩展模块数量。

S7-1200 的 CPU 也可以为信号模块的 24 V 输入点、继电器输出模块或其他设备提供电源（称作传感器电源），如果实际负载超过了此电源的能力，则需要增加一个外部 24 V 电源，此电源不可与 CPU 提供的 24 V 电源并联。建议将所有 24 V 电源的负端连接到一起。

传感器 24 V 电源与外部 24 V 电源应当供给不同的设备，否则将会产生冲突。

如果 S7-1200 PLC 系统的一些 24 V 电源输入端互联，此时可用一个公共电路连接多个 M 端子。例如当设计 CPU 为 24 V 电源供给、信号模块继电器为 24 V 电源供给及非隔离模拟量输入为 24 V 电源供给的"非隔离"电路时，所有非隔离的 M 端子必须连接到同一个外部参考点上。

下面通过例子说明电源的计算方法。

某工程项目经统计 I/O 点数为 20 个 DI，DC 24 V 输入，10 个 DO 中继电器输出 8 个，2 个 DC 输出，1 路模拟量输入，1 路模拟量输出，选用 S7-1200 PLC，CPU 选型如下。

由于数字量 I/O 点数较多，且为继电器输出，选用 CPU 1214C AC/DC/继电器，订货号为 6ES7 214-1BE30-0XB0。由于需要 2 个 DC 输出，选用扩展的信号模块 SM 1223 8×DC 24 V 输入/8×DC 24 V 输出，订货号为 6ES7 222-1BF30-0XB0，1 路模拟量输入为 CPU 自带，1 路模拟量输出可以选用信号板 SB 1232 的 1 路模拟量输出，订货号为 6ES7 232-4HA30-0XB0。

电源功率的计算见表 2-1。本例中，CPU 为信号模块提供了足够的 DC 5V 电源，通过传感器电源可以为所有输入和扩展的继电器线圈提供足够的 DC 24V 电源，故额外不再需要 DC 24V 电源。

表 2-1　电源功率的计算

CPU 功率预算	DC 5 V	DC 24 V
CPU 1214C AC/DC/继电器	1600 mA	400 mA
减		
系统要求	DC 5 V	DC 24 V
CPU 1214C，14 点输入	—	14×4 mA = 56 mA
1 个 SM 1223，5 V 电源	145 mA	—
1 个 SM 1223，8 点输入	—	8×4 mA = 32 mA
1 个 SM 1223，8 点继电器输出	—	8×11 mA = 88 mA
总要求/mA	145	176
等于		
电流差额	DC 5 V	DC 24 V
总电流差额/mA	1455	224

2.3　S7-1200 PLC 的安装和拆卸

　　S7-1200 PLC 设计得尺寸较小，易于安装，可以有效地利用空间。S7-1200 PLC 安装时要注意以下几点。

　　1）可以将 S7-1200 PLC 安装在面板或标准导轨上，并且可以水平或垂直安装 S7-1200 PLC。

　　2）S7-1200 PLC 采用自然冷却方式，因此要确保其安装位置的上、下部分与邻近设备之间至少留出 25 mm 的空间，并且 S7-1200 PLC 与控制柜外壳之间的距离至少为 25 mm（安装深度）。

　　3）当采用垂直安装方式时，其允许的最大环境温度要比水平安装方式降低 10℃，此时要确保 CPU 被安装在最下面。

2.3.1　安装和拆卸 CPU

　　通过导轨卡夹可以很方便地安装 CPU 到标准 DIN 导轨或面板上。首先要将全部通信模块连接到 CPU 上，然后将它们作为一个单元来安装。将 CPU 安装到 DIN 导轨上的步骤如图 2-16 所示。

　　1）安装 DIN 导轨，每隔 75 mm 将导轨固定到安装板上。

　　2）将 CPU 挂到 DIN 导轨上方。

　　3）拉出 CPU 下方的 DIN 导轨卡夹以便能将 CPU 安装到导轨上。

　　4）向下转动 CPU 使其在导轨上就位。

　　5）推入卡夹将 CPU 锁定到导轨上。

　　若要准备拆卸 CPU，先断开 CPU 的电源及其 I/O 连接器、接线或电缆。应将 CPU 和所有与其相连的通信模块作为一个完整单元拆卸。所有信号模块应保持安装状态，如果信号模块已连接到 CPU，则需要先缩回总线连接器。拆卸步骤如图 2-17 所示。

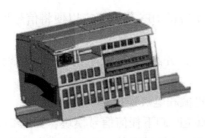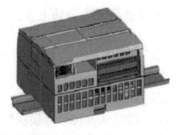

图 2-16　CPU 安装示意图

1）将螺钉旋具放到信号模块上方的小接头旁。

2）向下按使连接器与 CPU 分离。

3）将小接头完全滑到右侧。

4）拉出 DIN 导轨卡夹从导轨上松开 CPU。

5）向上转动 CPU 使其脱离导轨，然后从系统中卸下 CPU。

图 2-17　拆卸 CPU 示意图

2.3.2　安装和拆卸信号模块

在安装 CPU 之后安装信号模块，如图 2-18 所示。

1）卸下 CPU 右侧的连接器盖。将螺钉旋具插入盖上方的插槽中，将其上盖轻轻撬出并卸下盖。收好以备再次使用。

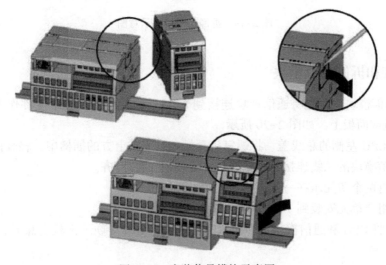

图 2-18　安装信号模块示意图

2）将信号模块挂到 DIN 导轨上方；拉出下方的 DIN 导轨卡夹以便将信号模块安装到导轨上。

3）向下转动 CPU 旁的信号模块使其就位，并推入下方的卡夹将信号模块锁定到导轨上。

4）伸出总线连接器即为信号模块建立了机械和电气连接。

可以在不卸下 CPU 或其他信号模块处于原位时卸下任何信号模块，如图 2-19 所示。若要准备拆卸信号模块，需断开 CPU 的电源并卸下信号模块的 I/O 连接器和接线。

1）使用螺钉旋具缩回总线连接器。

2）拉出信号模块下方的 DIN 导轨卡夹从导轨上松开信号模块，向上转动信号模块使其脱离导轨。

3）盖上 CPU 的总线连接器。

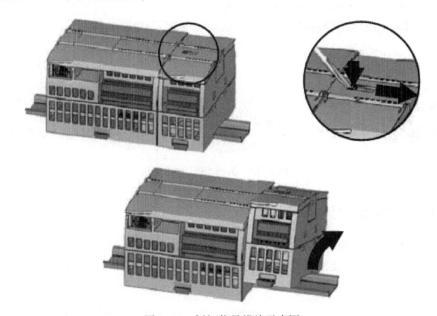

图 2-19　拆卸信号模块示意图

2.3.3　安装和拆卸通信模块

要安装通信模块，首先将通信模块连接到 CPU 上，然后再将整个组件作为一个单元安装到 DIN 导轨或面板上，如图 2-20 所示。

1）卸下 CPU 左侧的总线盖。将螺钉旋具插入总线盖上方的插槽中，轻轻撬出上盖。

2）使通信模块的总线连接器和接线柱与 CPU 上的孔对齐。

3）用力将两个单元压在一起直到接线柱卡入到位。

4）将该组合单元安装到 DIN 导轨或面板上即可。

拆卸时，将 CPU 和通信模块作为一个完整单元从 DIN 导轨或面板上卸下。

图 2-20　安装通信模块示意图

2.3.4　安装和拆卸信号板

给 CPU 安装信号板（SB），要断开 CPU 的电源并卸下 CPU 上部和下部的端子板盖子，安装信号板示意图如图 2-21 所示。

1）将螺钉旋具插入 CPU 上部接线盒盖背面的槽中。

2）轻轻将盖撬起并从 CPU 上卸下。

3）将 SB 直接向下放入 CPU 上部的安装位置中。

4）用力将 SB 压入该位置直到卡入就位。

5）重新装上端子板盖子。

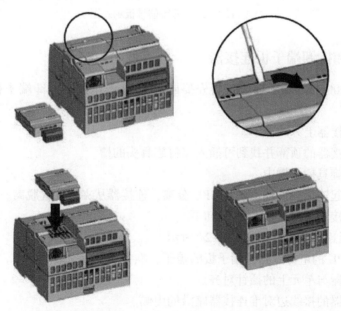

图 2-21　安装信号板示意图

从 CPU 上卸下 SB 要断开 CPU 的电源并卸下 CPU 上部和下部的端子板盖子，拆卸信号板示意图如图 2-22 所示。

1）将螺钉旋具插入 SM 上部的槽中。

2）轻轻将 SB 撬起使其与 CPU 分离。

3）将 SB 直接从 CPU 上部的安装位置中取出。

4）重新装上 SB 盖子。

5）重新装上端子板盖子。

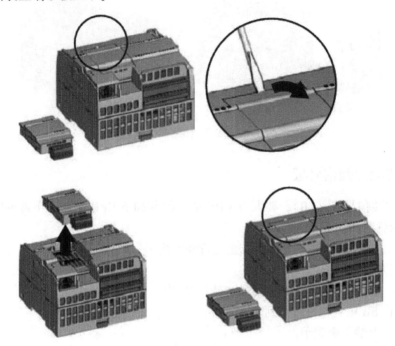

图 2-22　拆卸信号板示意图

2.3.5　安装和拆卸端子板连接器

拆卸 S7-1200 PLC 端子板连接器先要断开 CPU 的电源，拆卸端子板连接器示意图如图 2-23 所示。

1）打开连接器上方的盖子。

2）查看连接器的顶部并找到可插入螺钉旋具头的槽。

3）将螺钉旋具插入槽中。

4）轻轻撬起连接器顶部使其与 CPU 分离，连接器从夹紧位置脱离。

5）抓住连接器并将其从 CPU 上卸下。

安装端子板连接器示意图如图 2-24 所示。

1）断开 CPU 的电源并打开端子板的盖子，准备端子板安装的组件。

2）使连接器与单元上的插针对齐。

3）将连接器的接线边对准连接器座沿的内侧。

4）用力按下并转动连接器直到卡入到位。

5）仔细检查以确保连接器已正确对齐并完全啮合。

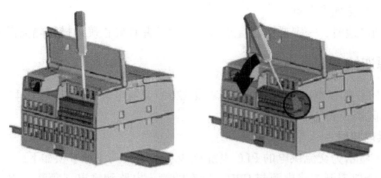

图 2-23　拆卸端子板连接器示意图

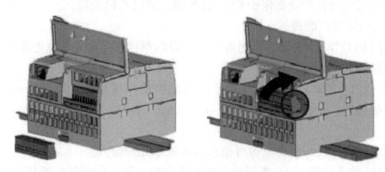

图 2-24　安装端子板连接器示意图

2.4　S7-1200 PLC 的接线

2.4.1　安装现场的接线

在安装和移动 S7-1200 PLC 模块及其相关设备时，一定要切断所有的电源。S7-1200 PLC 设计安装和现场接线的注意事项如下。

1）使用正确的导线，采用 1.50~0.50 mm² 的导线。

2）尽量使用短导线（最长 500 m 屏蔽线或 300 m 非屏蔽线），导线要尽量成对使用，用一根中性或公共导线与一根热线或信号线相配对。

3）将交流线和高能量快速断路器的直流线与低能量的信号线隔开。

4）针对闪电式浪涌，安装合适的浪涌抑制设备。

5）外部电源不要与 DC 输出点并联用作输出负载，这可能导致反向电流冲击输出，除非在安装时使用二极管或其他隔离栅。

2.4.2　隔离电路时的接地与电路参考点

使用隔离电路时的接地与电路参考点应遵循以下几点原则。

1）为每一个安装电路选一个合适的参考点（0 V）。

2）隔离元件用于防止安装中的不期望的电流产生。应考虑到哪些地方有隔离元件，哪些地方没有，同时要考虑相关电源之间的隔离以及其他设备的隔离等。

3）选择一个接地参考点。

4）在现场接地时，一定要注意接地的安全性，并且要正确地操作隔离保护设备。

2.4.3 电源连接方式

S7-1200 PLC 的供电电源可以是 110 V 或 220 V 交流电源，也可以是 24 V 直流电源，接线时有一定的区别及相应的注意事项。

1. 交流供电接线

如图 2-25 所示为交流供电的 PLC 电源接线示意图，其注意事项如下。

[a] 用一个单刀开关将电源与 CPU、所有的输入电路和输出（负载）电路隔离开。

[b] 用一台过电流保护设备保护 CPU 的电源、输出点以及输入点，也可以为每个输出点加上熔丝进行范围更广的保护。

[c] 当使用 PLC DC 24 V 传感器电源时，可以取消输入点的外部过电流保护，因为该传感器电源具有短路保护功能。

[d] 将 S7-1200 PLC 的所有地线端子同最近接地点相连接，以获得最好的抗干扰能力。建议所有的接地端子都使用 14 AWG 或 1.5 mm² 的电线连接到独立导电点上（亦称一点接地）。

[e] 本机单元的直流传感器电源可用来为本机单元的输入。

[f] 扩展 DC 输入以及 [g] 扩展继电器线圈供电，这一传感器电源具有短路保护功能。

[h] 在大部分的安装中，如果把传感器的供电 M 端子接到地上可以获得最佳的噪声抑制。

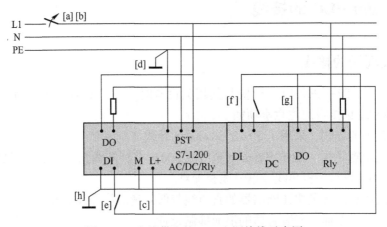

图 2-25 交流供电的 PLC 电源接线示意图

2. 直流供电接线

如图 2-26 所示为直流供电的 PLC 电源接线示意图，其注意事项如下。

[a] 用一个单刀开关 [a] 将电源与 CPU 所有的输入电路和输出电路（负载）隔离开。

[b] 用过电流保护设备保护 CPU 电源、[c] 输出点以及 [d] 输入点。也可以在每个输出点加上熔丝进行过电流防护。当使用 DC 24 V 传感器电源时，可以取消输入点的外部过

电流保护，因为传感器电源内部具有限流功能。

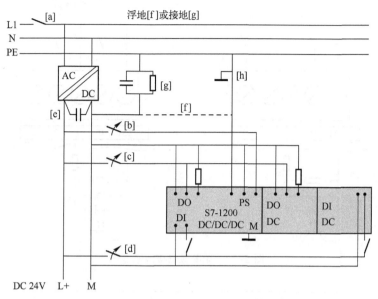

图 2-26　直流供电的 PLC 电源接线示意图

[e] 确保 DC 电源有足够的抗冲击能力，以保证在负载突变时，可以维持一个稳定的电压，这时需要一个外部电容。

[f] 在大部分的应用中，把所有的 DC 电源接地可以得到最佳的噪声抑制。在未接地 DC 电源的公共端与保护地之间并联电阻与电容 [g]。电阻提供了静电释放通路，电容提供高频噪声通路，它们的典型值是 1 MΩ 和 4700 pF。

[h] 将 S7-200 PLC 所有的接地端子同最近接地点 [h] 连接，以获得最好的抗干扰能力。建议所有的接地端子都使用 14AWG 或 1.5 mm² 的电线连接到独立导电点上（亦称一点接地）。DC 24 V 电源回路与设备之间，以及 AC 120/230 V 电源与危险环境之间，必须提供安全电气隔离。

2.4.4　数字量输入接线

数字量输入类型有源型和漏型两种。S7-1200 CPU 集成的输入点和信号模板的所有输入点都既支持漏型输入又支持源型输入，而信号板的输入点只支持源型输入或者漏型输入中的一种。

DI 输入为无源触点（如行程开关、接点温度计或压力计）时，其接线示意图如图 2-27 所示。

对于直流有源输入信号，一般都是 5 V、12 V、24 V 等。PLC 输入模块输入点的最大电压是 30 V，和其他无源开关量信号以及其他来源的直流电压信号混合接入 PLC 输入点时，注意电压的 0 V 点一定要连接，如图 2-28 所示。

当 PLC 的直流电源的容量无法支持过多的负载，或者外部检测设备的电源不能使用 24 V 电源，而必须使用 5 V、12 V 的电源时，在这种情况下，就必须设计外部电源，为这些设备提供电源（这些设备输出的信号电压也可能不同），如图 2-29 所示。

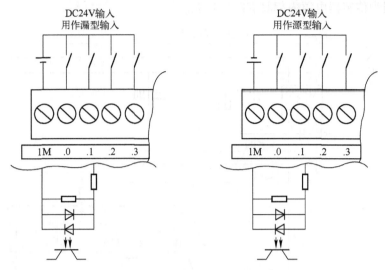

图 2-27 无源触点接线示意图

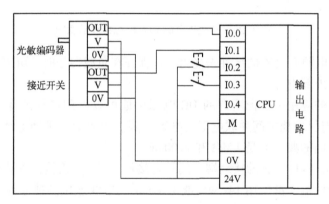

图 2-28 有源直流输入接线示意图

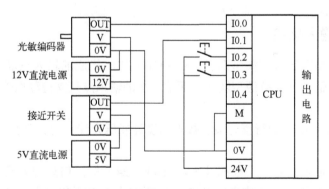

图 2-29 外部不同电源供电示意图

关于 S7-1200 PLC 数字量输入模块接线的更多详细内容请参考系统手册。

2.4.5 数字量输出接线

晶体管输出形式的 DO 负载能力较弱（能驱动小型的指示灯、小型继电器线圈等），响应相对较快，其接线示意图如图 2-30 所示。

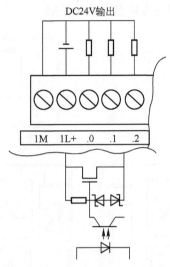

图 2-30　晶体管输出形式的 DO 接线示意图

继电器输出形式的 DO 负载能力较强（能驱动接触器等），响应相对较慢，其接线示意图如图 2-31 所示。

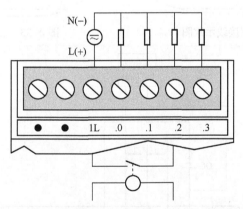

图 2-31　继电器输出形式的 DO 接线示意图

S7-1200 PLC 数字量的输出信号类型，只有 200 kHz 的信号板输出既支持漏型输出又支持源型输出，其他信号板、信号模块和 CPU 集成的晶体管输出都只支持源型输出。

关于 S7-1200 PLC 数字量输出模块接线的更多详细内容请参考系统手册。

2.4.6 模拟量输入/输出接线

S7-1200 PLC 模拟量模块的接线，有下面 3 种接线方式。

1）两线制：两根线既传输电源又传输信号，也就是传感器输出的负载和电源是串联在一起的，电源是从外部引入的，和负载串联在一起来驱动负载。

2）三线制：三线制传感器就是电源正端和信号输出的正端分离，但它们共用一个COM端。

3）四线制：电源两根线，信号两根线。电源和信号是分开工作的。

如图2-32、图2-33及图2-34所示分别为各种方式下的接线示意图。关于S7-1200 PLC模拟量模块接线的更多详细内容请参考系统手册。

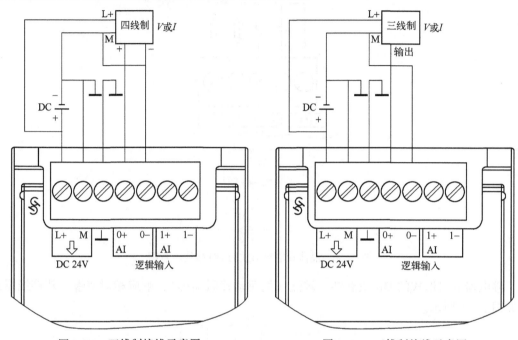

图2-32　四线制接线示意图　　　　　　　图2-33　三线制接线示意图

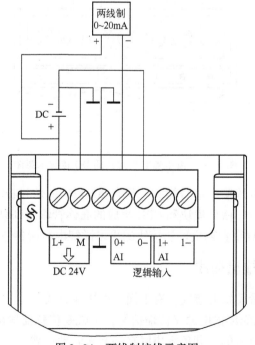

图2-34　两线制接线示意图

2.4.7　外部电路抗干扰的其他措施

外部感性负载在断电时，将通过电磁干扰的方式释放出大量的能量。这可能引起器件的损坏和影响系统的正常工作。为解决这个问题需根据驱动电路的形式和电源的类型，采取不同的措施，如图 2-35、图 2-36 及图 2-37 所示分别为直流感性负载和交流感性负载情况下的保护。

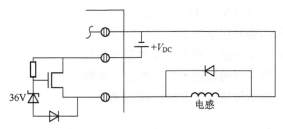

图 2-35　直流感性负载情况下对晶体管输出电路采用二极管旁路保护

感性负载在断开的瞬间，将产生极高的电压，要特别保护晶体管不致击穿。借助二极管正向导通的特性，在感性负载两端并联二极管，可有效地消除瞬间高压。在连接中要注意二极管的极性正确。

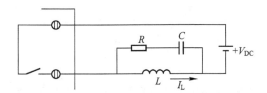

图 2-36　直流感性负载情况下对触点输出模块采用阻容电路旁路电磁能量

触点输出驱动的负载能量较大，既要正常工作又要消除高频电磁干扰是主要矛盾。

触点断开的瞬间，储存在负载中的能量将立即释放（高频形式），在感性负载两端并联阻容电路对高频能量提供一条泄放的通路，不致形成空间干扰。触点闭合时，这段阻容电路视同断路。

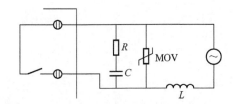

图 2-37　交流感性负载情况下采用触点并联阻容电路消除触点间的电火花

交流感性负载在断电的瞬间会在触点间产生电火花（高频干扰），触点并联阻容电路可提供高频泄放通路。

对于灯负载，接通时会产生高的浪涌电流，因此灯负载对于继电器触点是有破坏性的。一个钨灯泡的启动浪涌电流将是稳定电流的 10~15 倍，对于灯负载建议使用可更换继电器或者浪涌限制器。

习题

1. PLC 通常是由哪些部分组成的？
2. S7-1200 PLC 由哪几部分组成的？
3. S7-1200 PLC 支持的通信类型有哪些？
4. 请总结 S7-300 与 S7-1200 PLC 的差异。
5. S7-1200 PLC 采用哪种供电方式？
6. S7-1200 PLC 的数字量输入点支持哪些信号类型？
7. S7-1200 PLC 的数字量输出点支持哪些信号类型？
8. S7-1200 PLC 模拟量模块有哪几种接线方式？

第3章　S7-1200 PLC 编程基础

3.1　S7-1200 PLC 的工作原理

3.1.1　PLC 的基本工作原理

PLC 采用循环执行用户程序的方式，称为循环扫描工作方式，其运行模式下的扫描过程如图 3-1 所示。可以看出，当 PLC 上电或者从停止模式转为运行模式时，CPU 执行启动操作，消除没有保持功能的位存储器、定时器和计数器，清除中断堆栈和块堆栈的内容，复位保存的硬件中断等；此外，还要执行用户可以编写程序的启动组织块，即启动程序，完成用户设定的初始化操作；然后，进入周期性循环运行。一个扫描过程周期可分为输入采样、程序执行及输出刷新三个阶段。

（1）输入采样阶段

此阶段 PLC 依次读入所有输入信号的状态和数据，并将它们存入 I/O 映像区中的相应单元内。输入采样结束后，转入用户程序执行和输出刷新阶段。在这两个阶段中，即使输入状态和数据发生变化，I/O 映像区中的相应单元的状态和数据也不会改变。因此，如果输入是脉冲信号，则该脉冲信号的宽度必须大于一个扫描周期，才能保证在任何情况下，该输入均能被读入。

（2）程序执行阶段

PLC 按照从左到右、从上至下的顺序对用户程序进行扫描，并分别从输入映像区和输出映像区中获得所需的数据，进行运算、处理后，再将程序执行的结果写入寄存执行结果的输出映像区中保存。这个结果在程序执行期间可能发生变化，但在整个程序未执行完毕之前不会送到输出端口。

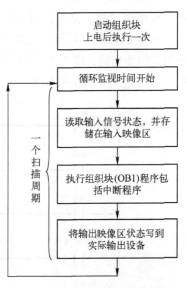

图 3-1　PLC 循环扫描工作过程

（3）输出刷新阶段

在执行完用户所有程序后，PLC 将输出映像区中的内容送到寄存输出状态的输出锁存器中，这一过程称为输出刷新。输出电路要把输出锁存器的信息传送给输出点，再去驱动实际设备。

由上可以看出 PLC 的工作特点如下。

1）所有输入信号在程序处理前统一读入，并在程序处理过程中不再变化，而程序处理的结果也是在扫描周期的最后时段统一输出，将一个连续的过程分解成若干静止的状态，便于面向对象的思维。

2）PLC 仅在扫描周期的起始时段读取外部输入状态，该时段相对较短，对输入信号的抗干扰极为有利。

3）PLC 循环扫描执行输入采样、程序执行、输出刷新"串行"工作方式，这样既可避免继电器、接触器控制系统因"并行"工作方式存在的触点竞争，又可提高 PLC 的运算速度，这是 PLC 系统可靠性高、响应快的原因。但是，对于高速变化的过程可能漏掉变化的信号，也会带来系统响应的滞后。为克服上述问题，可利用立即输入输出、脉冲捕获、高速计数器或中断技术等。

图 3-1 所示的工作过程是简化的过程，实际的 PLC 工作流程还要复杂些。除了 I/O 刷新及运行用户程序外，还要做些公共处理工作，如循环时间监控、外设服务及通信处理等。

PLC 一个扫描周期的时间是指操作系统执行一次如图 3-1 所示的循环操作所需的时间，包括执行 OB1 中的程序和中断该程序的系统操作时间。循环扫描周期时间与用户程序的长度、指令的种类和 CPU 执行指令的速度有关。当用户程序比较大时，指令执行时间在循环时间中占相当大的比例。

在 PLC 处于运行模式时，利用编程软件的监控功能，在"在线和诊断"数据中，可以获得 CPU 运行的最大循环时间、最小循环时间和上一次的循环时间等。循环时间会由于以下事件而延长：中断处理、诊断和故障处理、测试和调试功能、通信、传送和删除块、压缩用户程序存储器、读/写微存储器卡 MMC 等。

结合 PLC 的循环扫描工作方式分析图 3-2 所示的梯形图程序，I0.1 代表外部的按钮，可知当按钮动作后，图 3-2a 的程序只需要一个扫描周期就可完成对 M0.4 的刷新，而图 3-2b 的程序要经过 4 个扫描周期才能完成对 M0.4 的刷新。

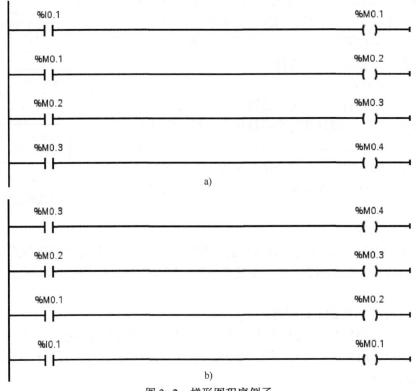

图 3-2　梯形图程序例子

对于图 3-3 所示的双线圈输出程序，结合 PLC 循环扫描工作方式分析可知，当 I0.0 按下时，扫描程序段 1 时 Q0.0 为 1，扫描程序段 2 时 Q0.0 又被写为 0，最终输出 Q0.0 是 0；当 I0.1 按下时，扫描程序段 1 时 Q0.0 为 0，扫描程序段 2 时 Q0.0 又被写为 1，最终输出 Q0.0 为 1。若希望 I0.0 和 I0.1 分别按下时，Q0.0 都为 1，则应该编写程序如图 3-4 所示。注意：图 3-3 和图 3-4 中，"%I0.0"表示绝对地址，其下面的"Tag_1"为其符号名称，而图 3-2 中只显示了绝对地址名称。

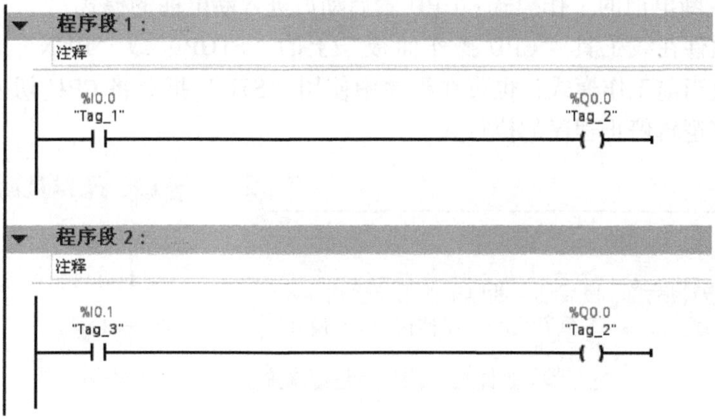

图 3-3　双线圈输出程序

图 3-4　程序例子

3.1.2　S7-1200 CPU 的工作模式

S7-1200 的 CPU 有以下 3 种工作模式：STOP（停止）模式、STARTUP（启动）模式和 RUN（运行）模式。CPU 的状态 LED 指示当前工作模式。

在 STOP 模式下，CPU 处理所有通信请求（如果有的话）并执行自诊断，但不执行用户程序，过程映像也不会自动更新。只有在 CPU 处于 STOP 模式时，才能下载项目。

在 STARTUP 模式下，执行一次启动组织块（如果存在的话）。在 RUN 模式的启动阶段，不处理任何中断事件。

在 RUN 模式下，重复执行扫描周期，即重复执行程序循环组织块 OB1。中断事件可能会在程序循环阶段的任何点发生并进行处理。处于 RUN 模式下时，无法下载任何项目。

CPU 支持通过暖启动进入 RUN 模式。在暖启动时，所有非保持性系统及用户数据都将被复位为来自装载存储器的初始值，保留保持性用户数据。

可以使用编程软件在项目视图项目树中 CPU 下的"设备配置"属性对话框的"启动"项中,指定 CPU 的上电模式及重启动方法等,如图 3-5 所示。通电后,CPU 将执行一系列上电诊断检查和系统初始化操作,然后 CPU 进入适当的上电模式。检测到的某些错误将阻止 CPU 进入 RUN 模式。CPU 支持以下启动模式。

1) 不重新启动模式:CPU 保持在停止模式。

2) 暖启动-RUN 模式:CPU 暖启动后进入运行模式。

3) 暖启动-断电前的工作模式:CPU 暖启动后进入断电前的模式。

使用编程软件在线工具"CPU 操作面板"上的"STOP"或"RUN"命令,如图 3-6 所示,可以更改当前工作模式;也可在程序中使用"STP"指令将 CPU 切换到 STOP 模式,即可以根据程序逻辑停止程序的执行。

图 3-5　设置 CPU 的启动模式

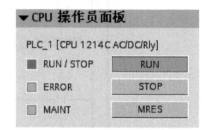

图 3-6　CPU 操作面板

存储器复位"MRES"将清除所有工作存储器、保持性及非保持性存储区,并将装载存储器复制到工作存储器。存储器复位不会清除诊断缓冲区,也不会清除永久保存的 IP 地址值。

S7-1200 PLC 的运行模式示意图如图 3-7 所示。

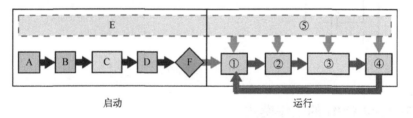

图 3-7　S7-1200 PLC 的运行模式示意图

启动过程中,CPU 依次执行步骤:A 清除输入映像存储器,B 使用上一个值或替换值对输出执行初始化,C 执行启动组织块,D 将物理输入的状态复制到输入映像存储器,F 启用将输出映像存储器的值写入到物理输出,同时 E 将所有中断事件存储到要在 RUN 模式下处理的队列中。

运行时,依次执行以下步骤。

① 将输出映像存储器写入物理输出。

② 将物理输入的状态复制到输入映像存储器。

③ 执行程序循环组织块。

④ 执行自检诊断。

注意:运行时在扫描周期的任何阶段都可以处理中断和通信。

3.2 存储器及其寻址

3.2.1 S7-1200 PLC 的存储器

S7-1200 的 CPU 提供了以下用于存储用户程序、数据和组态的存储器，见表 3-1。

1）装载存储器：用于非易失性地存储用户程序、数据和组态。项目被下载到 CPU 后，首先存储在装载存储器中。每个 CPU 都具有内部装载存储器。该内部装载存储器的大小取决于所使用的 CPU。该内部装载存储器可以用外部存储卡来替代。如果未插入存储卡，CPU 将使用内部装载存储器；如果插入了存储卡，CPU 将使用该存储卡作为装载存储器。但是，可使用的外部装载存储器的大小不能超过内部装载存储器的大小，即使插入的存储卡有更多空闲空间。该非易失性存储区能够在断电后继续保持。

2）工作存储器：它是易失性存储器，用于在执行用户程序时存储用户项目的某些内容。CPU 会将一些项目内容从装载存储器复制到工作存储器中。该易失性存储区将在断电后丢失，而在恢复供电时由 CPU 恢复。

3）系统存储器：系统存储器是 CPU 为用户程序提供的存储器组件，被划分为若干个地址区域。使用指令可以在相应的地址区内对数据直接进行寻址。系统存储器用于存放用户程序的操作数据，例如过程映像输入/输出、位存储器、数据块、局部数据，I/O 输入输出区域和诊断缓冲区等。

表 3-1 S7-1200 PLC 的存储区

装载存储器	动态装载存储器 RAM
	可保持装载存储器 EEPROM
工作存储器 RAM	用户程序，如逻辑块、数据块
系统存储器 RAM	过程映像 I/O 表
	位存储器
	局域数据堆栈、块堆栈
	中断堆栈、中断缓冲区

S7-1200 CPU 的系统存储器的地址区见表 3-2。在用户程序中使用相应的指令可以在相应的地址区直接对数据进行寻址。

表 3-2 S7-1200 CPU 的系统存储器的地址区

地 址 区	说 明
输入过程映像 I	输入映像区每一位对应一个数字量输入点，在每个扫描周期的开始阶段，CPU 对输入点进行采样，并将采样值存于输入映像寄存器中。CPU 在接下来的本周期各阶段不再改变输入过程映像寄存器中的值，直到下一个扫描周期的输入处理阶段进行更新
输出过程映像 Q	输出映像区的每一位对应一个数字量输出点，在扫描周期最开始，CPU 将输出映像寄存器的数据传送给输出模块，再由后者驱动外部负载
位存储区 M	用来保存控制继电器的中间操作状态或其他控制信息

地 址 区	说　明
数据块 DB	在程序执行的过程中存放中间结果，或用来保存与工序或任务有关的其他数据。可以对其进行定义以便所有程序块都可以访问它们（全局数据块），也可将其分配给特定的 FB 或 SFB（背景数据块）
局部数据 L	可以作为暂时存储器或给子程序传递参数，局部变量只在本单元有效
I/O 输入区域	I/O 输入区域允许直接访问集中式和分布式输入模块
I/O 输出区域	I/O 输出区域允许直接访问集中式和分布式输出模块

表 3-2 中，通过外设 I/O 存储区域，可以不经过过程映像输入和过程映像输出直接访问输入模块和输出模块。注意不能以位（bit）为单位访问外设 I/O 存储区，只能以字节、字和双字为单位访问。临时存储器即局域数据（L 堆栈），用来存储程序块被调用时的临时数据。访问局域数据比访问数据块中的数据更快。用户生成块时，可以声明临时变量（TEMP），它们只在执行该块时有效，执行完后就被覆盖了。

另外，还可以组态保持性存储器，用于非易失性地存储限量的工作存储器值。保持性存储器用于在断电时存储所选用户存储单元的值。发生掉电时，CPU 留出了足够的缓冲时间来保存几个有限的指定单元的值，这些保持性值随后在上电时进行恢复。

S7-1200 PLC 存储区的保持性特性见表 3-3。

表 3-3　S7-1200 PLC 存储区的保持性特性

存 储 区	说　明	强　制	保持性
I 过程映像输入 I_:P（物理输入）	在扫描周期开始时从物理输入复制	否	否
	立即读取 CPU、SB 和 SM 上的物理输入点	是	否
Q 过程映像输出 Q_:P（物理输出）	在扫描周期开始时复制到物理输出	无	否
	立即写入 CPU、SB 和 SM 的物理输出点	是	否
M 位存储器	控制和数据存储器	否	是
L 临时存储器	存储块的临时数据，这些数据仅在该块的本地范围内有效	否	否
DB 数据块	数据存储器，同时也是 FB 的参数存储器	否	是

3.2.2　寻址

SIMATIC S7 CPU 中可以按照位、字节、字和双字对存储单元进行寻址。

二进制数的 1 位（bit）只有 0 和 1 两种不同的取值，可用来表示数字量的两种不同的状态，如触点的断开和接通，线圈的通电和断电等。8 位二进制数组成 1 个字节（Byte，B），其中的第 0 位为最低位、第 7 位为最高位。两个字节组成 1 个字（Word，W），其中的第 0 位为最低位、第 15 位为最高位。两个字组成 1 个双字（Double Word，DW），其中的第 0 位为最低位、第 31 位为最高位。位、字节、字和双字示意图如图 3-8 所示。

S7-1200 CPU 不同的存储单元都是以字节为单位，示意图如图 3-9 所示。

对位数据的寻址由字节地址和位地址组成，如 I3.2，其中的区域标识符"I"表示寻址输入（Input）映像区，字节地址为 3，位地址为 2，这种存取方式称为"字节.位"寻址方式，如图 3-10 所示。

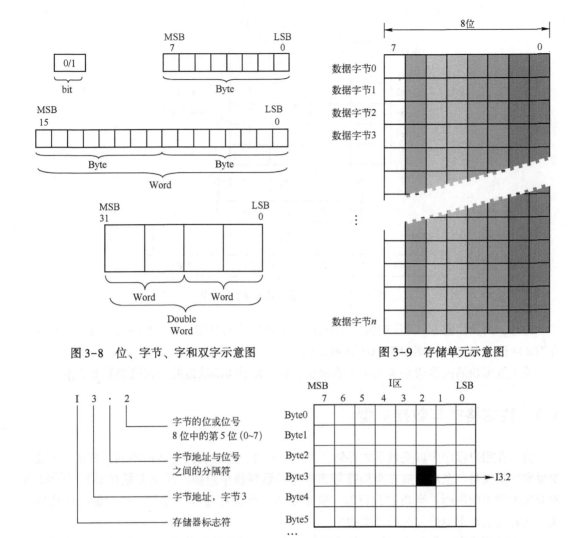

图 3-8　位、字节、字和双字示意图

图 3-9　存储单元示意图

图 3-10　位寻址举例

对字节的寻址，如 MB2，其中的区域标识符"M"表示位存储区，"2"表示寻址单元的起始字节地址为 2，"B"表示寻址长度为 1 个字节，即寻址位存储区第 2 个字节，如图 3-11 所示。

对字的寻址，如 MW2，其中的区域标识符"M"表示位存储区，"2"表示寻址单元的起始字节地址为 2，"W"表示寻址长度为 1 个字（2 个字节），也就是寻址位存储区第 2 个字节开始的一个字，即字节 2 和字节 3，如图 3-11 所示。

对双字的寻址，如 MD0，其中的区域标识符"M"表示位存储区，"0"表示寻址单元的起始字节地址为 0，"D"表示寻址长度为 1 个双字（2 个字，4 个字节），也就是寻址位存储区第 0 个字节开始的一个双字，即字节 0、字节 1、字节 2 和字节 3，如图 3-11 所示。

注意：输入字节 MB200 由 M200.0 ~ M200.7 这 8 位组成。MW200 表示由 MB200 和 MB201 组成的 1 个字。MD200 表示由 MB200 ~ MB203 组成的双字。可以看出，M200.2、MB200、MW200 和 MD200 等地址有重叠现象，在使用时一定注意，以免引起错误。

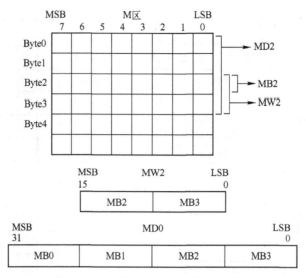

图 3-11 字节、字和双字寻址示意图

另外，需要注意 S7 CPU 中的"高地址，低字节"的规律，如果将 16#12 送入 MB200，将 16#34 送入 MB201，则 MW200＝16#1234。

关于数据块的内容请参考 3.4.3 节和 6.4 节。关于局部数据的使用请参看 6.5 节。

3.3 数据格式与数据类型

数据在用户程序中以变量形式存储，具有唯一性。根据访问方式的不同，变量分为全局变量和局部变量，全局变量在全局符号表或全局数据块中声明，局部变量在 OB、FC 和 FB 的变量声明表中声明。当块被执行时，变量永久地存储在过程映像区、位存储器区或数据块，或者它们动态地建立在局部堆栈中。

数据类型决定了数据的属性，如要表示元素的相关地址及其值的允许范围等，数据类型也决定了所采用的操作数。S7-1200 PLC 中使用下列数据类型。

1）基本数据类型。

2）复杂数据类型，通过链接基本数据类型构成。

3）参数类型，使用该类型可以定义要传送到功能 FC 或功能块 FB 的参数。

4）由系统提供的系统数据类型，其结构是预定义的并且不可编辑。

5）由 CPU 提供的硬件数据类型。

3.3.1 数制

1. 二进制数

二进制数的 1 位（bit）只有 0 和 1 两种不同的取值，可用来表示开关量（或称数字量）的两种不同的状态，如触点的断开和接通，线圈的通电和断电等。如果该位为 1，则正逻辑情况下表示梯形图中对应的编程元件的线圈"通电"，其常开触点接通，常闭触点断开，反之相反。二进制常数以 2#开始，如 2#1111_0110_1001_0001 是一个 16 位二进制常数。

2. 十六进制数

十六进制数的 16 个数字是由 0~9 这 10 个数字以及 A~F（对应于十进制数 10~15）6个字母构成，其运算规则为逢 16 进 1，在 SIMATIC 中 B#16#、W#16#、DW#16# 分别用来表示十六进制字节、十六进制字和十六进制双字常数，例如 W#16#2C3F。在数字后面加"H"也可以表示十六进制数，例如 16#2C3F 可以表示为 2C3FH。

十六进制与十进制的转换按照其运算规则进行，例如 B#16#1F = 1×16 + 15 = 31；十进制转换为十六进制则采用除 16 方法，1234 = 4×16^2 + 13×16 + 2 = 4D2H。十六进制与二进制的转换则注意十六进制中每个数字占二进制数的 4 位就可以了，如 4D2H = 0100_1101_0010。

3. BCD 码

BCD 码是将一个十进制数的每一位都用 4 位二进制数表示，即 0~9 分别用 0000~1001 表示，而剩余 6 种组合（1010~1111）则没有在 BCD 码中使用。

BCD 码的最高 4 位二进制数用来表示符号，16 位 BCD 码字的范围为 -999~999。32 位 BCD 码双字的范围为 -9999999~9999999。

BCD 码实际上是十六进制数，但是各位之间的关系是逢十进一。十进制数可以很方便地转换为 BCD 码，例如十进制数 296 对应的 BCD 码为 W#16#296 或 2#0000_0010_1001_0110。

3.3.2 基本数据类型

S7-1200 PLC 的基本数据类型见表 3-4。

表 3-4 S7-1200 PLC 的基本数据类型

数据类型	长度/bit	取 值 范 围	常量输入举例
布尔（Bool）	1	0~1	TRUE, FALSE 及 0、1
字节（Byte）	8	16#00~16#FF	16#12, 16#AB
字（Word）	16	16#0000~16#FFFF	16#ABCD, 16#0001
双字（DWord）	32	16#00000000~16#FFFFFFFF	16#02468ACE
字符（Char）	8	16#00~16#FF	'A', 't', '@'
短整数（SInt）	8	-128~127	123, -123
整数（Int）	16	-32768~32767	123, -123
双整数（DInt）	32	-2147483648~2147483647	123, -123
无符号短整数（USInt）	8	0~255	123
无符号整数（UInt）	16	0~65535	123
无符号双整数（UDInt）	32	0~4294967295	123
浮点数（Real）	32	±1.18×10^{-38}~±3.40×10^{-38}	123.456, -3.4, -1.2E+12
长浮点数（LReal）	64	±2.23×10^{-308}~±1.79×10^{-308}	12345.123456789, -1.2E+40
时间（Time）	32	T#-24d_20h_31m_23s_648 ms~T#24d_20h_31m_23s_647 ms 存储形式：-2147483648~2147483647 ms	T#5m_30s, T#-2d, T#1d_2h_15m_30s_45 ms
BCD16	16	-999~999	-123, 123
BCD32	32	-9999999~9999999	1234567, -1234567

注：尽管 BCD 数字格式不能用作数据类型，但它们受转换指令支持，故将其列入此处。

由表 3-4 可以看出，字节、字和双字数据类型都是无符号数，其取值范围分别为 B#16#00~FF、W#16#0000~FFFF 和 DW#16#0000_0000~FFFF_FFFF。字节、字和双字数据类型中的特殊形式是 BCD 数据以及以 ASCII 码形式表示一个字符的 Char 类型。

8 位、16 位和 32 位整数（SInt、Int、DInt）是有符号数，整数的最高位为符号位，最高位为 0 时为正数，为 1 时为负数。整数用补码来表示，正数的补码就是它的本身，将一个正数对应的二进制数的各位求反码后加 1，可以得到绝对值与它相同的负数的补码。

8 位、16 位和 32 位无符号整数（USInt、UInt、UDInt）只取正值，使用时要根据情况选用正确的数据类型。

32 位浮点数又称为实数（Real），浮点数表示的基本格式为 $1.m \times 2^e$，例如 123.4 可表示为 1.234×10^2。如图 3-12 所示为浮点数的格式，可以看出，浮点数共占用一个双字（32 位），其最高位（第 31 位）为浮点数的符号位，最高位为 0 时是正数，为 1 时是负数；8 位指数占用第 23~30 位；因为规定尾数的整数部分总是为 1，只保留了尾数的小数部分 m（第 0~22 位）。标准浮点数格式为

$$S * (1.f) * 2(e-127)$$

其中 S＝符号位，（0 对应于+，1 对应于-）；f＝ 23 位尾数，最高有效位 MSB ＝ 2^{-1} 及最低有效位 LSB ＝2^{-23}，e＝二进制整数形式的指数（0<e<255）。

浮点数的表示范围为－3.402823×10^{38} ~ －1.175495×10^{-38}，1.175495×10^{-38} ~ 3.402823×10^{38}。

图 3-12　浮点数的格式

长实数（LReal）为 64 位数据，比 32 位实数有更大的取值范围。

浮点数的优点是用很小的存储空间（4 B）可以表示非常大和非常小的数。PLC 输入和输出的数值大多是整数（例如模拟量输入值和模拟量输出值），用浮点数来处理这些数据需要进行整数和浮点数之间的相互转换，需要注意的是，浮点数的运算速度比整数运算慢得多。

时间型数据（Time）为 32 位数据，其格式为 T#多少天（day）多少小时（hour）多少分钟（minute）多少秒（second）多少毫秒（ms）。Time 数据类型以表示毫秒时间的有符号双精度整数形式存储。

3.3.3　复杂数据类型

通过组合基本数据类型构成复杂数据类型，这对于组织复杂数据十分有用。用户可以生成适合特定任务的数据类型，将基本的、逻辑上有关联的信息单元组合成一个拥有自己名称的"新"单元，如电动机的数据记录，将其描述为一个属性（性能，状态）记录，包括速度给定值、速度实际值、起停状态等各种信息。另外，通过复杂数据类型可以使复杂数据在块调用中作为一个单元被传递，即在一个参数中传递到被调用块，这符合结构化编程的思想。这种方式使众多基本信息单元高效而简洁地在主调用块和被调用块之间传递，同时保证

了已编制程序的高度可重复性和稳定性。

复杂数据类型见表3-5，包括以下几种：

1）DTL。

2）字符串（String）。它是最多由254个字符（Char）的一维数组。

3）数组（Array）。它将一组同一类型的数据组合在一起，形成一个单元。

4）结构（Struct）。它将一组不同类型的数据组合在一起，形成一个单元。

表3-5　复杂数据类型说明

数据类型	描　　述
DTL	表示由日期和时间定义的时间点
String	表示最多包含254个字符的字符串
Array	表示由固定数目的同一数据类型的元素组成的域
Struct	表示由固定数目的元素组成的结构。不同的结构元素可具有不同的数据类型

1. DTL（长格式日期和时间）数据类型

DTL数据类型是一种12B的结构，以预定义的结构保存日期和时间信息，见表3-6。可以在块的临时存储器中或者在数据块中定义DTL。

表3-6　DTL举例

长度/B	格　　式	取值范围	输入值实例
12	时钟和日历（年-月-日-小时:分钟:秒.纳秒）	最小值：DTL#1970-01-01-00:00:00.0 最大值：DTL#2554-12-31-23:59:59.999 999 999	DTL#2008-12-16-20:30:20.250

DTL变量的结构由若干元素构成，各元素可以有不同的数据类型和取值范围。指定值的数据类型必须与相应元素的数据类型相匹配。表3-7给出了DTL变量的结构元素及其属性。

表3-7　DTL变量的结构元素及其属性

字　　节	元　　素	数据类型	取值范围
0	年	UInt	1970~2554
1			
2	月	USInt	0~12
3	日	USInt	1~31
4	星期	USInt	1（星期日）~7（星期六），值输入中不考虑工作日
5	小时	USInt	0~23
6	分钟	USInt	0~59
7	秒钟	USInt	0~59
8	纳秒	UDInt	0~999999999
9			
10			
11			

2. String（字符串）

String 数据类型的变量将多个字符保存在一个字符串中，该字符串最多由 254 个字符组成。每个变量的字符串最大长度可由方括号中的关键字 String 指定（如 String［4］）。如果省略了最大长度信息，则为相应的变量设置 254 个字符的标准长度。在内存中，String 数据类型的变量比指定最大长度多占用两个字节，见表 3-8。

表 3-8　String 变量的属性

长度/B	格　式	取 值 范 围	输入值实例
n+2	ASCII 字符串	0~254 个字符	'Name'

可为 String 数据类型的变量分配字符。字符在单引号中指定。如果指定字符串的实际长度小于声明的最大长度，则剩余的字符空间留空。在值处理过程中仅考虑已占用的字符空间。

表 3-9 的字符串实例定义了一个最大字符数为 10 而当前字符数为 3 的字符串，这表示该 String 当前包含 3 个单字节字符，但可以扩展到包含最多 10 个单字节字符。

表 3-9　字符串举例

总 字 符 数	当前字符数	字符 1	字符 2	字符 3	⋯	字符 10
10	3	'C'（16#43）	'A'（16#41）	'T'（16#54）	⋯	—
字节 0	字节 1	字节 2	字节 3	字节 4	⋯	字节 11

3. Array（数组）

Array 数据类型表示由固定数目的同一数据类型的元素组成的域。所有基本数据类型的元素都可以组合在 Array 变量中。Array 元素的范围信息显示在关键字 Array 后面的方括号中。范围的下限值必须小于或等于上限值，见表 3-10。

表 3-10　数组的属性

长　度	格　式	取 值 范 围
元素的数目 * 数据类型的长度	<数据类型> 的 Array［下限值 … 上限值］	［-32768 … +32767］

表 3-11 的例子说明如何声明一维 Array 变量。

表 3-11　数组举例

名　称	数 据 类 型	注　释
Op_Temp	Array［1..3］of Int	具有 3 个元素的一维 Array 变量
My_Bits	Array［1..3］of Bool	该数组包含 10 个布尔值
My_Data	Array［-5..5］of Sint	该数组包含 11 个 Sint 值，其中包括下标 0

访 Array 元素通过下标访问来进行。第一个 Array 元素的下标为［1］，第二个元素的下标为［2］，第三个元素的下标为［3］。在本例中要访问第二个 Array 元素的值，需要在程序中指定"OP_Temp［2］"。

变量"Op_Temp"也可声明为 Array［-1..1］of Int，则第一个 Array 元素的下标为［-1］，第二个元素的下标为［0］，第三个元素的下标为［1］。例如"#My_Bits［3］"表示引用数组

"My_Bits"的第3位,"#My_Data[-2]"表示引用数组"My_Data"的第4个SInt元素。注意"#"符号由程序编辑器自动插入。

4. Struct(结构)

Struct数据类型的变量将值保存在一个由固定数目的元素组成的结构中。不同的结构元素可具有不同的数据类型。注意:不能在Struct变量中嵌套结构。Struct变量始终以具有偶地址的一个字节开始,并占用直到下一个字限制的内存。

关于复杂数据类型的使用将在6.4节中详细介绍。

3.3.4 参数类型

参数类型是为在逻辑块之间传递参数的形参(Formal Parameter,形式参数)定义的数据类型,包括Variant和Void两种。

Variant类型的参数是一个可以指向各种数据类型或参数类型变量的指针。Variant参数类型可识别结构并指向这些结构。使用参数类型Variant还可以指向Struct变量的各元素,见表3-12。Variant参数类型变量在内存中不占用任何空间。

表3-12　Variant参数类型的属性

表 示 法	格 式	长度/B	输入值实例
符号寻址	操作数	0	MyTag
	数据块名称.操作数名称.元素		MyDB.StructTag.FirstComponent
绝对地址寻址	操作数		%MW10
	数据块编号.操作数.类型长度		P#DB10.DBX10.0 INT 12

Void数据类型不保存任何值。如果某个功能不需要任何返回值,则使用此数据类型。

3.3.5 系统数据类型

系统数据类型(SDT)由系统提供并具有预定义的结构,其结构由固定数目的可具有各种数据类型的元素构成,不能更改系统数据类型的结构。系统数据类型只能用于特定指令。表3-13给出了可用的系统数据类型及其用途。

表3-13　系统数据类型及其用途

系统数据类型	以字节为单位的结构长度	描　述
IEC_TIMER	16	定时器结构 此数据类型用于"TP""TOF""TON"和"TONR"指令
IEC_SCOUNTER	3	计数器结构,其计数为SInt数据类型 此数据类型用于"CTU""CTD"和"CTUD"指令
IEC_USCOUNTER	3	计数器结构,其计数为USInt数据类型 此数据类型用于"CTU""CTD"和"CTUD"指令
IEC_COUNTER	6	计数器结构,其计数为Int数据类型 此数据类型用于"CTU""CTD"和"CTUD"指令
IEC_UCOUNTER	6	计数器结构,其计数为UInt数据类型 此数据类型用于"CTU""CTD"和"CTUD"指令
IEC_DCOUNTER	12	计数器结构,其计数为DInt数据类型 此数据类型用于"CTU""CTD"和"CTUD"指令

系统数据类型	以字节为单位的结构长度	描 述
IEC_UDCOUNTER	12	计数器结构，其计数为 UDInt 数据类型 此数据类型用于"CTU""CTD"和"CTUD"指令
ERROR_STRUCT	28	编程或 I/O 访问错误的错误信息结构 此数据类型用于"GET_ERROR"指令
CONDITIONS	52	定义的数据结构，定义了数据接收开始和结束的条件 此数据类型用于"RCV_GFG"指令
TCON_Param	64	指定数据块结构，用于存储通过工业以太网（PROFINET）进行的开放式通信的连接说明
Void	—	Void 数据类型不保存任何值。如果输出不需要任何返回值，则使用此数据类型。例如，如果不需要错误信息，则可以在输出 STATUS 上指定 Void 数据类型

3.3.6 硬件数据类型

硬件数据类型由 CPU 提供。可用硬件数据类型的数目取决于 CPU。根据硬件配置中设置的模块存储特定硬件数据类型的常量。在用户程序中插入用于控制或激活已组态模块的指令时，可将这些可用常量用作参数。表 3-14 给出了可用的硬件数据类型及其用途。

表 3-14 硬件数据类型及其用途

数 据 类 型	基本数据类型	描 述
HW_ANY	WORD	任何硬件组件（如模块）的标识
HW_IO	HW_ANY	I/O 组件的标识
HW_SUBMODULE	HW_IO	中央硬件组件的标识
HW_INTERFACE	HW_SUBMODULE	接口组件的标识
HW_HSC	HW_SUBMODULE	高速计数器的标识 此数据类型用于"CTRL_HSC"指令
HW_PWM	HW_SUBMODULE	脉冲宽度调制的标识 此数据类型用于"CTRL_PWM"指令
HW_PTO	HW_SUBMODULE	高速脉冲的标识 此数据类型用于运动控制
AOM_IDENT	DWord	AS 运行系统中对象的标识
EVENT_ANY	AOM_IDENT	用于标识任意事件
EVENT_ATT	EVENT_ANY	用于标识可动态分配给 OB 的事件 此数据类型用于"ATTACH"和"DETACH"指令
EVENT_HWINT	EVENT_ATT	用于标识硬件中断事件
OB_ANY	Int	用于标识任意 OB
OB_DELAY	OB_ANY	用于标识发生延时中断时调用的 OB 此数据类型用于"SRT_DINT"和"CAN_DINT"指令
OB_CYCLIC	OB_ANY	用于标识发生循环中断时调用的 OB
OB_ATT	OB_ANY	用于标识可动态分配给事件的 OB 此数据类型用于"ATTACH"和"DETACH"指令
OB_PCYCLE	OB_ANY	用于标识可分配给"循环程序"事件类别事件的 OB

数据类型	基本数据类型	描 述
OB_HWINT	OB_ATT	用于标识发生硬件中断时调用的 OB
OB_DIAG	OB_ANY	用于标识发生诊断错误中断时调用的 OB
OB_TIMEERROR	OB_ANY	用于标识发生时间错误时调用的 OB
OB_STARTUP	OB_ANY	用于标识发生启动事件时调用的 OB
PORT	Uint	用于标识通信端口 此数据类型用于点对点通信
CONN_ANY	WORD	用于标识任意连接
CONN_OUC	CONN_ANY	用于标识通过工业以太网（PROFINET）进行开放式通信的连接

前面介绍了 S7-1200 PLC 中的各种数据类型，如果在一个指令中使用多个操作数，必须确保这些数据类型是兼容的。在分配或提供块参数时也是同样的道理。如果操作数不是同一数据类型，则必须执行转换。可选择两种转换方式，即显式转换和隐式转换。显式转换是指在执行实际指令之前使用显式转换指令；而隐式转换则是当操作数的数据类型是兼容的则自动执行隐式转换。

3.4 程序结构

S7-1200 PLC 编程采用块的概念，即将程序分解为独立的、自成体系的各个部件，块类似于程序的功能，但类型更多，功能更强大。在工业控制中，程序往往是非常庞大和复杂的，采用块的概念便于大规模程序的设计和理解，可以设计标准化的块程序进行重复调用，程序结构清晰明了，修改方便，调试简单。采用块结构显著地增加了 PLC 程序的组织透明性、可理解性和易维护性。

S7-1200 PLC 程序提供了多种不同类型的块，见表 3-15。

表 3-15 S7-1200 PLC 用户程序中的块

块（Block）	简 要 描 述
组织块（OB）	操作系统与用户程序的接口，决定用户程序的结构
功能块（FB）	用户编写的包含经常使用的功能的子程序，有存储区
功能（FC）	用户编写的包含经常使用的功能的子程序，无存储区
数据块（DB）	存储用户数据的数据区域

3.4.1 组织块

组织块（OB）是 CPU 中操作系统与用户程序的接口，由操作系统调用，用于控制用户程序扫描循环和中断程序的执行、PLC 的启动和错误处理等。

OB1 是用于扫描循环处理的组织块，相当于主程序，操作系统调用 OB1 来启动用户程序的循环执行，每一次循环中调用一次组织块 OB1。在项目中将其插入 PLC 站将自动在项目树中"程序块"下生成"Main[OB1]"块，双击打开即可编写主程序。

组织块中除 OB1 作为用于扫描循环处理主程序的组织块以外，还包括启动组织块、程序循环组织块、时间错误中断组织块、诊断错误中断组织块、硬件中断组织块、循环中断组织块和延时中断组织块等，见表 3-16。其中，启动组织块、程序循环组织块、时间错误中断组织块和诊断错误中断组织块这些组织块编程相对容易些，在项目中无须分配参数或调用。而硬件中断组织块和循环中断组织块插入程序后，需要为其设置参数。硬件中断组织块还可以在运行时使用 ATTACH 指令连接到事件，或使用 DETACH 再次断开连接。可以在项目中插入延时中断组织块并对其进行编程，必须使用 SRT_DINT 指令激活，无须进行参数分配。

每个组织块的编号必须唯一。200 以下的一些默认组织块编号被保留，其他组织块编号必须大于或等于 200。

CPU 中的特定事件将触发组织块的执行。组织块无法互相调用或通过 FC 或 FB 调用。只有启动事件（如诊断中断或时间间隔）可以启动组织块的执行。CPU 按优先等级处理组织块，即先执行优先级较高的组织块然后执行优先级较低的组织块。最低优先等级为 1（对应主程序循环），最高优先等级为 27（对应时间错误中断）。

由表 3-16 可以看出组织块分为以下几类。

（1）程序循环组织块

程序循环组织块在 CPU 处于 RUN 模式时循环执行。用户在其中放置控制程序的指令以及调用其他用户块。允许使用多个程序循环组织块，它们按编号顺序执行。OB1 是默认循环组织块，其他程序循环组织块必须标识为 OB200 或更大。需要连续执行的程序存在循环组织块中。

（2）启动组织块

启动组织块用于系统初始化，在 CPU 的工作模式从 STOP 切换到 RUN 时执行一次，之后将开始执行主"程序循环"组织块。允许有多个启动组织块，OB100 是默认启动组织块，其他启动组织块必须是 OB200 或更大。可以在启动组织块中编程通信的初始化设置。

（3）延时中断组织块

通过启动中断（SRT_DINT）指令组态事件后，延时中断组织块将以指定的时间间隔执行。延迟时间在扩展指令 SRT_DINT 的输入参数中指定。指定的延迟时间结束时，延时中断组织块将中断正常的循环程序执行。对任何给定的时间最多可以组态 4 个时间延迟事件，每个组态的时间延迟事件只允许对应一个组织块。延时中断组织块必须是 OB200 或更大。

（4）循环中断组织块

循环中断组织块以指定的时间间隔执行。循环中断组织块将按用户定义的时间间隔（如每隔 2 s）中断循环程序执行。最多可以组态 4 个循环中断事件，每个组态的循环中断事件只允许对应一个组织块，该组织块必须是 OB200 或更大。

（5）硬件中断组织块

硬件中断组织块在发生相关硬件事件时执行，包括内置数字输入端的上升沿和下降沿事件以及 HSC（高速计数器）事件。硬件中断组织块将中断正常的循环程序执行来响应硬件事件信号。可以在硬件配置的属性中定义事件。每个组态的硬件事件只允许对应一个组织块，该组织块必须是 OB200 或更大。

（6）时间错误中断组织块

时间错误中断组织块在检测到时间错误时执行。如果超出最大循环时间，时间错误中断组织块将中断正常的循环程序执行。最大循环时间在 PLC 的属性中定义。OB80 是唯一支持时间错误事件的组织块。可以组态不存在 OB80 时的动作：忽略错误或切换到 STOP 模式。

（7）诊断错误中断组织块

诊断错误中断组织块在检测到和报告诊断错误时执行。如果具有诊断功能的模块发现错误（前提是模块已启用诊断错误中断），诊断错误中断组织块将中断正常的循环程序执行。OB82 是唯一支持诊断错误事件的组织块。如果程序中没有诊断错误中断组织块，则可以组态 CPU 使其忽略错误或切换到 STOP 模式。

当多个组织块启动时，操作系统将输出相应组织块的启动信息，可以在用户程序中对该信息进行分析评估。

S7-1200 CPU 提供的各种不同的组织块采用中断的方式，在特定的时间或特定情况执行相应的程序和响应特定事件的程序。理解中断的工作过程及相关概念对组织块的编程有着重要的意义。

1. 中断过程

中断处理用来实现对特殊内部事件或外部事件的快速响应。如果没有中断，CPU 循环执行组织块 OB1 和其他存在的循环组织块。OB1 的中断优先级最低，CPU 检测到中断源的中断请求时，操作系统在执行完当前程序的当前指令（即断点处）后，立即响应中断。CPU 暂停正在执行的程序，调用中断源对应的中断程序。执行完中断程序后，返回到被中断的程序的断点处继续执行原来的程序。

如果在执行中断程序（组织块）时，又检测到一个中断请求，CPU 将比较两个中断源的中断优先级。如果优先级相同，按照产生中断请求的先后次序进行处理。如果后者的优先级比正在执行的组织块的优先级高，将中止当前正在处理的组织块，改为调用较高优先级的组织块。这种处理方式称为中断程序的嵌套调用。

当系统检测到一个组织块中断时，则被中断块的累加器和寄存器上的当前信息将被作为一个中断堆栈（I 堆栈）存储起来。如果新的组织块调用 FB 和 FC，则每一个块的处理数据将被存储在块堆栈（B 堆栈）中。当新的组织块执行结束后，操作系统将把 I 堆栈中的信息重新装载并在中断发生处继续执行被中断的块。如果 CPU 转换到 STOP 状态（可能是由于程序中的错误），用户可以使用模块信息选项来检查 I 堆栈和 B 堆栈，这将有助于确定模式转换的原因。

中断程序不是由程序块调用，而是在中断事件发生时由操作系统调用。因为不能预知系统何时调用中断程序，中断程序不能改写其他程序中可能正在使用的存储器，应在中断程序中尽可能地使用局域变量。

只有设置了中断的参数，并且在相应的组织块中有用户程序存在，中断才能被执行。如果不满足上述条件，操作系统将会在诊断缓冲区中产生一个错误信息，并执行异步错误处理。

编写中断程序时，应使中断程序尽量短小，以减少中断程序的执行时间，减少对其他处理的延迟，否则可能引起主程序控制的设备操作异常。设计中断程序时应遵循"越短越好"的原则。

2. 中断的优先级

PLC 的中断源可能来自 I/O 模块的硬件中断，或 CPU 模块内部的软件中断，如延时中断、循环中断和编程错误引起的中断等。中断的优先级也就是组织块的优先级，较高优先级的组织块可以中断较低优先级的组织块的处理过程。如果同时产生的中断请求不止一个，最先执行优先级最高的组织块，然后按照优先级由高到低的顺序执行其他组织块。

表 3-16 列出了支持 CPU 事件的队列深度、优先级组及优先级，优先级数字越大表示优先级越高。可以看到，每个 CPU 事件都有一个关联的优先级，而事件优先级分为若干个优先级组。

表 3-16　各种事件优先级

事件类型	数　量	有效 OB 编号	队列深度	优先级组	优先级
程序循环	1 个程序循环事件 允许多个 OB	1（默认） ≥200	1	1	1
启动	1 个启动事件 允许多个 OB	100（默认） ≥200	1		1
延时	4 个延时事件 每个事件 1 个 OB	≥200	8		3
循环	4 个循环事件 每个事件 1 个 OB	≥200	8		4
沿	16 个上升沿事件 16 个下降沿事件 每个事件 1 个 OB	≥200	32	2	5
HSC	6 个 CV=PV 事件 6 个方向改变事件 6 个外部复位事件 每个事件 1 个 OB	≥200	16		6
诊断错误	1 个事件	仅限 82	8		9
时间错误事件/MaxCycle 时间事件	1 个时间错误事件 1 个 MaxCycle 时间事件	仅限 80	8	3	26
2×MaxCycle 时间事件	1 个 2×MaxCycle 时间事件	不调用 OB	—	3	27

3. 事件驱动的程序处理

循环程序处理可以被某些事件中断。如果一个事件出现，当前正在执行的块在语句边界被中断，并且另一个被分配给特定事件的组织块被调用。一旦该组织块执行结束，循环程序将从断点处继续执行。

事件驱动的程序处理方式意味着部分用户程序可以不必循环处理，只是在需要的时候才进行处理。用户程序可以分割为"子程序"，分布在不同的组织块中。如果用户程序是对一个重要信号的响应，这个信号出现的次数相对较少（如用于测量罐中液位的一个限位传感器报警达到了最大上限），当这个信号出现时，要处理的子程序就可以放在一个事件驱动处理的组织块中。

关于组织块的使用方法和举例等内容请参考 6.6 节。

3.4.2　功能和功能块

功能（Function，FC）和功能块（Function Block，FB）都是属于用户编程的块。

功能 FC 是一种不带"存储区"的逻辑块。FC 的临时变量存储在局部数据堆栈中,当 FC 执行结束后,这些临时数据就丢失了;要将这些数据永久存储,FC 要使用共享数据块或者位存储区。

FC 类似于子程序,子程序仅在被其他程序调用时才执行,可以简化程序代码和减少扫描时间。用户可以将不同的任务编写到不同的 FC 中,同一 FC 可以在不同的地方被多次调用。

由于 FC 没有它自己的存储区,所以必须为其指定实际参数,不能为一个 FC 的局部数据分配初始值。

功能块 FB 与 FC 一样,类似于子程序,但 FB 是一种带"存储功能"的块。背景数据块作为存储器被分配给 FB。传递给 FB 的参数和静态变量都保存在背景数据块中,临时变量存在本地数据堆栈中。当 FB 执行结束时,存在背景数据块中的数据不会丢失。但是,当 FB 的执行结束时,存在本地数据堆栈中的数据将丢失。

在编写调用 FB 的程序时,必须指定背景数据块的编号,调用时背景数据块被自动打开。可以在用户程序中或通过人机界面接口访问这些背景数据。一个 FB 可以有多个背景数据块,使 FB 用于不同的被控对象,称为多重背景模型。关于多重背景模型的内容将在后续章节详细介绍。

关于 FB 和 FC 的使用方法和举例将在 6.5 节进行介绍。

3.4.3 数据块

用户程序中除了逻辑程序外,还需要对存储过程状态和信号信息的数据进行处理。数据以变量的形式存储,通过存储地址和数据类型来确保数据的唯一性。数据的存储地址包括 I/O 映像区、位存储器、局部存储区和数据块等。数据块(Data Block,DB)是用于存放执行用户程序时所需的变量数据的数据区。用户程序以位、字节、字或双字操作访问数据块中的数据,可以使用符号或绝对地址。数据块与暂时数据不同,当逻辑块执行结束时或数据块关闭时,数据块中的数据不被覆盖。数据块同逻辑块一样占用用户存储器的空间,但不同于逻辑块的是,数据块中没有指令而只是一个数据存储区,S7-1200 PLC 按数据生成的顺序自动地为数据块中的变量分配地址。

根据使用方法,数据块可以分为共享数据块(也叫全局数据块)和背景数据块。用户程序的所有逻辑块(包括 OB1)都可以访问共享数据块中的信息,而背景数据块是分配给特定的 FB。背景数据块中的数据是自动生成的,它们是 FB 的变量声明表中的数据(临时变量 TEMP 除外)。编程时,应首先生成 FB,然后生成它的背景数据块。在生成背景数据块时,应指明它的类型为背景数据块(Instance),并指明它的功能块编号。

数据块用来存储过程的数据和相关的信息,用户程序中需要对数据块中的数据进行访问。数据块的数目依赖于 CPU 的型号,数据块的最大块长度因 CPU 的不同而各异。

数据块中的数据单元按字节进行寻址,如图 3-13 所示为数据块的存储单元示意图。可以看出,数据块就像一个大柜子,每个字节类似一个抽屉,可以存放"东西"。数据块的存储单元从字节 0 开始依次增加,根据需要寻址相应单元的数据。

S7-1200 PLC 中访问数据块数据有两种方法:符号访问和绝对地址访问。默认情况下,在编程软件中建立数据块时系统会自动选择"仅符号访问"项,则此时数据块仅能通过符号寻址的方式进行数据的存取。例如"Values. Start"即为符号访问的例子，其中，Values为数据块的符号名称，Start为数据块中定义的变量。而例如"DB10. DBW0"则为绝对地址访问的例子，其中，DB10指明了数据块DB10，DBW的"W"指明了寻址一个字长，其寻址的起始字节为0，即寻址的是DB10数据块中的数据字节0和数据字节1，如图3-13所示。同样地，DDB0、DDD0和DDX4.1等分别寻址的是 个字节、双字和位。

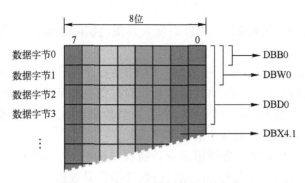

图3-13 数据块的存储单元示意图

数据块存储单元的绝对地址访问方式具有一些缺点。

1）必须确定访问的是数据块"正确"的值，例如若装载DBW3，而该数据块中的DBW3不是一个有效的值。

2）由于数据块中变量声明区的地址是根据变量的顺序确定的，采用绝对地址访问就限制了对数据块变量的修改并使程序难读。

当数据块和它的存储单元都用符号表示时，可以使用符号访问数据块中的变量。输入时允许"混合"使用绝对和符号地址，输入确认后转换为完全的符号。另外，符号访问能够实现复杂数据类型变量的使用。故建议使用符号寻址数据块存储单元。需要注意的是，当需要与HMI设备进行通信时，必须支持绝对地址访问，即编程软件中建立数据块时要取消"仅符号访问"项，否则将无法通信。

关于数据块的使用介绍请参考6.4节。

3.4.4　块的调用

块调用即子程序调用，调用者可以是OB、FB及FC等各种逻辑块，被调用的块是除OB之外的逻辑块。调用FB时需要指定背景数据块。块可以嵌套调用，即被调用的块又可以调用别的块，允许嵌套调用的层数（嵌套深度）与CPU的型号有关。块嵌套调用的层数还受到L堆栈大小的限制。每个OB需要至少20B的L内存。当块A调用块B时，块A的临时变量将压入L堆栈。

图3-14中，OB1调用了FB1，FB1又调用了FC1，应创建块的顺序是，先创建FC1，然后创建FB1及其背景数据块，也就是说，在编程时要保证被调用的块已经存在了。图3-14中，OB1还调用了FB2，FB2调用了FB1，FB1调用了FC21，这些都是嵌套调用的例子。

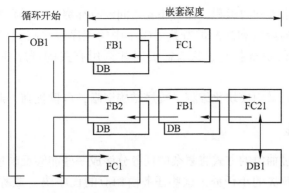

图 3-14 块调用的分层结构示意图

3.5 编程方法

S7-1200 PLC 提供了 3 种程序设计方法，即线性化编程、模块化编程和结构化编程。

3.5.1 线性化编程

线性化编程类似于硬件继电接触器控制电路，整个用户程序放在循环控制组织块 OB1（主程序）中，如图 3-15 所示。循环扫描时不断地依次执行 OB1 中的全部指令。线性化编程具有不带分支的简单结构：一个简单的程序块包含系统的所有指令。这种方式的程序结构简单，不涉及功能块、功能、数据块、局域变量和中断等较复杂的概念，容易入门。

由于所有的指令都在一个块中，即使程序中的某些部分代码在大多数时候并不需要执行，但循环扫描工作方式中每个扫描周期都要扫描执行所有的指令，CPU 因此额外增加了不必要的负担，不能有效充分被利用。此外如果要求多次执行相同或类似的操作，线性化编程的方法需要重复编写相同或类似的程序。

图 3-15 线性化编程示意图

通常不建议用户采用线性化编程的方式，除非是刚入门或者程序非常简单。

3.5.2 模块化编程

模块化编程是将程序分为不同的逻辑块，每个块中包含完成某部分任务的功能指令。组织块 OB1 中的指令决定块的调用和执行，被调用的块执行结束后，返回到 OB1 中程序块的调用点，继续执行 OB1，该过程如图 3-16 所示。模块化编程中 OB1 起着主程序的作用，功能（FC）或功能块（FB）控制着不同的过程任务，如电机控制、电机相关信息及其运行时间等，相当于主循环程序的子程序。模块化编程中被调用块不向调用块返回数据。

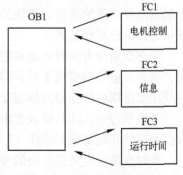

图 3-16 模块化编程示意图

模块化编程中，在主循环程序和被调用的块之间没有数据的交换。同时，控制任务被分成不同的块，易于几个人同时编程，而且相互之间没有冲突，互不影响。此外，将程序分成若干块，将易于程序的调试和故障的查找。OB1 中的程序包含有调用不同块的指令，由于每次循环中不是所有的块都执行，只有需要时才调用有关的程序块，这样将有助于提高 CPU 的利用效率。

建议用户在编程时采用模块化编程，程序结构清晰，可读性强，调试方便。

3.5.3　结构化编程

结构化编程是通过抽象的方式将复杂的任务分解成一些能够反映过程的工艺、功能或可以反复使用的可单独解决的小任务，这些任务由相应的程序块（或称逻辑块）来表示，程序运行时所需的大量数据和变量存储在数据块中。某些程序块可以用来实现相同或相似的功能。这些程序块是相对独立的，它们被 OB1 或其他程序块调用。

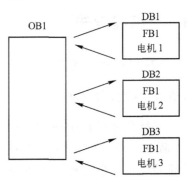

图 3-17　结构化编程示意图

在块调用中，调用者可以是各种逻辑块，包括用户编写的组织块（OB）、FB、FC 和系统提供的 SFB 与 SFC，被调用的块是 OB 之外的逻辑块。调用 FB 时需要为它指定一个背景数据块，后者随 FB 的调用而打开，在调用结束时自动关闭，如图 3-17 所示。

和模块化编程不同，结构化编程中通用的数据和代码可以共享。结构化编程具有如下一些优点。

1）各单个任务块的创建和测试可以相互独立地进行。

2）通过使用参数，可将块设计得十分灵活。例如可以创建一个钻孔程序块，其坐标和钻孔深度可以通过参数传递进来。

3）块可以根据需要在不同的地方以不同的参数数据记录并进行调用。

4）在预先设计的库中，能够提供用于特殊任务的"可重用"块。

建议用户在编程时根据实际工程特点采用结构化编程方式，通过传递参数使程序块重复调用，结构清晰，调试方便。

结构化编程中用于解决单个任务的块使用局部变量来实现对其自身数据的管理，它仅通过其块参数来实现与"外部"的通信，即与过程控制的传感器和执行器，或者与用户程序中的其他块之间的通信。在块的指令段中，不允许访问如输入、输出、位存储器或 DB 中的变量这样的全局地址。

局部变量分为临时变量和静态变量。临时变量是当块执行时，用来暂时存储数据的变量，局部变量可以应用于所有的块（OB、FC、FB）中。若那些在块调用结束后还需要保持原值的变量则必须存储为静态变量，静态变量只能用于 FB 中。

当块执行时，临时变量被用来临时存储数据，当退出该块时这些数据将丢失，这些临时数据都存储在局部数据堆栈（L Stack）中。

临时变量的定义是在块的变量声明表中定义的，在"temp"行中输入变量名和数据类型，临时变量不能赋初值。当块保存后，地址栏中将显示该临时变量在局部数据堆栈中的位置。可以采用符号地址和绝对地址来访问临时变量，但为了使程序可读性强，最好采用符号地址来访问。

程序编辑器可以自动地在局部变量名前加上#号进行标识以区别于全局变量，局部变量只能在变量表中对其进行定义的块中使用。

在给 FB 编程时使用的是"形参"（形式参数），调用它时需要将"实参"（实际参数）赋值给形参。形式参数有 3 种类型：输入参数 In 类型、输出参数 Out 类型和输入/输出参数 In_Out 类型，In 类型参数只能读，Out 类型参数只能写，In_Out 类型参数可读可写。在一个项目中，可以多次调用同一个块，例如在调用控制电机的块时，将不同的实参赋值给形参，就可以实现对类似但是不完全相同的被控对象（如水泵 1、水泵 2 等）的控制。

模块化编程和结构化编程的详细内容将在 6.5 节介绍。

3.6 编程语言

IEC（国际电工委员会）于 1994 年 5 月公布的可编程序控制器标准（IEC1131）的第三部分（IEC1131-3）"编程语言"部分说明了 5 种编程语言的表达方式，即顺序功能图（Sequential Function Chart，SFC）、梯形图（Ladder Diagram，LAD）、功能块图（Function Block Diagram，FBD）、指令表（Instruction List，IL）和结构文本（Structured Text，ST）。

STEP 7 标准软件包配置了梯形图 LAD、语句表（即 IEC1131-3 中的指令表）STL 和功能块图 FBD 三种基本编程语言，通常它们在 STEP 7 中可以相互转换。此外，STEP 7 还有多种编程语言作为可选软件包，如 CFC、SCL（西门子中的结构文本）、S7-Graph 和 S7-HiGraph。这些编程语言中，LAD、FBD 和 S7-Graph 为图形语言，STL、SCL 和 S7-HiGraph 为文字语言，CFC 则是一种结构块控制程序流程图。S7-1200 PLC 仅支持梯形图和功能块图两种编程语言，但基于兼容性考虑，此处列举各种编程语言。

3.6.1 梯形图编程语言

梯形图（LAD）是国内使用最多的 PLC 编程语言。梯形图与继电接触器控制电路图很相似，直观易懂，很容易被工厂熟悉继电接触器控制的电气人员掌握，特别适用于开关量逻辑控制。

梯形图由触点、线圈和用方框表示的功能块组成。触点代表逻辑输入条件，如外部的开关、按钮和内部条件等。线圈通常代表逻辑输出结果，用来控制外部的指示灯、交流接触器和内部的输出条件等。功能块用来表示定时器、计数器或者数学运算等附加指令。图 3-18 为梯形图编程的例子。

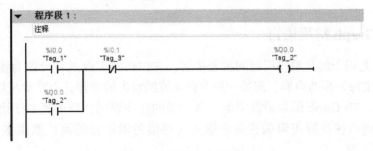

图 3-18　梯形图编程的例子

3.6.2 功能块图编程语言

功能块图（FBD）是一种类似于数字逻辑门电路的编程语言，有数字电路基础的人很容易掌握。该编程语言用类似与门、或门的方框来表示逻辑运算关系，方框的左侧为逻辑运算的输入变量，右侧为输出变量，输入、输出端的小圆圈表示"非"运算，方框被"导线"连接在一起，信号自左向右流动。图3-19中的控制逻辑与3-18中的相同。西门子公司的"LOGO"系列微型可编程序控制器就使用功能块图编程语言。

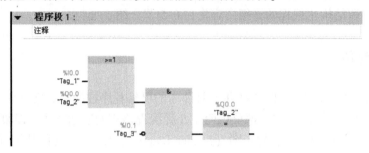

图 3-19　功能块图编程的例子

3.6.3 语句表编程语言

S7 系列 PLC 将指令表称为语句表（STL），它是一种与微机的汇编语言中的指令相似的助记符表达式，类似于机器码，如图 3-20 所示，每条语句对应 CPU 处理程序中的一步。CPU 执行程序时则按每一条指令一步一步地执行。为编程容易，语句表已进行了扩展，还包括一些高层语言结构（如结构数据的访问和块参数等）。

语句表比较适合熟悉可编程序控制器和逻辑程序设计经验丰富的程序员，语句表可以实现某些不能用梯形图或功能块图实现的功能。

```
Network 1: Title:

Comment:

        A(
        O     I     0.0
        O     Q     0.0
        )
        AN    I     0.1
        =     Q     0.0
```

图 3-20　语句表编程的例子

3.6.4 S7-Graph 编程语言

S7-Graph 是用于编制顺序控制的编程语言，它包括将工业过程分割为步，即生成一系列顺序步，确定每一步的内容，即每一步中包含控制输出的动作，以及步与步之间的转换条件等主要内容。S7-Graph 编程语言中编写每一步的程序要用特殊的类似于语句表的编程语言，转换条件则是在梯形逻辑编程器中输入（梯形逻辑语言的流线型版本）。图 3-21 是 S7-Graph 编程界面。

S7-Graph 表达复杂的顺序控制非常清晰，使编程及故障诊断更为有效。

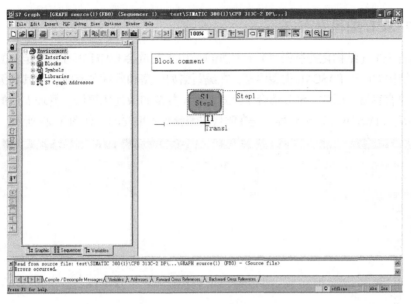

图 3-21　S7-Graph 编程界面

3.6.5　S7-HiGraph 编程语言

S7-HiGrahp 是以状态图的形式描述异步、非顺序过程的编程语言。S7-HiGraph 将项目分成不同的功能单元，每个单元有不同的状态。不同状态之间的切换要定义转换条件。用类似于语句表的放大型语言描述赋给状态的功能以及状态之间转换的条件。每个功能单元都用一个图形来描述该单元的特性。整个项目的各个图形组合起来为图形组。各功能单元的同步信息可在图形之间交换。各功能单元的状态条件的清晰表示，使得系统编程成为可能，故障诊断简单易行。与 S7-Graph 不同，在 S7-HiGraph 中任何时候只能有一个状态（在 S7-Graph 中："步"）是激活的。

图 3-22 是 S7-HiGraph 编程实例。

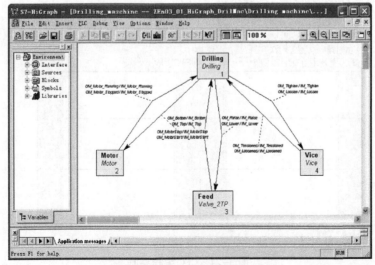

图 3-22　S7-HiGraph 编程实例

3.6.6 S7-SCL 编程语言

编程语言 SCL（结构化控制语言）是按照国际电工委员会 IEC1131-3 标准定义的高级的文本语言，语言结构类似于 PASCAL 类型语言，在编写诸如回路和条件分支时，用其高级语言指令要比 STL 编程语言容易。因此，SCL 适合于公式计算、复杂的最优化算法、管理大量的数据或重复使用的功能等。SIMATIC S7-SCL 程序是在源代码编辑器中编写的，如图 3-23 所示。

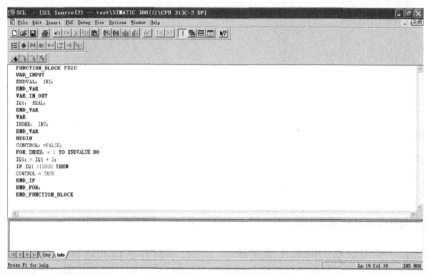

图 3-23　SCL 编程实例

3.6.7 S7-CFC 编程语言

S7-CFC（Continuous Function Chart，连续功能图）编程语言，是一种用图形的方法连接复杂功能的编程语言，如图 3-24 所示。程序提供了大量的标准功能块（如逻辑、算术、控制和数据处理等功能）的程序库，无须编程，用户只需要具有行业所必需的工艺技术方面的知识，将这些标准功能块连接起来就可以了。

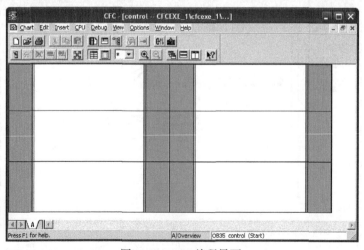

图 3-24　CFC 编程界面

习题

1. PLC 一个扫描过程周期分为哪几个阶段？

2. 请说明 PLC 的工作原理。

3. 请写出 S7-1200 PLC 在启动的过程中，CPU 执行的步骤。

4. S7-1200 PLC 中的存储区有哪些？

5. S7-1200 PLC 中的数据类型有哪些？

6. S7-1200 PLC 中用户可以编辑修改的块有哪些？

7. S7-1200 PLC 中组织块包括哪些类型？

8. 请简要说明 FC 和 FB 的区别。

9. 请说明共享数据块和背景数据块的区别。

10. 可以采用哪种方式对数据块中的数据进行寻址？

11. S7 PLC 的程序结构有哪几种？

12. S7-1200 PLC 支持哪些编程语言？

第4章 项目入门

4.1 TIA Portal V1 概述

TIA Portal 是西门子开发的高度集成的工程组态软件，其内部集成了 STEP 7 和 WinCC，提供了通用的工程组态框架，可以用来对 S7-1200、S7-1500、S7-300/400 PLC 和 HMI 面板、PC 系统进行高效组态。

STEP 7 作为 S7-1200 PLC 的编程软件，提供两种视图：Portal 视图和项目视图，如图 4-1 所示。Portal 视图提供了面向任务的视图，其类似向导操作，可以一级一级进行相应

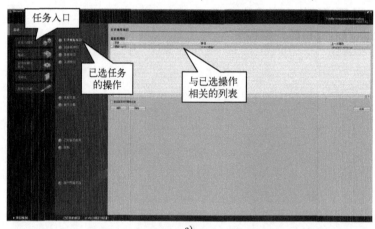

a)

b)

图 4-1　TIA Portal V1 的两种视图

a) Portal 视图　b) 项目视图

的选择。项目视图是一个包含所有项目组件的结构视图，在项目视图中可以直接访问所有的编辑器、参数和数据，并进行高效的工程组态和编程。

Portal 视图的布局如图 4-1a 所示。选择不同的"任务入口"可处理不同的工程任务，包括"启动""设备和网络""PLC 编程""可视化"和"在线和诊断"。在已经选择的任务入口中可以找到相应的操作，例如选择"启动"任务后，可以进行"打开现有项目""创建新项目""移植项目"等操作。"与已选操作相关的列表"显示的内容与所选的操作相匹配，例如选择"打开现有项目"操作后，列表将显示最近使用的项目，可以从中选择打开。

项目视图的布局如图 4-1b 所示，类似于 Windows 界面也包括了标题栏、工具栏、编辑区和状态栏等。项目视图的左侧为"项目树"，可以访问所有设备和项目数据，也可以在项目树中直接执行任务，例如添加新组件、编辑已存在的组件及打开编辑器处理项目数据等；项目视图的右侧为"任务卡"，根据已编辑的或已选择的对象，在编辑器中可得到一些任务卡，并允许执行一些附加操作，例如从库或硬件目录中选择对象，查找和替换项目中的对象，拖拽预定义的对象到工作区等；项目视图下部为"检查窗口"，用来显示工作区中已选择对象或执行操作的附加信息。其中，"属性"选项卡显示已选择对象的属性，并可对属性进行设置；"信息"选项卡显示已选择对象的附加信息，以及操作执行的报警，例如编译过程信息；"诊断"选项卡提供了系统诊断事件和已配置的报警事件。

4.2 TIA Portal V1 使用入门

本节基于图 4-2 所示例子来说明 S7-1200 PLC 的编程组态软件 STEP 7 Basic 的基本使用步骤。其中，按下 S7-1200 PLC 的按钮 I0.0 使输出 Q0.0 亮，按下按钮 I0.1 则 Q0.0 灭，且在触摸屏 KTP 上通过一个 I/O 域显示 Q0.0 的值。

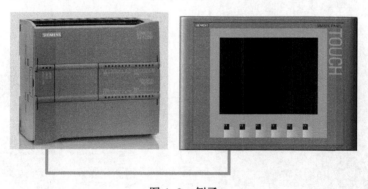

图 4-2　例子

4.2.1　通过 Portal 视图创建一个项目

打开 STEP 7 Basic，在图 4-1a 所示 Portal 视图中选择"创建新项目"，输入项目名称"项目1"，单击"创建"按钮则自动进入"新手上路"画面，如图 4-3 所示。

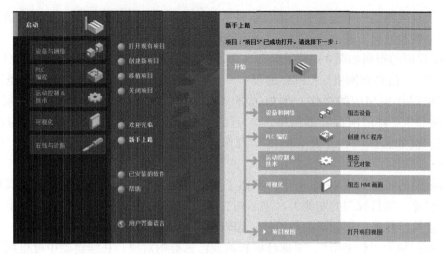

图4-3 "新手上路"画面

4.2.2 组态硬件设备及网络

在图4-3中单击"组态设备"按钮，开始对 S7-1200 PLC 的硬件进行组态，选择"添加新设备"项，右侧显示图4-4所示"添加新设备"画面，单击"SIMATIC PLC"按钮先组态 PLC 硬件，在"设备名称"栏中输入将要添加的设备的用户定义名称，如"DEMO-PLC"，在中间的目录树中通过单击每项前的 ▼ 图标或双击打开"PLC"→"SIMATIC S7-1200"→"CPU 1214C"，选择对应订货号的 CPU，则其右侧显示选中设备的产品介绍及性能，如果勾选了"打开设备视图"项，单击"添加"按钮，则进入"设备视图"界面。此处不勾选"打开设备视图"项。

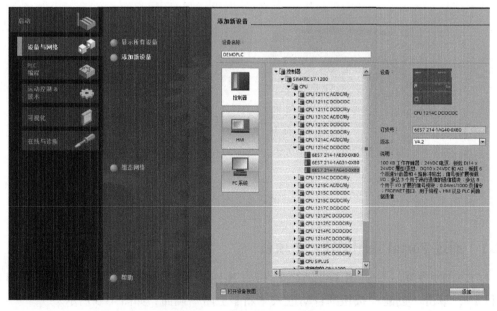

图4-4 "添加新设备"画面

重新选择"添加新设备"，单击"SIMATIC HMI"按钮，在中间的目录树中则显示
HMI 设备，通过单击每项前的 ▼ 图标或双击打开"HMI"→"SIMATIC 基本面板"→
"Display"，选择对应订货号的屏，如果勾选了"启动设备向导"项，单击"添加"按钮将
启动"HMI 设备向导"对话框，此处不勾选。

下面进行网络的组态，即 S7-1200 PLC 与
HMI 联网的组态。添加完 HMI 设备后，选择
"组态网络"项，则进入项目视图的"网络视
图"画面，如图 4-5 所示，单击"网络视图"
中呈现绿色的 CPU 1214C 的 PROFINET 网络接
口，按住鼠标左键拖动至呈现绿色的 KTP 屏的
PROFINET 网络接口上，则二者的 PROFINET
网络就连上了，可以在"网络属性"对话框中
修改网络名称。

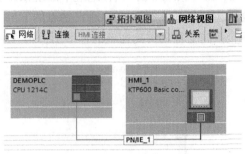

图 4-5　网络视图

下面对 PLC 进行各模块的设备组态。

在项目视图中，打开项目树下的"DEMOPLC"项，双击"设备组态"项打开"设备视
图"，如图 4-6 所示，从右侧"硬件目录"中选择"AI/AO"→"AI4×13 位/AO2×14 位"
下对应订货号的设备，拖动至 CPU 右侧的第 2 槽；同样的方法，拖动通信模块 CM1241
RS485 到 CPU 左侧的第 101 槽。这样，S7-1200 PLC 的硬件设备就组态完毕。

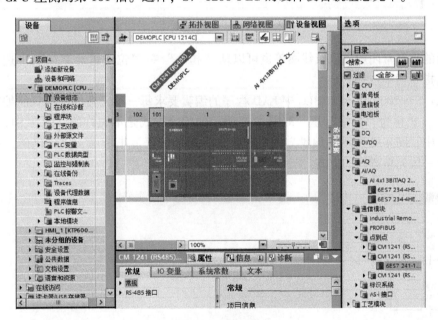

图 4-6　设备视图

4.2.3　PLC 编程

下面开始对 PLC 进行编程。

单击图 4-6 左下角的"Portal 视图"返回，单击 Portal 视图左侧的"PLC 编程"项，可
以看到选中"显示所有对象"时，右侧显示了当前所选择 PLC 中的所有块。双击"main

（OB1）"块，打开程序块编辑界面，如图 4-7 所示。也可以在图 4-6 项目树下直接双击打开 PLC 设备下程序块里的"main（OB1）"程序块。拖动编辑区工具栏上的一个常开触点"┤├"，一个常闭触点"┤/├"和一个输出线圈"—( )—"到"程序段 1"，分别输入地址为 I0.0，I0.1 和 Q0.0，则在地址下出现系统自动分配的符号名称，可以进行修改，此处不修改。拖动常开触点到 I0.0 所在触点的下部，单击编辑区工具栏关闭分支"┛"按钮或者鼠标直接向上拖动得到完整的梯形图，输入地址 Q0.0。

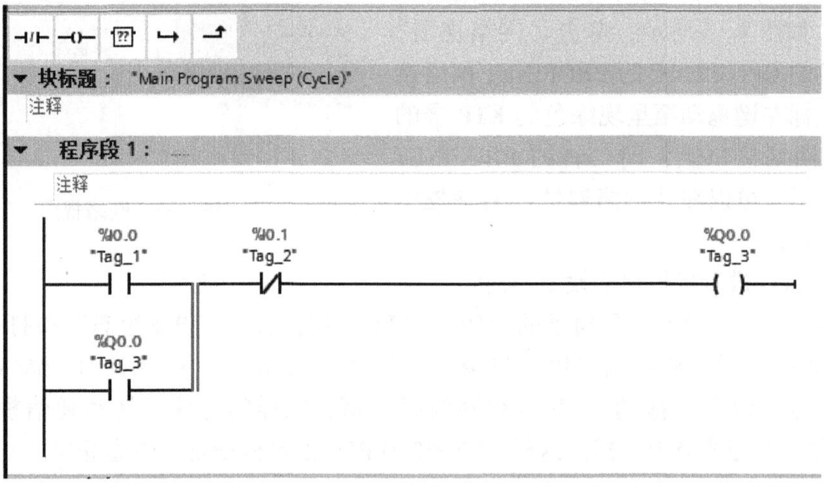

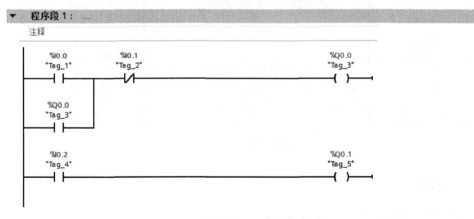

图 4-7 编写程序

上面的常开常闭触点以及线圈等也可以从"指令"→"位逻辑运算"项中选择，更多的指令从指令树中选择。

注意：S7-200/300/400 PLC 中 LAD 程序的编辑要求每一段完整的程序只能编写到一个"程序段"，也称为"网络"里，即图 4-8 所示的编辑方式是不允许的，而在 STEP 7 Basic 编程软件中，图 4-8 所示的编辑方式是允许的。但为程序清晰考虑，建议仍然采用一个程序段编写一段完整程序的方式。

图 4-8 程序编辑方式

4.2.4　组态可视化

下面开始 KTP 面板的组态。此处仅是为了演示项目，在面板画面上组态一个 I/O 域，当按下按钮 I0.0，Q0.0 亮时，面板上的 I/O 域显示"1"，否则显示"0"。

单击项目视图左下角的"Portal 视图"按钮，返回到 Portal 视图，单击左侧的"可视化"项开始 HMI 的组态。在中间侧选择"编辑 HMI 变量"，双击右侧表格中的"HMI 变量"对象，则打开 HMI 变量组态画面，如图 4-9 所示。也可以在项目视图项目树中双击 HMI 设备下的 HMI 变量来打开 HMI 变量组态画面。双击"名称"栏下的"添加"，添加的 HMI 变量名称为"指示灯"，单击"PLC 变量"下 ┄ 按钮，选择"PLC 变量"Q0.0，则属性对话框中的"连接"项出现系统自动建立的新连接"HMI_连接_1"。

图 4-9　组态 HMI 变量

单击图 4-9 左侧项目树中 HMI_1 下的"画面"，双击"添加新画面"，新建"画面_1"对象，打开画面编辑界面，拖动右侧"工具箱"下"元素"里的 I/O 域 ▨ 图标到画面中，在 I/O 域的属性对话框"常规"→"过程"项下，单击"变量"编辑框右侧的 ┄ 按钮添加"HMI 变量"→"指示灯"，则属性对话框中的"显示格式"自动根据变量的类型更改为"二进制"，如图 4-10 所示。

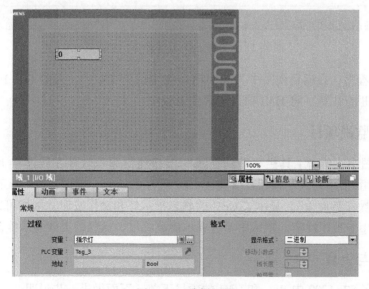

图 4-10　编辑画面

这样，一个简单的 PLC-SCADA 项目就组态完成了，单击工具栏的"保存项目"按钮保存项目。

69

4.2.5 下载项目

下面开始下载项目。先下载 PLC 项目程序，在项目视图中，选中项目树中的 "DEMOPLC（CPU1214C DC/DC/DC）" 项，单击工具栏下载按钮 ⬇ 图标，将打开 "扩展的下载到设备" 对话框，如图 4-11 所示。此处勾选 "显示所有可访问设备"，若已将编程计算机和 PLC 连接好，则将显示当前网络中所有可访问的设备，选中目标 PLC，单击 "下载" 按钮将项目下载到 S7-1200 PLC 中。

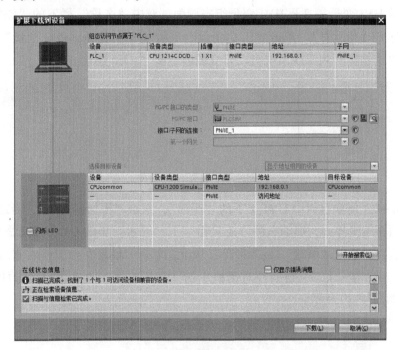

图 4-11 "扩展的下载到设备" 对话框

下载 HMI 程序，在项目视图中，选中项目树中的 "HMI_1（KTP 600 PN）" 项，单击工具栏下载按钮 ⬇ 图标，将 HMI 项目下载到面板中。

4.2.6 在线监视项目

在项目视图中，单击工具栏 "转到在线" 按钮使得编程软件在线连接 PLC，单击编辑区工具栏 "启用/禁用监视" 按钮在线监视 PLC 程序的运行，如图 4-12 所示，此时项目右侧出现 "CPU 操作员面板"，显示了 CPU 的状态指示灯和操作按钮，例如可以单击 "停止" 按钮来停止 CPU。程序段中，默认用绿色表示能流流过，蓝色的虚线表示能流断开。

4.2.7 下载与上载

前面介绍了 S7-1200 中 PLC 和 HMI 的项目下载，下面做进一步说明。

1. 下载

在项目视图项目树中选中 PLC 设备，如图 4-13 所示，单击工具栏 "下载" 按钮，系统将把设备组态、所有程序及 PLC 变量和监视表格等都下载至 PLC，即该项下所有项目树的内容全部下载。

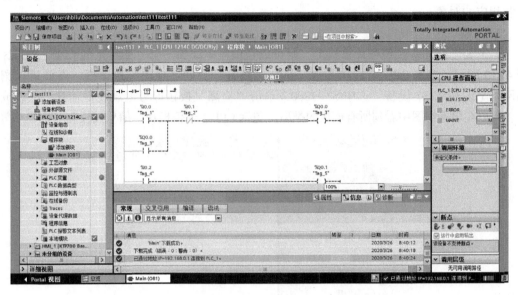

图 4-12　在线监视

若在项目视图中打开"设备组态"项，单击工具栏"下载"按钮，则只下载硬件组态及相关信息。

若在项目视图项目树中选择一个 PLC 站下的某一个具体对象，如图 4-14 所示选中"程序块"，单击工具栏"下载"按钮，则系统将只把所有程序块下载至 PLC。若选中"程序块"中的某一个块如"Main（OB1）"，单击"下载"则只下载"Main（OB1）"程序块。

图 4-13　选中项目树中的一个站

 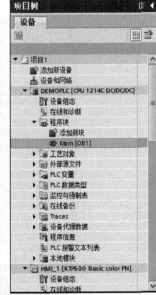

图 4-14　选中程序块

同样，若选中项目树 PLC 设备下的"PLC 变量""监视表格"或"本地模块"等，将下载相应的对象。

2. 上载

若需要上载硬件到编程计算机上，则可以在项目中添加一个"非特定的 CPU 1200"，如图 4-15 所示，单击 CPU 上的"获取"链接，则打开"硬件检测"对话框，在此可以浏览到网络上的所有 S7 设备，选中 S7-1200，单击"检测"按钮即可上载硬件信息。上载成功后，可以在设备视图中看到所有模块的类型，包括 CPU、通信模块、信号模板和 I/O 模块等。

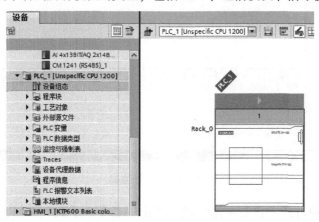

图 4-15　添加非特定 CPU

注意：硬件信息上载的只是 CPU（包含以太网地址）及模块的型号，而参数配置是不能上载上来的，必须进入硬件组态重新配置所需参数并下载，才能保证 CPU 正常运行。

若需要上载整个站的项目数据到编程计算机上，则可以新建一个项目，在"项目视图"中单击菜单"在线"中的"将设备作为新站上传（硬件和软件）"项，即可打开"将设备上传到 PG/PC"对话框，如图 4-16 所示，单击"从设备上传"按钮即将整个站上传到项目中。

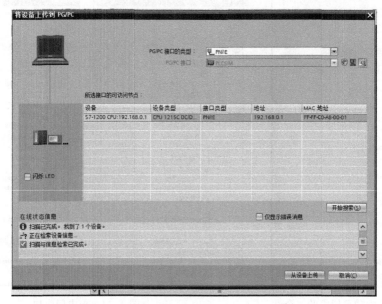

图 4-16　"将设备上传到 PG/PC"对话框

另外，在项目视图项目树中打开"在线访问"项，则显示编程计算机可以访问到的PLC，如图 4-17 所示，可以将 PLC 中的程序块进行打开或者复制。

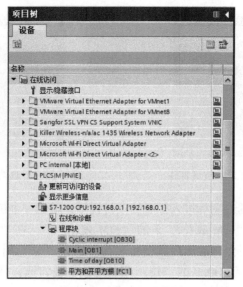

图 4-17 "在线访问" PLC

4.2.8 仿真软件的使用

西门子提供了固件版本 V4.0 或者更高版本的 S7-1200 仿真软件 S7-PLCSIM，本节介绍其基本使用方法。

在 STEP 7 Basic V1 中对 S7-1200 PLC 组态编程后，如图 4-18 所示在项目视图中通过菜单"在线"→"仿真"→"启动"命令可以启动仿真软件，如图 4-19 所示。

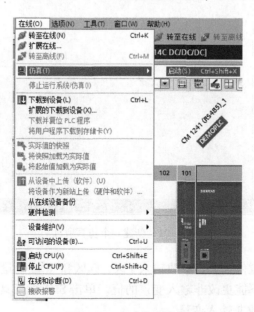

图 4-18 启动仿真软件

在打开的下载对话框中将站点下载后，会发现仿真软件更新为项目中组态的 CPU 类型，如图 4-20 所示。

图 4-19　PLCSIM 仿真软件

图 4-20　下载站点后的仿真软件

单击图 4-20 右上角的■图标进入扩展的项目视图，新建一个仿真项目，如图 4-21 所示，在左边的项目树中打开"SIM 表格"下的"SIM 表格_1"，在"地址"列分别输入 I0.0、I0.1 和 Q0.0，"名称"列会自动出现其变量名称。勾选"位"列 I0.0 对应的复选框，即表示将 I0.0 置为 1，可以看到 Q0.0 的"位"列的复选框被勾选，且呈现灰色，表示其由起保停程序运行置为 1，仿真软件中无法更改，如图 4-22 所示。

图 4-21　新建一个仿真项目

默认情况下，仿真软件只允许更改输入 I 区，Q 区和 M 区变量的"监视/修改值"列的背景为灰色，只能监视不能更改非输入变量的值。单击 SIM 表工具栏"启动/禁用非输入修改"■按钮，便可以修改非输入变量。

74

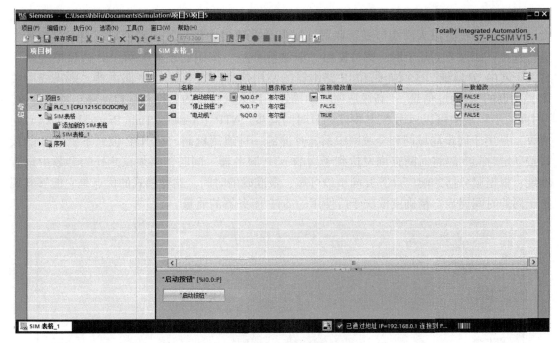

图 4-22　程序仿真

4.3　设备属性

　　在 S7-1200 的编程软件 STEP 7 Basic 中可以对所有带参数的模块进行属性的查看和设置，可以根据需要对模块的默认属性进行修改。

　　CPU 的属性对系统行为有着决定的意义。对于 CPU，可以设置接口、输入/输出、高速计数器、脉冲发生器、启动特性、日时钟、保护等级、系统位存储器和时钟存储器、循环时间以及通信负载等。

　　在项目视图中打开设备视图，选中 CPU，则在项目视图下部显示了所选对象的属性，如图 4-23 所示，常规项显示项目信息和目录信息。

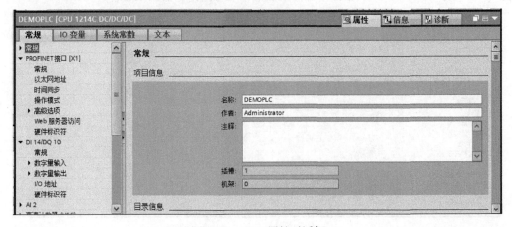

图 4-23　CPU 属性对话框

"PROFINET 接口"项如图 4-24 所示。"常规"项描述所插入的 CPU 的常规信息;"以太网地址"项设置以太网接口是否联网。如果已在项目中创建了子网,则可在下拉列表中进行选择;如果未创建子网,则可使用"添加新子网"按钮创建新子网。IP 协议中提供了有关子网中 IP 地址、子网掩码和 IP 路由器的使用信息。如果使用 IP 路由器,则需要有关 IP 路由器的 IP 地址信息。"高级选项"中描述了以太网接口的名称和端口注释,可以修改。"时间同步"项中可以启用 NTP 模式的日时间同步。NTP(Network Time Protocol,网络时间协议)是用于同步局域网和全域网中系统时钟的一种通用机制。在 NTP 模式下,CPU 的接口按固定时间间隔将时间查询发送到子网的 NTP 服务器,同时,必须在此处的参数中设置地址;根据服务器的响应计算并同步最可靠、最准确的时间。这种模式的优点是它能够实现跨子网的时间同步。精确度取决于所使用的 NTP 服务器的质量。

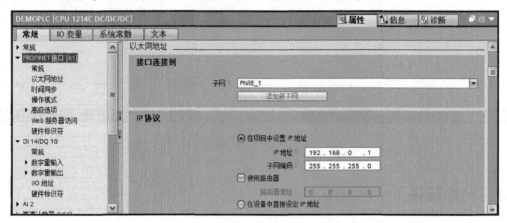

图 4-24   CPU 属性对话框"PROFINET 接口"项

"DI14/DQ10"项中分别描述了常规信息、数字量输入/输出通道的设置及 I/O 地址等,如图 4-25 所示。在"数字量输入"项中,可为数字量输入设置输入延迟,可分组设置输入延迟;可为每个数字量输入启用上升沿和下降沿检测;可为该事件分配名称和硬件中断。根据 CPU 的不同,可激活各个输入的脉冲捕捉。"数字量输出"项中,可为所有数字量输出设置 RUN 到 STOP 模式切换的响应;可以将状态冻结,相当于保留上一个值,也可以设置替换值("0"或"1")。"I/O 地址"项可以查看和修改输入/输出地址。

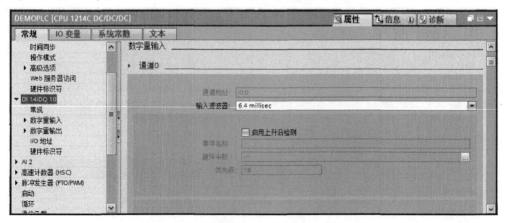

图 4-25   CPU 属性对话框"DI14/DO10"项

"AI2"项中描述了常规信息、模拟量输入通道的设置及 I/O 地址等，如图 4-26 所示。在"模拟量输入"项中，指定的积分时间会在降低噪声时抑制指定频率大小的干扰频率。必须在通道组中指定通道地址、测量类型、电压范围、滤波和溢出诊断。CPU 自带的模拟量输入测量类型和电压范围被永久设置为"电压"和"0 到 10 V"，无法更改。如果启用溢出诊断，则发生溢出时会生成诊断事件。

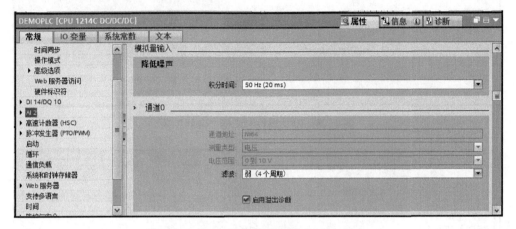

图 4-26　CPU 属性对话框"AI2"项

"启动"项用来设置启动类型，如图 4-27 所示。

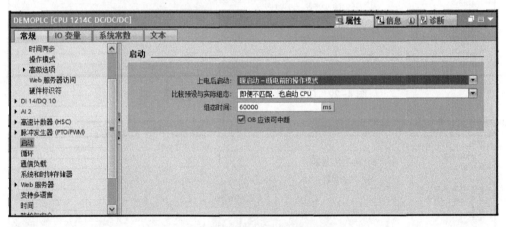

图 4-27　CPU 属性对话框"启动"项

"时间"项设置 CPU 的运行时区以及设置夏令时/标准时间切换等，如图 4-28 所示。

"防护与安全"项用来设置读/写访问保护等级和密码，如图 4-29 所示。

"系统和时钟存储器"项用来设置系统存储器位和时钟存储器位，如图 4-30 所示。勾选"启用系统存储器字节"，采用默认字节地址 1，则 M1.0 表示第一个扫描周期为 1，M1.1 表示与上一个扫描周期相比，诊断状态发生变化则 M1.1 为 1，M1.2 一直为 1，M1.3 一直为 0。勾选"启用时钟存储器字节"，采用默认字节地址 0，当然也可以修改，则在 MB0 的不同位提供了不同频率的时钟信号。如 M0.5 的时钟频率为 1Hz，当需要以 1Hz 的频率闪烁时，则可以利用 M0.5。

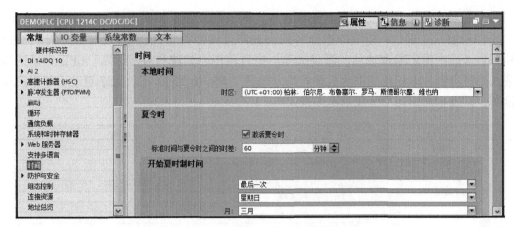

图 4-28　CPU 属性对话框"时间"项

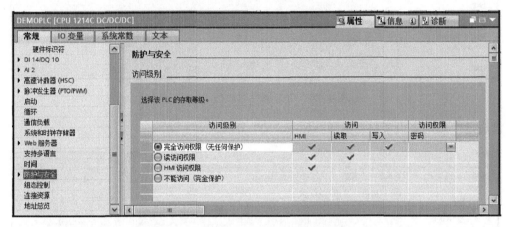

图 4-29　CPU 属性对话框"防护与安全"项

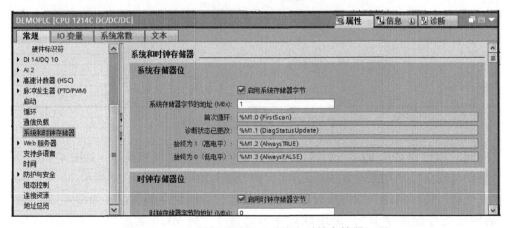

图 4-30　CPU 属性对话框"系统和时钟存储器"项

"循环"项可以设置最大和最小循环时间，如图 4-31 所示。

"通信负载"项中设置每个扫描周期中分配给通信的最大百分比表示的时间。I/O 地址概览以表格的形式表示集成输入/输出和插入模块使用的全部地址。高速计数器和脉冲发生器将在第 9 章进行详细说明。

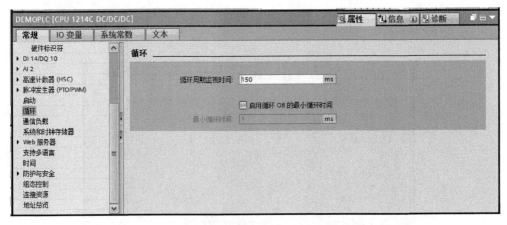

图 4-31　CPU 属性对话框"循环"项

对于信号模块和通信模块，也可以通过类似的方法查看或修改其属性，在此不再赘述。

4.4　使用变量表

在 S7-1200 CPU 的编程理念中，特别强调符号寻址的使用。默认情况下，在输入程序时，系统会自动为所输入地址定义符号，建议在开始编写程序之前，用户应当为输入、输出及中间变量定义在程序中使用的符号名。

S7-1200 PLC 中符号分为全局符号和局部符号。全局符号是在整个用户程序以站为单位的范围内有效的，在 PLC 变量表中定义；局部符号是仅仅在一个块中有效的符号，在块的变量声明区定义。关于局部符号将在第 6 章进行详细介绍。输入全局符号时，系统自动为其添加""号；输入局部符号时，系统自动为其添加#号。当全局符号和局部符号相同时，系统默认将其认为是局部符号，可以修改添加""引号。

4.4.1　PLC 变量表

双击项目视图项目树 PLC 设备下的"PLC 变量"可以打开 PLC 变量表编辑器，如图 4-32 所示。它包括两个选项卡：PLC 变量和常量。PLC 变量选项卡显示了关于 I、Q 及 M 不同数据类型的全局变量符号，常量选项卡显示分配了固定值的变量，使得用户可以在程序中用一个名称来代替静态值。

在变量选项卡对符号的定义步骤如下：单击"名称"列，输入变量符号名，如"启动按钮"，回车确认；在"数据类型"列，选择如"Bool"型；在"地址"列，输入地址如"I0.0"，回车确认；可以在"注释"列根据需要输入注释。同样，也可以在 PLC 变量编辑器中修改系统自动定义的变量名称。注意：PLC 变量表每次输入后系统都会执行语法检查，并且找到的任何错误都将以红色显示，可以继续编辑进行更正。但是如果变量声明包含语法错误，将无法编译程序。

a)

	名称	数据类型	值
1	无	Pip	65535
2	自动更新	Pip	0
3	PIP 1	Pip	1
4	PIP 2	Pip	2
5	PIP 3	Pip	3
6	PIP 4	Pip	4
7	PIP OB 伺服	Pip	32768
8	Local~MC	Hw_SubModule	51
9	Local~Common	Hw_SubModule	50
10	Local~Device	Hw_Device	32
11	Local~Configuration	Hw_SubModule	33
12	Local~Exec	Hw_SubModule	52
13	Local	Hw_SubModule	49
14	Local~PROFINET 接口_1	Hw_Interface	64
15	Local~PROFINET 接口_1~端口_1	Hw_Interface	65
16	Local~HSC_1	Hw_Hsc	257
17	Local~HSC 2	Hw Hsc	258

默认变量表

■变量   ■用户常量   ■系统常量

b)

图 4-32　PLC 变量表

a）变量选项卡　b）常量选项卡

4.4.2　在程序编辑器中使用和显示变量

由图 4-7 和图 4-8 可以看出，默认情况下编辑程序时将自动显示地址的符号名称。另外，输入地址时可以单击输入域旁的按钮，打开"变量符号选择"对话框，选择期望的变量符号即可。

通过单击项目视图菜单"视图→显示"下的"空白注释""操作数表示"和"程序段注释"或者单击编辑区工具栏图标 ⊙ 署 和 ⊟ 可以分别设置是否启用自由格式的注释、程序指令的操作数显示符号还是地址或者都显示、程序注释是否显示等。

在程序编辑器中还可以定义和更改 PLC 变量。选中某一指令操作数，通过单击鼠标右键选择"重命名变量"来改变该操作地址的符号名称，选择"重新连接变量"改变该操作变量对应的 PLC 地址。

在程序编辑器中对变量符号的定义、更改将在 PLC 变量表中自动进行更新。

4.4.3　设置 PLC 变量的保持性

在 PLC 变量表中，可以为 M 存储器指定保持性存储区的宽度。单击工具栏"保持性" ■ 图标，打开"保持性存储器"对话框，如图 4-33 所示。在此可以修改"从 MB0 开始的存储器字节数"，如填入 10，则表示从 MB0 开始的 10 个字节为保持性存储区，编址在该存储区中的所有变量随即被标识为有保持性，如图 4-32a 所示。

图 4-33 "保持性存储器"对话框

4.5 调试和诊断工具

STEP 7 Basic 提供了丰富的在线诊断和调试工具，方便项目的设计和调试，提高了效率。

4.5.1 使用监视表格

程序状态监视和监视表格是 S7-1200 PLC 重要的调试工具。

图 4-12 所示的"启用监视"即是在程序编辑器中对程序的状态进行监视。可以对显示的一些变量通过单击鼠标右键选择不同的"显示格式"来显示变量的值，单击鼠标右键选择"修改"功能对选中变量的数值进行修改，如选中 MW10，右键选择"修改"输入修改值 20，格式选择"带符号十进制"，如图 4-34 所示，确定后可以看到其值被修改为 20。

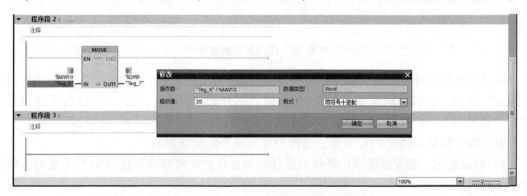

图 4-34 通过程序状态监视修改变量值

在项目视图项目树 PLC 设备下，双击"添加新监视表格"，则自动建立并打开一个名称为"监视表格_1"的监视表格，通过鼠标右键选择"重命名"将名称修改为"Test_Var"，在监视表格的地址列分别输入地址 I0.0、I0.1、Q0.0、MW10 和 QW0，如图 4-35 所示。单击监视表格的工具栏"全部监视" 图标，则在监视表格中显示所输入地址的监视值。注意需要根据情况选择变量地址的"显示格式"，例如修改 MW10 的显示格式为"带符号十进制"。单击"立即一次性监视所有值" 图标仅立即监视变量一次。

图 4-35 中，在 MW10 对应行后的"修改值"列输入 MW10 的修改值 10，单击工具栏"立即一次性修改所有选定值"按钮或者右键选择"修改"→"立即修改"，即可将 MW10

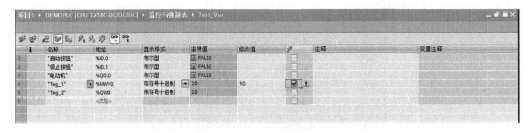

图 4-35 监视表格

的值修改为 10。采用类似的方法修改 I0.0 为 1 时，可以看到无法修改，同样修改 QW0 的值也无法修改。这是因为结合 PLC 循环扫描工作原理分析，一次性修改 I0.0 的值时，其值又被外部输入所更新，而 QW0 的值无法修改的原因是一次性修改其值后，程序循环运行又对其进行了更新。这种情况下，可以通过触发器来进行修改。

单击监视表格的工具栏"显示/隐藏高级设置列" ⚏ 图标使用触发器监视和修改，则可以看到监视表格增加了若干列，如图 4-36 所示。要设置 I0.0 为 1，在对应"修改值"列输入 1，设置"使用触发器修改"列的选项为"永久"，单击工具栏"通过触发器修改" ⚏ 图标可以永久设置 I0.0 的值为 1。

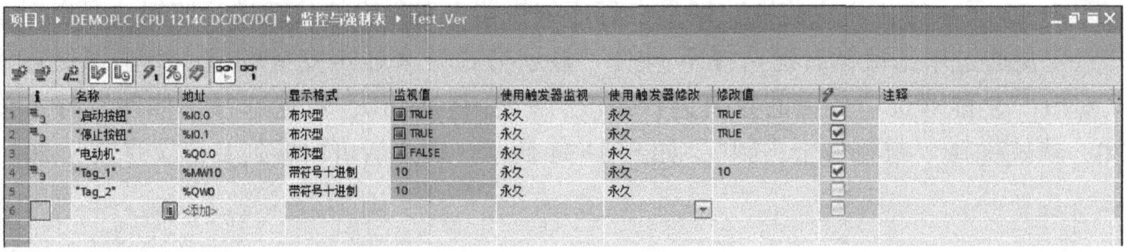

图 4-36 使用触发器修改

可以根据需要设置"使用触发器监视"或"使用触发器修改"的选项是"扫描周期开始永久"还是"扫描周期结束永久"、"扫描周期开始仅一次"还是"扫描周期结束仅一次"、"切换到 STOP 时永久"还是"切换到 STOP 时仅一次"，如图 4-36 所示。

要在给定触发点修改 PLC 变量，选择扫描周期开始或结束如下。

1）修改输出：触发修改输出事件的最佳时机是在扫描周期结束且 CPU 马上要写入输出之前的时间。

在扫描周期开始时监视输出的值以确定写入物理输出中的值。此外，在 CPU 将值写入物理输出前监视输出以检查程序逻辑并与实际 I/O 行为进行比较。

2）修改输入：触发修改输入事件的最佳时机是在周期开始、CPU 刚读取输入且用户程序要使用输入值之前的时间。

如果怀疑扫描期间输入值发生变化，则可以在扫描周期结束时监视输入值，以确保扫描周期结束时的输入值与扫描周期开始时相同。如果二者不同，则用户程序可能会错误地写入输入值。

图 4-37 所示强制表中"F"列可以实现强制功能。选择要强制的变量，输入强制值，勾选 F 列下对应的选择框，再通过工具栏按钮"启动"或"停止"所选择地址的强制功能。注意只能对 P 型地址进行强制。

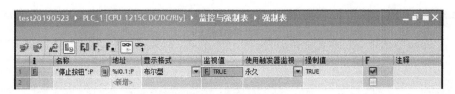

图 4-37　强制表

注意：在设备配置期间将数字量 I/O 点的地址分配给高速计数器（HSC）、脉冲宽度调制（PWM）和脉冲串输出（PTO）设备之后，无法通过监视表格的强制功能修改所分配的 I/O 点的地址值。

4.5.2　显示 CPU 中的诊断事件

诊断缓冲区是 CPU 系统存储器的一部分。诊断缓冲区包含由 CPU 或具有诊断功能的模块所检测到的事件和错误等。诊断缓冲区中记录以下事件：CPU 的每次模式切换，如上电、切换到 STOP 模式及切换到 RUN 模式等；以及每次诊断中断。

诊断缓冲区是环形缓冲区。S7-1200 的 CPU 可保存最多 50 个条目。最上面的条目包含最新发生的事件。当诊断缓冲区已满而又需要创建新条目时，则系统自动删除最旧的条目，并在当前空闲的顶部位置创建新条目，即先进先出的原则。

诊断缓冲区有以下优点。

1）在 CPU 切换到 STOP 模式后，可以评估在切换到 STOP 模式之前发生的最后几个事件，从而可以查找并确定导致进入 STOP 模式的原因。

2）可以更快地检测并排除出现错误的原因，从而提高系统的可用性。

3）可以评估和优化动态系统响应。

在项目视图的项目树中，双击 PLC 设备下的"在线和诊断"，即打开了在线诊断对话框，单击工具栏"转到在线"按钮，则处于在线连接状态。单击"诊断缓冲区"项，查看诊断缓冲区的内容。诊断缓冲区条目由以下部分组成：编号、日期和时间以及事件等，如图 4-38 所示。事件 1 记录了最近时刻的事件，依次查看各个事件，综合这些事件信息对 CPU 停机的原因进行分析判断。需要注意的是，某个错误可能导致多个记录的事件，故障分析时要注意相近时刻内的事件要结合分析。另外，选中某一提示事件时，可以单击"打开块"按钮，则直接可以打开出错的块。

连接到在线 CPU 后，可以查看系统循环时间和存储器使用情况，如图 4-38 右侧所示。

4.5.3　参考数据

对于复杂的程序，当排除故障时特别需要有一个概览，在哪里哪个地址被扫描或赋值、哪个输入或输出被实际使用或整个用户程序关于调用层次的基本结构如何等。"参考数据"工具将提供一个用户程序结构的概览以及所用地址的查看。参考数据从离线存储的用户程序生成。

1. 交叉引用

交叉引用列表提供项目对象如用户程序中操作数和变量的使用概况，可以看到哪些对象相互依赖以及各对象所在的位置。作为项目文档的一部分，交叉引用全面概述了已用的所有

图 4-38 诊断缓冲区

操作数、存储区、块、变量和画面。例如，可以显示对象的使用位置以修改或删除对象；可以显示已删除对象的使用位置，并在必要时进行修改。

在项目视图中，选中项目树中的 PLC 设备项，单击菜单"工具" → "交叉引用"或者单击右键选择"交叉引用"，即可以打开所选项目的 PLC 站的交叉引用列表，如图 4-39 所示。

图 4-39 交叉引用

可以看到交叉引用列表是一个表结构，各列含义见表 4-1。

表 4-1 交叉引用各列含义

列	内容/含义
对象	使用下级对象或被下级对象使用的对象的名称
引用位置	显示引用该对象的位置
引用类型	显示源对象和被引用对象间的关系
作为	显示对象的附加信息

列	内容/含义
访问	访问类型，对操作数的访问是读访问（R）、写访问（W）还是二者都可
地址	操作数的地址
类型	有关创建对象所使用的类型和语言的信息
设备	显示相关的设备名称，例如"CPU_1"
路径	对象在项目树中的路径
注释	显示各个对象的注释（如果有）

可以使用交叉引用工具栏中的按钮对交叉引用列表进行操作，其含义见表4-2。

表4-2 交叉引用工具栏中的按钮

图 标	名 称	功 能
⟳	更新交叉引用列表	当前交叉引用列表
 ⫶±	设置当前交叉引用列表的常规选项	在此处选中相关复选框以指定是显示已引用的、显示未引用的、显示已存在的或显示不存在的对象
⊟	折叠条目	通过关闭下级对象减少当前交叉引用列表中的条目
⊟	展开条目	通过打开下级对象展开当前交叉引用列表中的条目

交叉引用列表有以下优点。

1）创建和更改程序时，保留已使用的操作数、变量和块调用的总览。

2）从交叉引用可直接跳转到操作数和变量的使用位置。可以直接跳到对象的使用位置。

3）在程序测试或故障排除期间，系统将提供以下信息，如哪个块中的哪条命令处理了哪个操作数，哪个画面使用了哪个变量，哪个块被其他哪个块调用。

2. 从属性结构

从属性结构是对象交叉引用列表的扩展，显示程序中每个块与其他块的从属关系。显示从属性结构时会显示用户程序中使用的块的列表，块显示在最左侧，调用或使用此块的块缩进排列在其下方。

在项目视图中，选中项目树中的PLC设备项，单击菜单"工具"→"从属性结构"或者单击右键选择"从属性结构"，即可以打开所选项目的PLC站的从属性结构，如图4-40所示。

可以看到从属性结构是一个表结构，各列含义见表4-3。

表4-3 从属性结构各列含义

列	内容/含义
从属性结构	指示程序中的每个块与其他块之间的从属关系
调用类型（!）	显示调用类型
地址	显示块的绝对地址
调用频率	指示多个块调用的数目
详细资料	显示被调用块的程序段或接口，此链接可跳转到程序编辑器中的块调用位置

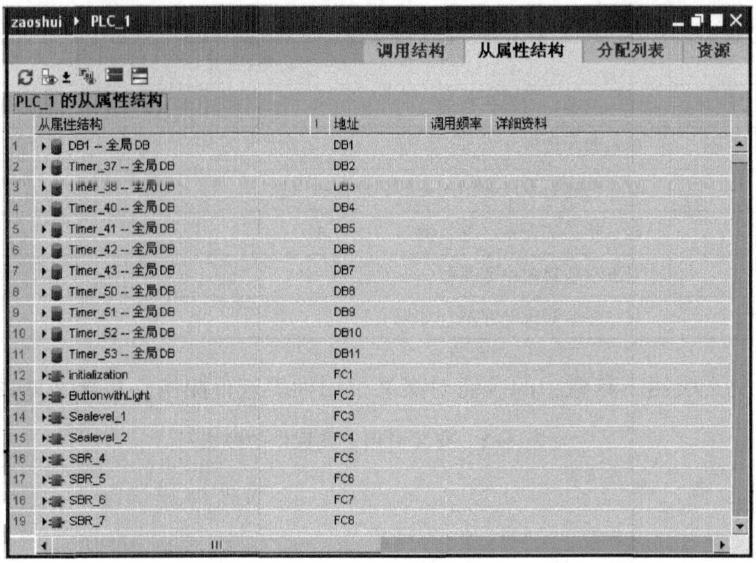

图 4-40　从属性结构

从属性结构中各符号的含义见表 4-4。

表 4-4　从属性结构中各符号的含义

符　　号	含　　义
▦	组织块（OB）
▦	功能块（FB）
▦	功能（FC）
▮	数据块（DB）
▤	该块已声明为多重背景
⊡	该对象与连接到左侧的对象之间存在着接口从属性
⊏⊐	需要重新编译该块
▯	指示需要重新编译该数据块
◷	指示此对象存在不一致
⊐	接口导致时间戳冲突
◷	此对象存在不一致
▪	受保护对象，不能编辑此类对象
⊡	接口中的变量声明具有循环的从属关系，如 FB1 调用 FB2，FB2 又调用 FB1，则它们的背景数据块在接口中包含循环，或者多重背景 FB 使用其父 FB 的背景数据块作为全局 DB
⊡	指示该块通常为递归调用
⊞	表示该块为有条件递归调用
⊡	表示该块为无条件递归调用

　　单击从属性结构的工具栏"视图选项" ▧± 图标，勾选"仅显示冲突"复选框，则仅显示从属性结构中的冲突；勾选"组合多次调用"，则将多个块调用组合在一起。块调用数会

显示在相关列中。"一致性检查" 图标用于显示不一致内容。执行一致性检查时，不一致的块将显示在从属性结构中并用相应符号进行标记。

必须重新编译以红色标记的块，通过重新编译块可纠正大多数时间戳和接口冲突。如果通过编译无法解决不一致问题，则可使用"详细资料"列中的链接转到程序编辑器中的问题源，然后手动解决所有不一致问题。

3. 调用结构

调用结构描述了用户程序中块的调用层级，它提供了以下几个方面的概要信息：所用的块、对其他块的调用、各个块之间的关系、每个块的数据要求以及块的状态等。

在项目视图中，选中项目树中的 PLC 设备，单击菜单"工具"→"调用结构"或者单击右键选择"调用结构"可以打开调用结构，如图 4-41 所示。也可以在图 4-40 中单击右上角的"调用结构"选项卡打开调用结构页面。

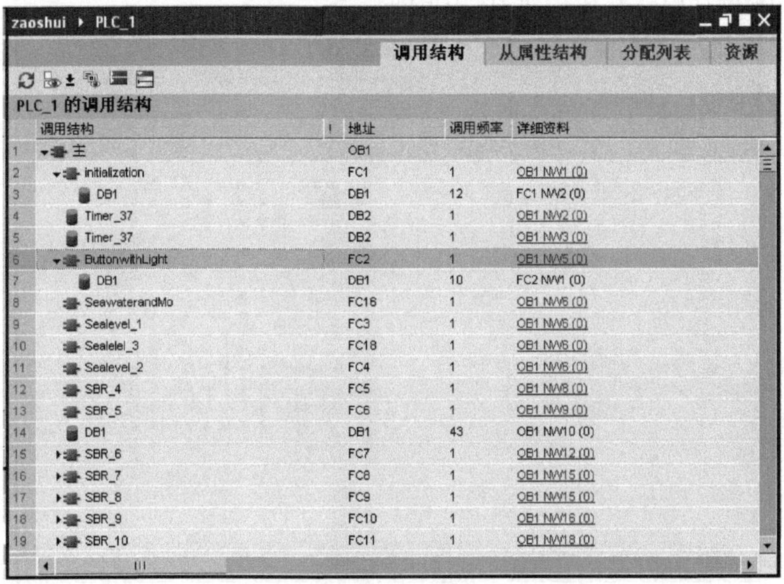

图 4-41　调用结构

调用结构显示用户程序中使用的块的列表，第一级以彩色高亮显示，并显示未被程序中的任何其他块调用的块。组织块始终在调用结构的第一级显示，功能 FC、功能块 FB 和数据块 DB 仅当未被组织块调用时才显示在第一级。当某个块调用其他块时，被调用块以缩进形式列在调用块下。

调用结构各列的含义见表 4-5。调用结构中的符号参见表 4-4。

表 4-5　调用结构各列含义

列	内容/含义
调用结构	显示被调用块的总览
调用类型（!）	显示调用类型
地址	显示块的绝对地址。对于功能块 FB，还会显示其相应背景数据块的绝对地址
调用频率	显示对一个块多次调用的次数

列	内容/含义
详细资料	显示被调用块的程序段或接口，此链接可跳转到程序编辑器中的块调用位置
本地数据（在路径中）	指示完整路径的局部数据要求
本地数据（用于块）	显示块的局部数据要求

4. 分配列表

分配列表显示 S7-1200 PLC 程序中分配的地址，是查找用户程序错误或修改的重要基础。

在项目视图中，选中项目树中的 PLC 设备，单击菜单"工具"→"分配列表"或者单击右键选择"分配列表"可以打开分配列表，如图 4-42 所示。分配列表概要说明了输入、输出及位存储器等存储区字节中位的使用情况。

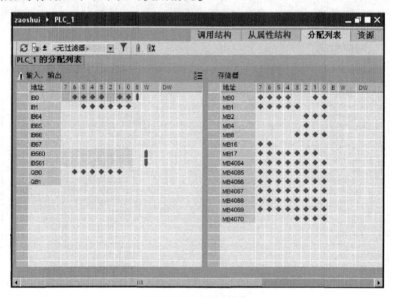

图 4-42　分配列表

分配列表中的每一行对应存储区的一个字节，该字节包括相应的 8 位，即第 7 位到第 0 位，根据其访问进行标记，通过"条形"指示是按字节、字还是双字进行访问。

在分配列表工具栏"视图选项"中，如果勾选了复选框"使用的地址"，将显示程序中使用的地址、I/O 和指针；如果勾选了复选框"空闲的硬件地址"，则仅显示空闲的硬件地址。

5. 资源

资源页面概要说明了 CPU 上用于以下对象的硬件资源。

1）CPU 中使用的编程对象，如 OB、FC、FB、DB、PLC 变量和用户定义的数据类型等。

2）CPU 上可用的存储区，如工作存储器、装载存储器、保持性存储器，其最大容量及上述编程对象使用的大小。

3）可为 CPU 组态的模块的 I/O，包括已使用的 I/O 等。

在项目视图中，选中项目树中的 PLC 设备，单击菜单"工具"→"资源"或者单击右键选择"资源"可以打开资源列表，如图 4-43 所示。资源列表中未经过编译的块的大小通过一个问号标识。

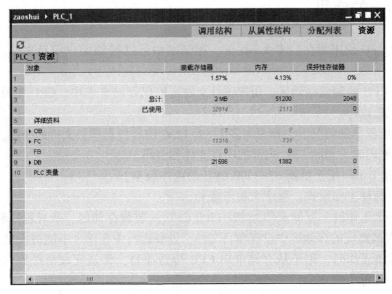

图 4-43 资源

资源列表的各列含义见表 4-6。

表 4-6 资源列表的各列含义

列	内容/含义
对象	"详细资料"区概要说明了 CPU 中可用的编程对象,包括它们的存储器分配
装载存储器	以百分比和绝对值形式显示 CPU 的最大装载存储器资源 "总计"下显示的值提供有关装载存储器的最大可用存储空间的信息 "已使用"下显示的值提供有关装载存储器中实际使用的存储空间的信息 如果值显示为红色,则表示超出了可用的存储空间
内存	以百分比和绝对值形式显示 CPU 的最大工作存储器资源 工作存储器取决于 CPU。例如,对于 S7-400 CPU 或 S7-1500 系列 CPU,可分为"代码工作存储器"和"数据工作存储器" "总计"下显示的值提供有关内存中最大可用存储空间的信息 "已使用"下显示的值为工作存储器中实际已使用的存储空间的相关信息 如果值显示为红色,则表示超出了可用的存储空间
保持性存储器	以百分比和绝对值形式显示 CPU 中保持性存储器的最大资源 "总计"下显示的值提供了保持性存储器中最大可用存储空间的信息 "已使用"下显示的值为保持性存储器中实际已使用的存储空间的相关信息 如果值显示为红色,则表示超出了可用的存储空间
I/O	显示 CPU 上可用的 I/O,包括随后几列中其模块特定的可用性 "已组态"中显示的值提供有关最大可用 I/O 数的信息 "已使用"下显示的值提供有关装载存储器中实际使用的存储空间的信息
DI/DQ/AI/AQ	显示已组态和已使用的输入/输出数 DI=数字输入 DQ=数字输出 AI=模拟输入 AQ=模拟输出 "已组态"中显示的值提供有关最大可用 I/O 数的信息 "已使用"下显示的值提供有关实际使用的输入和输出的信息

4.6 存储卡的使用

S7-1200 CPU 使用的存储卡为 SD 卡，存储卡中可以存储用户项目文件，有如下 4 种功能。

1）作为 CPU 的装载存储区，用户项目文件可以仅存储在卡中，CPU 中没有项目文件，离开存储卡无法运行。

2）在有编程器的情况下，作为向多个 S7-1200 PLC 传送项目文件的介质。

3）忘记密码时，清除 CPU 内部的项目文件和密码。

4）24 MB 卡可以用于更新 S7-1200 CPU 的固件版本。

存储卡有两种工作模式：程序卡和传输卡。

作为程序卡工作时，存储卡作为 S7-1200 CPU 的装载存储区，所有程序和数据存储在卡中，CPU 内部集成的存储区中没有项目文件，设备运行中存储卡不能被拔出。

作为传输卡工作时，用于从存储卡向 CPU 传送项目，传送完成后必须将存储卡拔出。CPU 可以离开存储卡独立运行。

4.6.1 修改存储卡的工作模式

在 STEP 7 Basic 软件的项目视图项目树下，单击"SIMATIC 卡读卡器"项，找到读卡器型号，右键单击存储卡的盘符选择"属性"，打开如图 4-44 所示存储卡属性对话框，在"卡类型"项中选择期望的类型即可。

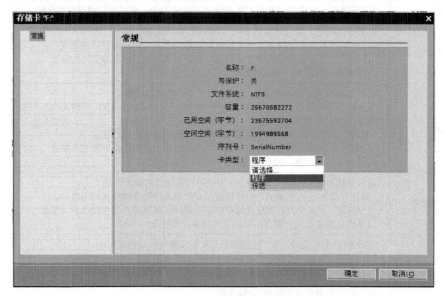

图 4-44　存储卡属性对话框

4.6.2 使用程序卡模式

若使用程序卡，则更换 CPU 时不需要重新下载项目文件。使用程序卡步骤如下。

1）将存储卡设定为"程序卡"模式。建议之前先清除存储卡中的所有文件。

2）设置 CPU 的启动状态为"暖启动"→"RUN"。

3）将 CPU 断电。

4）将存储卡插到 CPU 卡槽内。

5）将 CPU 上电。

6）在 STEP 7 Basic 编程软件中，将项目文件全部下载到存储卡中。此时下载是将项目文件（包括用户程序、硬件组态和强制值）下载到存储卡中，而不是 CPU 内部集成的存储区中。

完成上述步骤后，CPU 可以带卡正常运行。此时如果将存储卡拔出，CPU 会报错，"故障"红灯闪烁。

4.6.3 使用传输卡模式

通过传输卡可以在没有编程器的情况下，方便快捷地向多个 S7-1200 PLC 复制项目文件。

使用传输卡的步骤如下。

1）将存储卡设定为"传输卡"模式，建议之前先清除存储卡中的所有文件。

2）设置 CPU 的启动状态为"暖启动"→"RUN"。

3）在项目视图项目树中直接拖拽 PLC 设备到存储卡盘符中。

4）将 CPU 断电。

5）插传输卡到 CPU 卡槽。

6）将 CPU 上电会看到 CPU 的"MAINT"黄灯闪烁。

7）将 CPU 断电，将存储卡拔出。

8）将 CPU 上电。

4.6.4 使用存储卡清除密码

如果忘记了之前设定到 S7-1200 的密码，通过"恢复出厂设置"无法清除 S7-1200 PLC 内部的程序和密码，因此唯一的清除方式是使用存储卡，步骤如下。

1）将 S7-1200 PLC 设备断电。

2）插入一张存储卡到 S7-1200 CPU 上，存储卡中的程序不能有密码保护。

3）将 S7-1200 PLC 设备上电。

4）S7-1200 CPU 上电后，会将存储卡中的程序复制到内部的 FLASH 寄存器中，即执行清除密码操作。

也可以用相同的方法插入一张全新的或者空白的存储卡到 S7-1200 CPU，设备上电后，S7-1200 CPU 会将内部存储区的程序转移到存储卡中，拔下存储卡后，S7-1200 CPU 内部将不存在用户程序，即实现了清除密码。

4.6.5 使用 24 MB 存储卡更新 S7-1200 CPU 的固件版本

可以使用 24 MB 存储卡更新 S7-1200 CPU 的固件版本，2 MB 存储卡不能用于 CPU 固件升级。S7-1200 CPU 的固件版本可以从西门子官方网站下载。注意：不同订货号的 S7-1200

CPU 的固件文件不相同，下载地址也不相同。在下载和更新固件之前要核对好产品订货号。

更新 CPU 的固件版本步骤如下。

1）使用计算机通过读卡器清除存储卡中内容，不要格式化存储卡。

2）下载最新版本的固件文件并解压缩，可以得到一个"S7_JOB. SYS"文件和"FWUOPDATE. S7S"文件夹。

3）将"S7_JOB. SYS"文件和"FWUOPDATE. S7S"文件夹复制到存储卡中。

4）将存储卡插到 CPU 1200 卡槽中。此时 CPU 会停止，"MAINT"指示灯闪烁。

5）将 CPU 断电上电，CPU 的"RUN/STOP"指示灯红绿交替闪烁说明固件正在被更新中。"RUN/STOP"指示灯亮，"MAINT"指示灯闪烁说明固件更新已经结束。

6）拔出存储卡。

7）再次将 CPU 断电上电。

可以在 STEP 7 Basic 软件中通过菜单"在线"→"在线和诊断"打开诊断对话框，在"常规"项中可以查看 CPU 目前的固件版本。固件升级前 CPU 内部存储的项目文件（程序块、硬件组态等）不受影响，不会被清除。如果存储卡中的固件文件订货号与实际 CPU 的订货号不一致，则执行了上述操作也不能更新固件版本。

习题

1. TIA Portal 提供哪两种视图？

2. 在 Portal 视图中选择不同的"任务入口"可处理哪些工程任务？

3. 如何在 Portal 软件中进行 S7-1200 PLC 硬件的组态？

4. 以 S7-1200 PLC 与 HMI 通信为例，说明如何进行网络的组态。

5. Portal 软件中如何对 PLC 进行编程？

6. Portal 软件中如何下载 PLC 项目？

7. 在 CPU 的属性窗口中可以设置 CPU 的哪些属性？

8. S7 PLC 中的全局符号和局部符号有什么不同？

9. 如何定义 PLC 的变量？

10. 诊断缓冲区可以记录的事件包含哪些？

11. 请说明交叉引用的功能。

第5章　指令系统

S7-1200 PLC 的指令从功能上大致可分为 4 类：基本指令、扩展指令、工艺指令和通信指令。

5.1　基本指令

基本指令包括位逻辑指令、定时器、计数器、比较指令、数学指令、移动指令、转换指令、程序控制指令、逻辑运算指令以及移位和循环指令等。

5.1.1　位逻辑指令

位逻辑指令使用 1 和 0 两个数字，将 1 和 0 两个数字称作二进制数字或位。在触点和线圈中，1 表示激活状态，0 表示未激活状态。位逻辑指令是 PLC 中最基本的指令，见表 5-1。

表 5-1　常用的位逻辑指令

图形符号	功　能	图形符号	功　能
─┤├─	常开触点（地址）	─┤S├─	置位线圈
─┤/├─	常闭触点（地址）	─┤R├─	复位线圈
─( )─	输出线圈	─┤SET_BF├─	置位域
─(/)─	反向输出线圈	─┤RESET_BF├─	复位域
─┤NOT├─	取反	─┤P├─	P 触点，上升沿检测
RS　R　Q　…─S1	RS 置位优先型 RS 触发器	─┤N├─	N 触点，下降沿检测
SR　S　Q　…─R1	SR 复位优先型 SR 触发器	─(P)─	P 线圈，上升沿
R_TRIG　EN　ENO　CLK　Q	检测信号上升沿	─(N)─	N 线圈，下降沿
"F_TRIG_DB"　F_TRIG　EN　ENO　false─CLK　Q	检测信号下降沿	P_TRIG　─CLK　Q─	P_Trig，上升沿
		N_TRIG　─CLK　Q─	N_Trig，下降沿

1. 基本逻辑指令

常开触点对应的存储器地址位为 1 状态时，该触点闭合。常闭触点对应的存储器地址位为 0 状态时，该触点闭合。触点符号中间的"/"表示常闭，触点指令中变量的数据类型为

Bool型。输出指令与线圈相对应，驱动线圈的触点电路接通时，线圈流过"能流"，指定位对应的映像寄存器为1，反之则为0。输出线圈指令可以放在梯形图的任意位置，变量为Bool型。常开触点、常闭触点和输出线圈的例子如图5-1所示，I0.0和I0.1是"与"的关系，当I0.0=1，I0.1=0时，输出Q4.0=1，Q4.1=0；当I0.0=1和I0.1=0的条件不同时满足时，Q4.0=0，Q4.1=1。

图5-1　触点和输出例子

取反指令的应用如图5-2所示，其中I0.0和I0.1是"或"的关系，当I0.0=0，I0.1=0时，取反指令后的Q4.0=1。

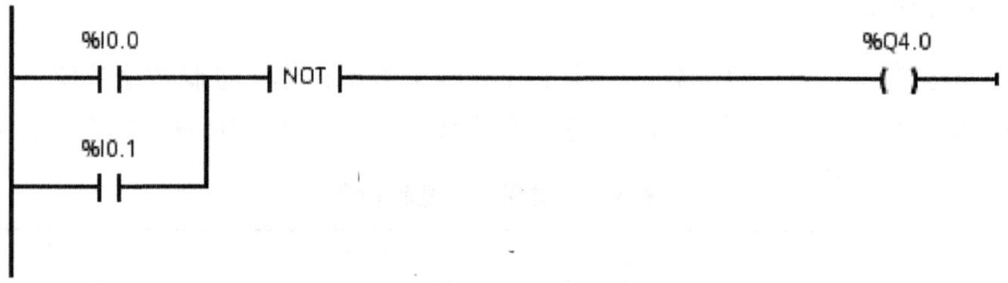

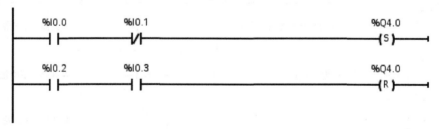

图5-2　取反指令

2. 置位/复位指令

对于置位指令，如果RLO="1"，指定的地址被设定为状态"1"，而且一直保持到它被另一个指令复位为止；对于复位指令，如果RLO="1"，指定的地址被复位为状态"0"，而且一直保持到它被另一个指令置位为止。如图5-3所示，当I0.0=1，I0.1=0时，Q4.0被置位，此时即使I0.0和I0.1不再满足上述关系，Q4.0仍然保持为1，直到Q4.0对应的复位条件满足，即当I0.2=1，I0.3=1时，Q4.0被复位为零。

图5-3　置位/复位指令

置位域指令SET_BF激活时，为从地址OUT处开始的"n"位分配数据值1。SET_BF不激活时，OUT不变。复位域RESET_BF为从地址OUT处开始的"n"位写入数据值0。RESET_BF不激活时，OUT不变。置位域和复位域指令必须在程序段的最右端。如图5-4所示，当I0.0=1，I0.1=0时，Q4.0~Q4.3被置位，此时即使I0.0和I0.1不再满足上述关系，Q4.0~Q4.3仍然保持为1。当I0.2=1，I0.3=1时，Q4.0~Q4.6被复位为零。

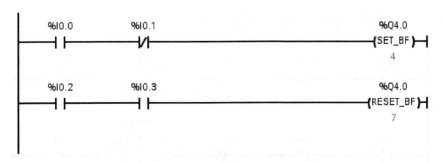

图 5-4　置位域/复位域指令

触发器的置位/复位指令如图 5-5 所示。可以看出，触发器有置位输入和复位输入两个输入端，分别用于根据输入端的 RLO=1，对存储器位置位或复位。当 I0.0=1 时，Q4.0 被复位，Q4.1 被置位；当 I0.1=1 时，Q4.0 被置位，Q4.1 被复位。若 I0.0 和 I0.1 同时为 1，则哪一个输入端在下面哪个起作用，即触发器的置位/复位指令分为置位优先和复位优先两种，分别对应图 5-6 所示。

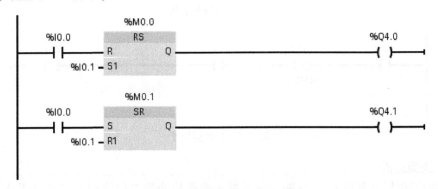

图 5-5　触发器的置位/复位指令

触发器指令上的 M0.0 和 M0.1 称为标志位，R、S 输入端首先对标志位进行复位和置位，再将标志位的状态送到输出。如果用置位指令把输出置位，当 CPU 全启动时输出被复位。若在图 5-5 所示的例子中，将 M0.0 声明为保持，当 CPU 全启动时，它就一直保持置位状态，被启动复位的 Q4.0 会再次赋值为"1"。

后面介绍的诸多指令通常也带有标志位，其含义类似。

[例 5-1] 抢答器有 I0.0、I0.1 和 I0.2 三个输入，对应输出分别为 Q4.0、Q4.1 和 Q4.2，复位输入是 I0.4。要求：三人中任意抢答，谁先按动瞬时按钮，谁的指示灯优先亮，且只能亮一盏灯，进行下一问题时主持人按复位按钮，抢答重新开始。

编写程序如图 5-6 所示。注意：SR 指令的标志位地址不能重复，否则出错。

3. 边沿指令

（1）触点边沿

触点边沿检测指令包括 P 触点和 N 触点指令，是当触点地址位的值从"0"到"1"（上升沿或正边沿，Positive）或从"1"到"0"（下降沿或负边沿，Negative）变化时，该触点地址保持一个扫描周期的高电平，即对应常开触点接通一个扫描周期。触点边沿指令可以放置在程序段中除分支结尾外的任何位置。如图 5-7 所示，当 I0.0，I0.2 为 1，且当 I0.1

有从 0 到 1 的上升沿时，Q0.0 接通一个扫描周期。

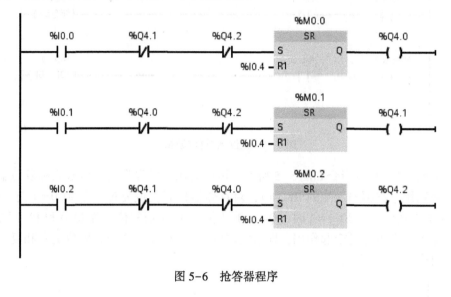

图 5-6　抢答器程序

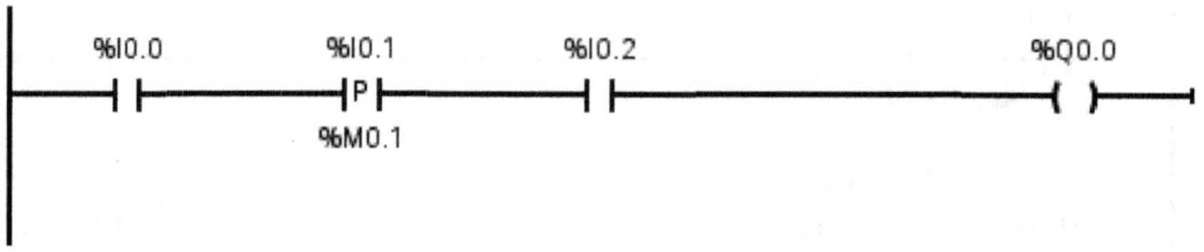

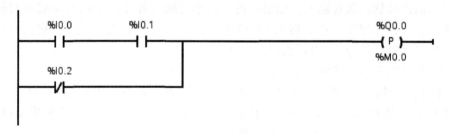

图 5-7　P 触点例子

（2）线圈边沿

线圈边沿包括 P 线圈和 N 线圈，是当进入线圈的能流中检测到上升沿或下降沿时，线圈对应的位地址接通一个扫描周期。线圈边沿指令可以放置在程序段中的任何位置。如图 5-8 所示，线圈输入端的信号状态从"0"切换到"1"时，Q0.0 接通一个扫描周期。

图 5-8　P 线圈例子

（3）TRIG 边沿

TRIG 边沿指令包括 P_TRIG 和 N_TRIG 指令，当在"CLK"输入端检测到上升沿或下降沿时，输出端接通一个扫描周期。如图 5-9 所示，当 I0.0 和 I0.1 相与的结果有一个上升沿时，Q0.0 接通一个扫描周期，I0.0 和 I0.1 相与的结果保存在 M0.0 中。

由上可以看出，边沿检测常用于只扫描一次的情况，如图 5-10 所示程序表示按一下瞬时按钮 I0.0，MW10 加 1，此时必须使用边沿检测指令。注意：图 5-10a 和图 5-10b 程序功能是一致的。

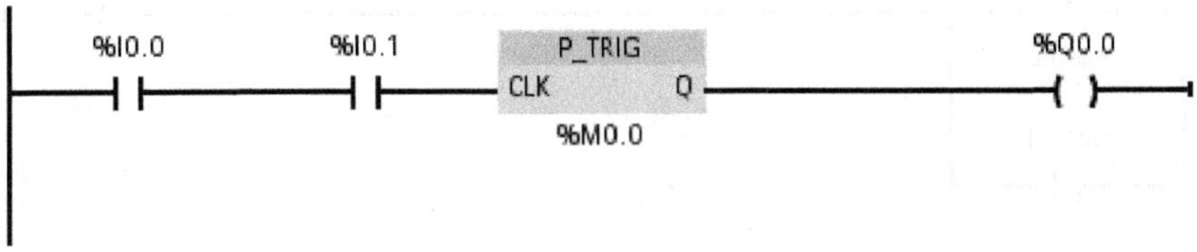

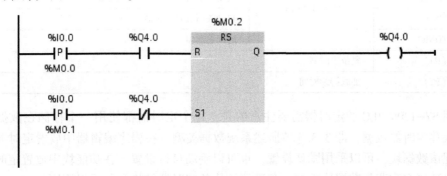

图 5-9　P_TRIG 例子

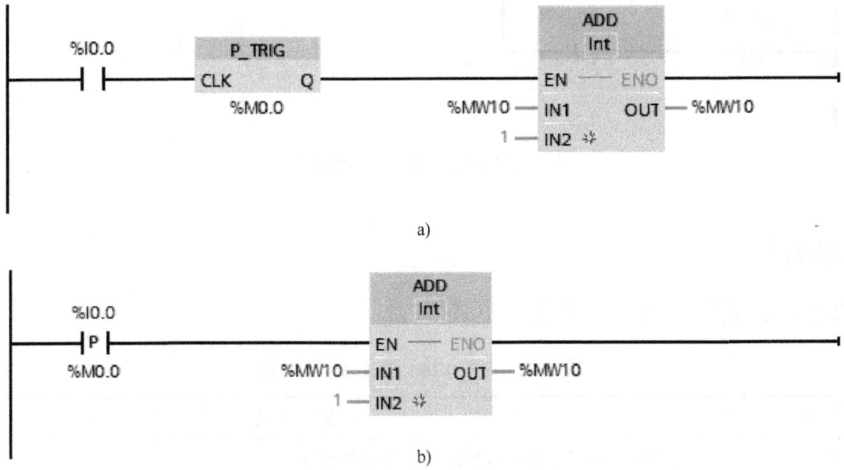

a)

b)

图 5-10　边沿检测指令例子

[例 5-2]　按动一次瞬时按钮 I0.0，输出 Q4.0 亮，再按动一次按钮，输出 Q4.0 灭；重复以上操作。

编写程序如图 5-11 所示。

图 5-11　例 5-2 程序

[例 5-3]　若故障信号 I0.0 为 1，使 Q4.0 控制的指示灯以 1 Hz 的频率闪烁。操作人员按复位按钮 I0.1 后，如果故障已经消失，则指示灯熄灭，如果没有消失，指示灯转为常亮，直至故障消失。

编写程序如图 5-12 所示，其中 M1.5 为 CPU 时钟存储器 MB1 的第 5 位，其时钟频率为 1 Hz。

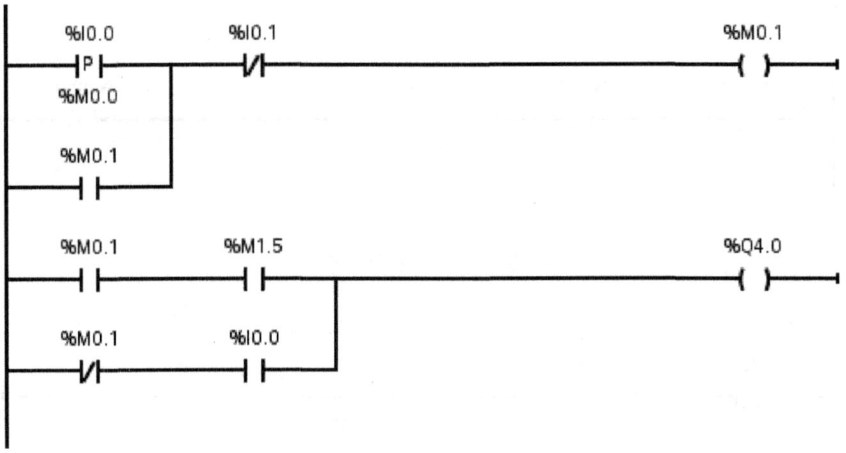

图 5-12 例 5-3 程序

5.1.2 定时器

S7-1200 PLC 提供了 IEC 定时器，见表 5-2。

表 5-2　S7-1200 PLC 的定时器

类　　型	描　　述	
TP	脉冲定时器可生成具有预设宽度时间的脉冲	
TON	接通延迟定时器输出 Q，在预设的延时过后设置为 ON	
TOF	关断延迟定时器输出 Q，在预设的延时过后重置为 OFF	
TONR	时间累加器输出 Q，在预设的延时过后设置为 ON	
（TP）	直接启动指令	启动脉冲定时器
（TON）		启动接通延时定时器
（TOF）		启动关断延时定时器
（TONR）		时间累加器
（RT）	复位定时器	
（PT）	加载持续时间	

使用 S7-1200 PLC 的定时器需要注意的是，每个定时器都使用一个存储在数据块中的结构来保存定时器数据，即 3.3.5 节所述系统数据类型。在程序编辑器中放置定时器指令时即可分配该数据块，可以采用默认设置，也可以手动自行设置。在功能块中放置定时器指令后，可以选择多重背景数据块选项，各数据结构的定时器结构名称可以不同。

1. 接通延迟定时器

接通延迟定时器如图 5-13a 所示，图 5-13b 为其时序图。图 5-13a 中，"%DB1" 表示定时器的背景数据块（此处只显示了绝对地址，因此背景数据块地址显示为 "%DB1"，也可设置显示符号地址），TON 表示接通延迟定时器，由图 5-13b 可得到其工作原理如下。

启动：当定时器的输入端 "IN" 端由 "0" 变为 "1" 时，定时器启动进行由 0 开始的加定时，到达预设值后，定时器停止计时且保持为预设值。只要输入端 IN=1，定时器就一直起作用。

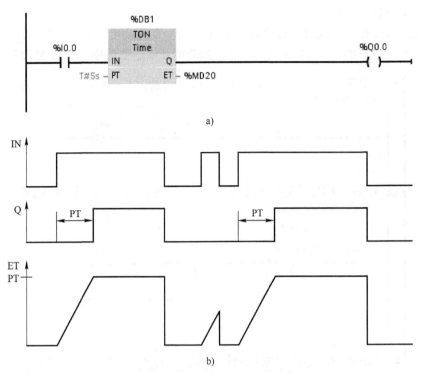

图 5-13　接通延迟定时器及其时序图

a）接通延迟定时器应用举例　b）时序图

预设值：在输入端"PT"端输入格式如"T#5s"的定时时间，表示定时时间为 5 s。TIME 数据使用 T# 标识符，可以采用简单时间单元"T#200ms"或复合时间单元"T#2s_200ms"的形式输入。

定时器的当前计时时间值可以在输出端"ET"输出。预设值时间 PT 和计时时间 ET 以表示毫秒时间的有符号双精度整数形式存储在存储器中。定时器的当前值不为负，若设置预设值为负，则定时器指令执行时将被设置为"0"。

输出：当定时器定时时间到，没有错误且输入端 IN = 1 时，输出端"Q"置位变为"1"。

如果在定时时间到达前输入端"IN"端从"1"变为"0"，则定时器停止运行，当前计时值为 0，此时输出端 Q = 0。若"IN"端又从"0"变为"1"，则定时器重新由 0 开始加定时。

打开定时器的背景数据块，可以看到其结构含义如图 5-14 所示，其他定时器的背景数据块也是类似，不再赘述。

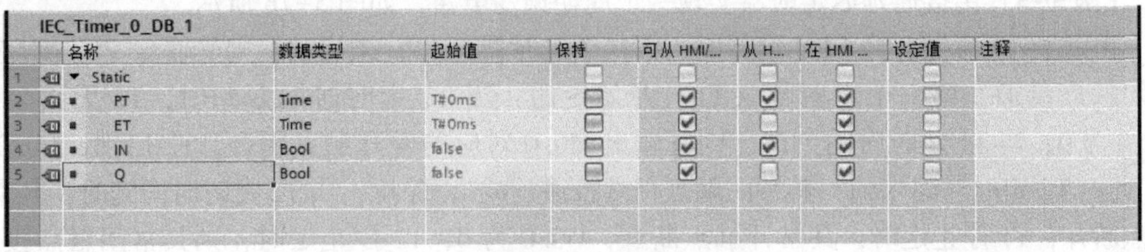

		名称	数据类型	起始值	保持	可从 HMI/...	从 H...	在 HMI...	设定值	注释
1		▼ Static								
2		PT	Time	T#0ms	☐	☑	☑	☑	☐	
3		ET	Time	T#0ms	☐	☑	☑	☑	☐	
4		IN	Bool	false	☐	☑	☑	☑	☐	
5		Q	Bool	false	☐	☑	☐	☑	☐	

IEC_Timer_0_DB_1

图 5-14　定时器的背景数据块结构

[**例5-4**] 按下瞬时起动按钮 I0.0, 延时 5 s 后电动机 Q4.0 起动, 按下瞬时停止按钮, 延时 10 s 后电动机 Q4.0 停止。

由于为瞬时按钮, 而接通延迟定时器要求 S 端一直为高电平, 故采用位存储区 M 作为中间变量, 编写程序如图 5-15 所示。注意: 起动电动机后要将中间变量 M 复位。

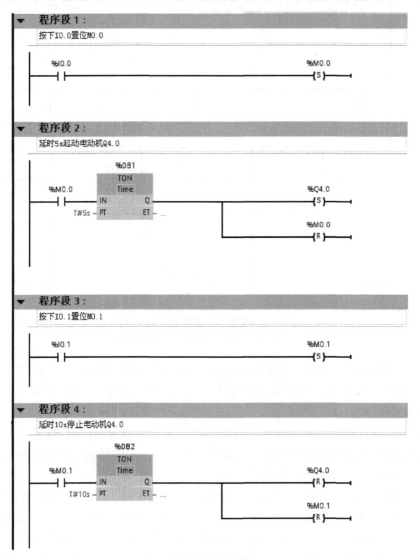

图 5-15 例 5-4 程序

[**例5-5**] 用接通延迟定时器实现一个周期振荡电路, 如图 5-16 所示。

由图 5-16 可知, 当 CPU 运行时, 第二个定时器 (T2) 未启动, 则其输出 M0.1 对应的常闭触点接通, 第一个定时器 (T1) 开始定时, 当 T1 定时时间未到时, T2 无法启动, Q0.0 为 0; 当 T1 定时时间到时, 则其输出 M0.0 对应的常开触点闭合, T2 启动, Q0.0 为 1, 此时 T2 定时时间未到, 其常闭触点仍然接通, 故 T1 保持; 当 T2 定时时间到时, 其常闭触点断开, T1 停止定时, 其常开触点断开, Q0.0 为 0, T2 停止定时, 则其常闭触点接通, T1 重新启动, 重复该过程。

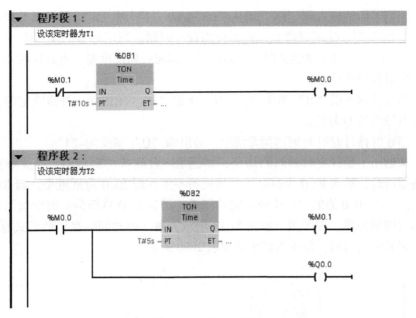

图 5-16　例 5-5 程序

2. 时间累加器

时间累加器如图 5-17a 所示，图 5-17b 为其时序图。图 5-17a 中，"%DB3"表示定时器的背景数据块，TONR 表示时间累加器，由图 5-17b 可得到其工作原理如下。

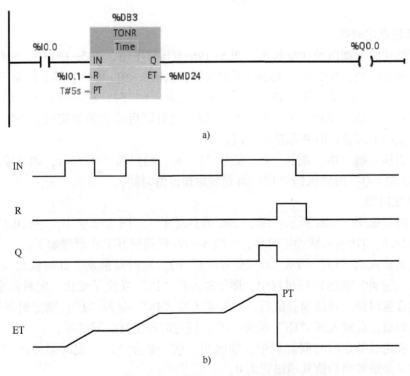

图 5-17　时间累加器及其时序图

a) 时间累加器应用举例　b) 时序图

启动：当定时器的输入端"IN"端从"0"变为"1"时，定时器启动开始加定时，当"IN"端变为"0"时，定时器停止工作保持当前计时值。当定时器的输入端"IN"端又从"0"变为"1"时，定时器继续计时，当前值继续增加；如此重复，直到定时器当前值达到预设值时，定时器停止计时。

复位：当复位输入端"R"端为"1"时，无论"IN"端如何，都清除定时器中的当前定时值，而且输出端Q复位。

输出：当定时器计时时间到达预设值时，输出端"Q"端变为"1"。

时间累加器用于累计定时时间的场合，如记录一台设备（制动器、开关等）运行的时间。当设备运行时，输入I0.0为高电平，当设备不工作时I0.0为低电平。当I0.0为高时，开始测量时间；当I0.0为低时，中断时间的测量，而当I0.0重新为高时继续测量，可知本例需要使用时间累加器。程序例子如图5-18所示，累计的时间以毫秒的形式存储在MD24中，此处不需要定时时间，故设为较大的数值2000天。

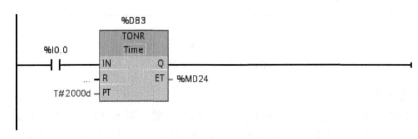

图5-18　程序例子

3. 关断延迟定时器

断开延迟定时器如图5-19a所示，图5-19b为其时序图。图5-19a中，"%DB4"表示定时器的背景数据块，TOF表示关断延迟定时器，由图5-19b可得到其工作原理如下。

启动：当定时器的输入端"IN"端从"0"变为"1"时，定时器尚未开始定时且当前定时值清零；当"IN"端由"1"变为"0"时，定时器启动开始加定时。当定时时间到达预设值时，定时器停止计时并保持当前值。

输出：当输入端"IN"端从"0"变为"1"时，输出端"Q"=1，如果输入端又变为"0"，则输出端"Q"继续保持"1"，直到到达预设值时间。

4. 脉冲定时器

脉冲定时器如图5-20a所示，图5-20b为其时序图。图5-20a中，"%DB1"表示定时器的背景数据块，TP表示脉冲定时器，由图5-20b可得到其工作原理如下。

启动：当输入端"IN"端从"0"变为"1"时，定时器启动，此时输出端"Q"端也置为"1"。在脉冲定时器定时过程中，即使输入端"IN"发生了变化，定时器也不受影响，直到到达预设值时间。到达预设值后，如果输入端"IN"端为"1"，则定时器停止定时且保持当前定时值；若输入端"IN"端为"0"，则定时器定时时间清零。

输出：在定时器定时时间过程中，输出端"Q"端为"1"，定时器停止定时，不论是保持当前值还是清零当前值其输出皆为0。

[例5-6]用脉冲定时器实现一个周期振荡电路，如图5-21所示。

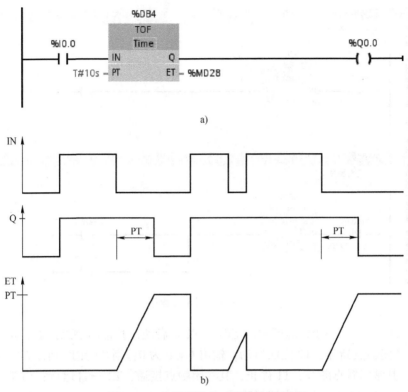

图 5-19　关断延迟定时器及其时序图

a) 关断延迟定时器应用举例　b) 时序图

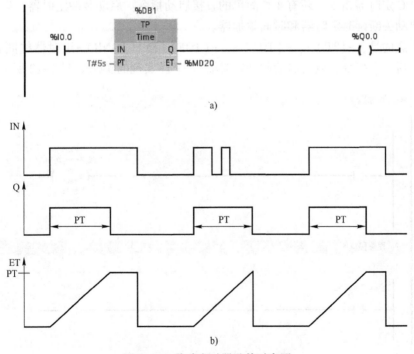

图 5-20　脉冲定时器及其时序图

a) 脉冲定时器应用举例　b) 时序图

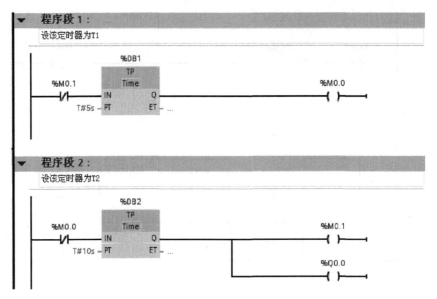

图 5-21 例 5-6 程序

由图 5-21 可知，当 CPU 运行时，定时器 T2 未启动，其常闭触点接通，定时器 T1 开始定时，则其常闭触点断开，T2 无法启动，输出 Q4.0 为 0；当 T1 定时到，其常闭触点接通，则 T2 启动，其常闭触点断开，T1 停止，其常闭触点接通，T2 一直运行；当 T2 定时到，其常闭触点接通，T1 启动，重复上述过程。

5. 定时器直接启动指令

对于 IEC 定时器指令，还有 4 种简单的直接启动指令：启动脉冲定时器、启动接通延时定时器、启动关断延时定时器和时间累加器。

需要注意的是，-(TP)-、-(TON)-、-(TOF)-和-(TONR)-定时器线圈必须是 LAD 网络中的最后一个指令。应用启动脉冲定时器-(TP)-实现的实例如图 5-22 所示。

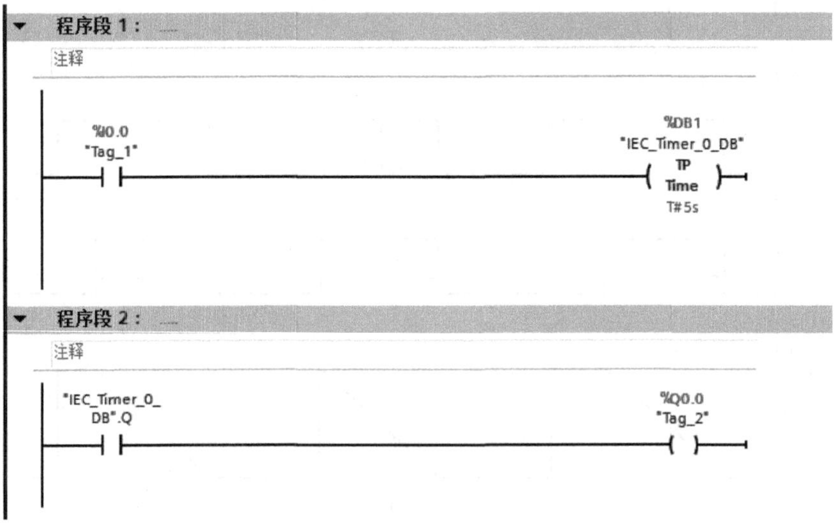

图 5-22 启动脉冲定时器

当 I0.0 的值由"0"转换为"1"时,脉冲定时器启动。定时器开始运行并持续 5 s。只要定时器运行,"IEC_Timer_0_DB".Q = 1 且"Q0.0"= 1。当经过定时时间 5 s 后,"IEC_Timer_0_DB".Q = 0 且"Q0.0"= 0。

6. 复位及加载持续时间指令

S7-1200 PLC 有专门的定时器复位指令 RT,如图 5-23 所示,"%DB2"为定时器的背景数据块,其功能为通过清除存储在指定定时器背景数据块中的时间数据来重置定时器。

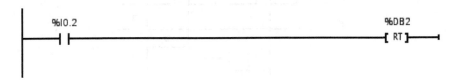

图 5-23　定时器复位指令 RT

可以使用"加载持续时间"指令为定时器设置时间。如果该指令输入逻辑运算结果(RLO)的信号状态为"1",则每个周期都执行该指令。该指令将指定时间写入指定定时器的结构中。如果在指令执行时指定定时器正在计时,指令将覆盖该指定定时器的当前值,从而改变定时器的状态。

5.1.3　计数器

STEP 7 中的计数器有 3 类:加计数器 CTU、减计数器 CTD 和加减计数器 CTUD。与定时器类似,使用 S7-1200 PLC 的计数器需要注意的是,每个定时器都使用一个存储在数据块中的结构来保存计数器数据,即 3.3.5 节所述系统数据类型。在程序编辑器中放置计数器指令时即可分配该数据块,可以采用默认设置,也可以手动自行设置。

使用计时器需要设置计数器的计数数据类型,计数值的数值范围取决于所选的数据类型。如果计数值是无符号整型数,则可以减计数到零或加计数到范围限值。如果计数值是有符号整数,则可以减计数到负整数限值或加计数到正整数限值。支持的数据类型包括 SInt、Int、DInt、USInt、UInt 及 UDInt 等。

1. 加计数器

加计数器如图 5-24a 所示,图 5-24b 为其时序图。图 5-24a 中,"%DB5"表示计数器的背景数据块,CTU 表示加计数器,图 5-24 中,计数值数据类型是无符号整数,预设值 PV = 3。由图 5-24b 可得到其工作原理如下。

输入参数 CU(Count Up)的值从 0 变为 1(上升沿)时,加计数器的当前计数值 CV 加 1。如果参数 CV(当前计数值)的值大于或等于参数 PV(预设计数值)的值,则计数器输出参数 Q = 1。如果复位参数 R 的值从 0 变为 1,则当前计数值复位为 0,输出 Q 也为 0。

打开计数器的背景数据块,可以看到其结构含义如图 5-25 所示,其他计数器的背景数据块也是类似,不再赘述。

2. 减计数器

减计数器如图 5-26a 所示,图 5-26b 为其时序图。图 5-26a 中,"%DB6"表示计数器的背景数据块,CTD 表示减计数器,图中,计数值数据类型是无符号整数,预设值 PV = 3。由图 5-26b 可得到其工作原理如下。

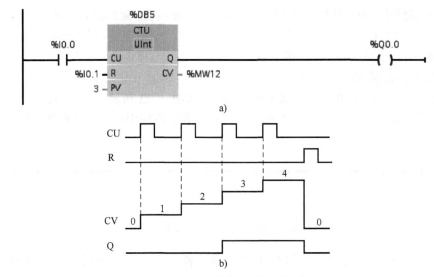

图 5-24　加计数器及其时序图

a）加计数器　b）时序图

保持实际值　快照　将快照值复制到起始值中　将起始值加载为实际值

IEC_Counter_0_DB

	名称	数据类型	起始值	保持	可从 HMI/...	从 H...	在 HMI ...	设定值	注释
1	▼ Static			☐	☐	☐	☐	☐	
2	▪ CU	Bool	false	☑	☑	☑	☑	☐	
3	▪ CD	Bool	false	☑	☑	☑	☑	☐	
4	▪ R	Bool	false	☑	☑	☑	☑	☐	
5	▪ LD	Bool	false	☑	☑	☑	☑	☐	
6	▪ QU	Bool	false	☑	☑	☑	☑	☐	
7	▪ QD	Bool	false	☑	☑	☑	☑	☐	
8	▪ PV	UInt	0	☑	☑	☑	☑	☐	
9	▪ CV	UInt	0	☑	☑	☑	☑	☐	

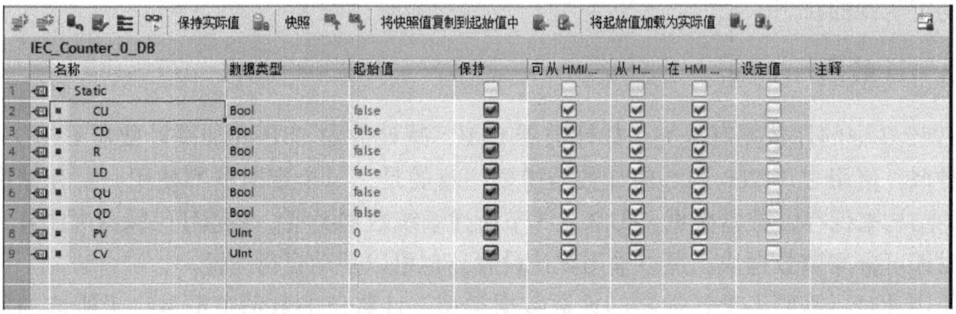

图 5-25　计数器的背景数据块结构含义

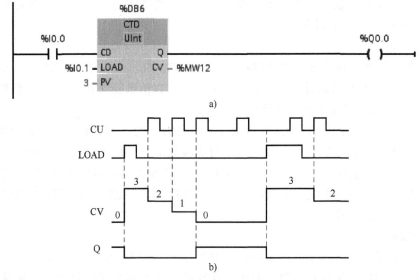

图 5-26　减计数器及其时序图

a）减计数器　b）时序图

输入参数 CD(Count Down)的值从 0 变为 1（上升沿）时，减计数器的当前计数值 CV 减1。如果参数 CV（当前计数值）的值等于或小于 0，则计数器输出参数 Q=1。如果参数 LOAD 的值从 0 变为 1（上升沿），则参数 PV（预设值）的值将作为新的 CV（当前计数值）装载到计数器。

3. 加减计数器

加减计数器如图 5-27a 所示，图 5-27b 为其时序图。图 5-27a 中，"%DB7" 表示计数器的背景数据块，CTUD 表示加减计数器，图中，计数值数据类型是无符号整数，预设值 PV=4。由图 5-27b 可得到其工作原理如下。

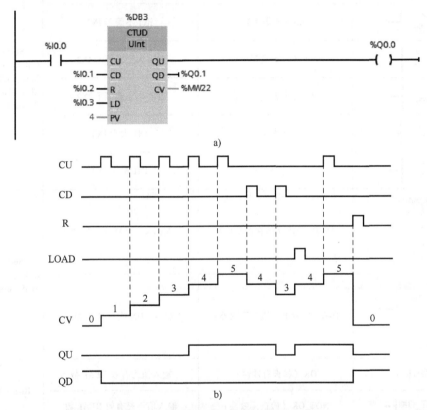

图 5-27　所示为加减计数器及其时序图
a）加减计数器　b）时序图

加计数或减计数输入的值从 0 跳变为 1 时，CTUD 会使当前计数值加 1 或减 1。如果参数 CV（当前计数值）的值大于或等于参数 PV（预设值）的值，则计数器输出参数 QU=1。如果参数 CV 的值小于或等于零，则计数器输出参数 QD=1。如果参数 LOAD 的值从 0 变为 1，则参数 PV（预设值）的值将作为新的 CV（当前计数值）装载到计数器。如果复位参数 R 的值从 0 变为 1，则当前计数值复位为 0。

需要注意的是，S7-1200 PLC 的计数器指令使用的是软件计数器，软件计数器的最大计数速率受其所在组织块的执行速率限制。计数器指令所在组织块的执行频率必须足够高，才能检测 CU 或 CD 输入端的所有信号，若需要更高频率的计数操作，需要使用高速计数 CTRL_HSC 指令，将在 9.2 节予以介绍。

5.1.4 比较指令

S7-1200 PLC 的比较指令见表 5-3。使用比较指令时可以通过单击指令从下拉菜单中选择比较的类型和数据类型。比较指令只能是两个相同数据类型的操作数进行比较。

表 5-3 比较指令

指　令	关系类型	满足以下条件时比较结果为真	支持的数据类型
─┤ == ???├─	=（等于）	IN1 等于 IN2	SInt、Int、DInt、USInt、UInt、UDInt、Real、LReal、String、Char、Time、DTL、Constant
─┤ <> ???├─	<>（不等于）	IN1 不等于 IN2	
─┤ >= ???├─	>=（大于或等于）	IN1 大于或等于 IN2	
─┤ <= ???├─	<=（小于或等于）	IN1 小于或等于 IN2	
─┤ > ???├─	>（大于）	IN1 大于 IN2	
─┤ < ???├─	<（小于）	IN1 小于 IN2	
IN_RANGE ??? / MIN / VAL / MAX	IN_RANGE（值在范围内）	MIN <= VAL <= MAX	SInt、Int、DInt、USInt、UInt、UDInt、Real、Constant
OUT_RANGE ??? / MIN / VAL / MAX	OUT_RANGE（值在范围外）	VAL < MIN 或 VAL > MAX	
─┤OK├─	OK（检查有效性）	输入值为有效 REAL 数	Real、LReal
─┤NOT_OK├─	NOT_OK（检查无效性）	输入值不是有效 REAL 数	

[**例 5-7**] 用比较指令和计数器指令编写开关灯程序，要求灯控按钮 I0.0 按下一次，灯 Q4.0 亮，按下两次，灯 Q4.0、Q4.1 全亮，按下三次灯全灭，如此循环。

编写程序如图 5-28 所示。

值在范围内指令 IN_RANGE 和值在范围外指令 OUT_RANGE 可测试输入值是在指定的值范围之内还是之外。如果比较结果为 TRUE，则其输出为真。输入参数 MIN、VAL 和 MAX 的数据类型必须相同。

[**例 5-8**] 在 HMI 设备上可以设定电动机的转速，设定值 MW20 的范围为 100~1440 r/min，若输入的设定值在此范围内，则延时 5 s 起动电动机 Q0.0，否则 Q0.1 长亮提示。

编写程序如图 5-29 所示。

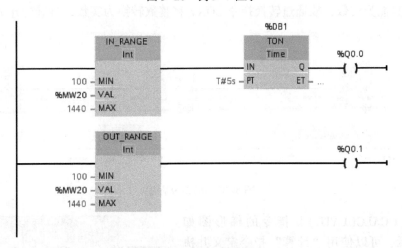

图 5-28　例 5-7 程序

图 5-29　例 5-8 程序 1

使用 OK 和 NOT_OK 指令可测试输入的数据是否为符合 IEEE 规范 754 的有效实数。图 5-30 中, 当 MD0 和 MD4 中为有效的浮点数时, 会激活"实数乘"(MUL)运算并置位输出, 即将 MD0 的值与 MD4 的值相乘, 结果存储在 MD10 中, 同时 Q4.0 输出为 1。

图 5-30　例 5-8 程序 2

5.1.5　数学指令

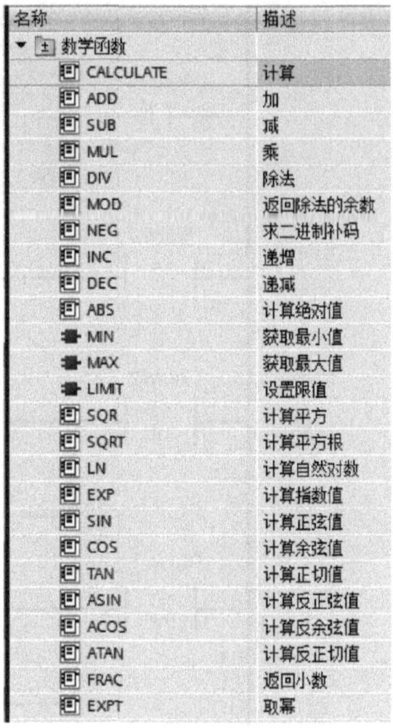

数学函数指令很多，如图 5-31 所示，主要包含加、减、乘、除、计算平方、计算平方根、计算自然对数、计算指数、计算三角函数及取幂等运算类指令，以及返回除法的余数、返回小数求二进制补码、递增、递减、计算绝对值、获取最值及设置限值等其他数学函数指令。

使用数学指令时，可以通过单击指令从下拉菜单中选择运算类型和数据类型。数学指令的输入/输出参数的数据类型要一致。

[**例 5-9**] 编程实现公式：$c = \sqrt{a^2 + b^2}$，其中 a 为整数，存储在 MW0 中；b 为整数，存储在 MW2 中；c 为实数，存储在 MD16 中。

程序如图 5-32 所示，第 1 段程序中计算了 "a *

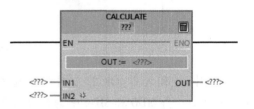

图 5-31　数学函数指令

2+b * 2"，结果为整数存在 MW8 中。由于求平方根指令的操作数只能为实数，故通过转换指令 CONV 将整数转换为实数，再进行开平方根。

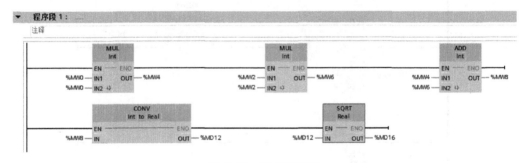

图 5-32　例 5-9 程序

"计算（CALCULATE）"指令的梯形图如图 5-33 所示，可以使用"计算"指令定义并执行表达式，根据所选数据类型计算数学运算或复杂逻辑运算。

可以从"计算"指令框内"CALCULATE"指令名称下方的"< ??? >"下拉列表中选择该指令的数据类型。根据所选数据类型，可以组合特定指令的功能，依据表达式执行复杂计算。

图 5-33　"计算 CALCULATE"
指令的梯形图

在初始状态下，指令包含两个输入（IN1 和 IN2），单击指令框左下角的，可以自动添加输入。

单击计算器图标可打开对话框，如图 5-34 所示，在"OUT：="处定义数学函数。表达式中可以包含输入参数的名称和允许使用的指令，但不允许指定操作数的名称或操作数的地址。单击"确定"保存函数时，对话框会自动生成 CALCULATE 指令。

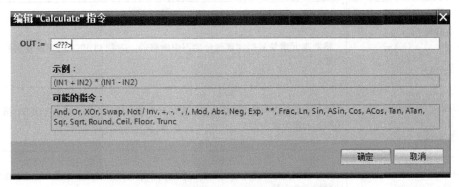

图 5-34　编辑 CALCULATE 指令对话框

例如，将自动灌装生产线上未成功灌装的瓶子数量（成品数量和空瓶数量的差值）视为废品，则应用 CALCULATE 指令计算灌装废品率的程序段如图 5-35 所示。其中，灌装废品数量存储在 MW44 中，灌装废品率（单位为%）存储在 MD46 中。

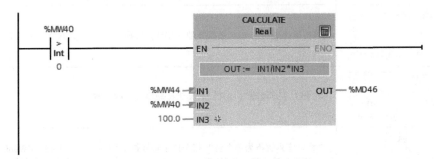

图 5-35　统计灌装废品率

5.1.6　移动指令

使用移动指令将数据元素复制到新的存储器地址，并从一种数据类型转换为另一种数据类型。移动过程不会更改源数据。S7-1200 PLC 的移动指令见表 5-4。

表 5-4　移动指令

指　　令	功　　能
MOVE EN　　ENO IN　　OUT1	将存储在指定地址的数据元素复制到新地址
MOVE_BLK EN　　ENO IN　　OUT COUNT	将数据元素块复制到新地址的可中断移动，参数 COUNT 指定要复制的数据元素个数
MOVE_BLK_VARIANT EN　　ENO SRC　　Ret_Val COUNT　　DEST SRC_INDEX DEST_INDEX	将源存储区域的内容移动到目标存储区域 可以将一个完整的数组或数组中的元素复制到另一个具有相同数据类型的数组中。源数组和目标数组的大小（元素数量）可以不同。可以复制数组中的多个或单个元素。源数组和目标数组都可以用 Variant 数据类型来指代

指　　令	功　　能
UMOVE_BLK EN　ENO IN　OUT COUNT	将数据元素块复制到新地址的不中断移动，参数 COUNT 指定要复制的数据元素个数
FILL_BLK EN　ENO IN　OUT COUNT	可中断填充指令使用指定数据元素的副本填充地址范围，参数 COUNT 指定要填充的数据元素个数
UFILL_BLK EN　ENO IN　OUT COUNT	不中断填充指令使用指定数据元素的副本填充地址范围，参数 COUNT 指定要填充的数据元素个数
SWAP ??? EN　ENO IN　OUT	用于调换两字节和四字节数据元素的字节顺序，但不改变每个字节中的位顺序，需要指定数据类型
Deserialize EN　ENO SRC_ARRAY　Ret_Val POS　DEST_VARIABLE	将按顺序表达的 PLC 数据类型（UDT）转换回 PLC 数据类型，并填充整个内容
Serialize EN　ENO SRC_VARIABLE　Ret_Val POS　DEST_ARRAY	将 PLC 数据类型（UDT）转换为按顺序表达的版本
SCATTER ??? EN　ENO IN　OUT	"将位序列解析为单个位"指令用于将数据类型为 Byte、Word、DWord 或 LWord 的变量解析为单个位，并保存在 Array of Bool、匿名 Struct 或仅包含有布尔型元素的 PLC 数据类型中
SCATTER_BLK ???　count: ??? EN　ENO IN　OUT COUNT_IN	"将位序列 Array 的元素解析为单个位"指令用于将 Byte、Word、DWord 或 LWord 数据类型的 Array 分解为单个位，并保存在元素类型仅为布尔型的 Array of Bool、匿名 Struct 或 PLC 数据类型中。在 COUNT_IN 参数中，可指定待解析源 Array 中的元素数目。IN 参数中源 Array 的元素数量可能多于 COUNT_IN 参数中的指定数量。要保存所解析位序列的各个位，Array of Bool、匿名 Struct 或 PLC 数据类型中必须包含足够的元素数量
GATHER ??? EN　ENO IN　OUT	"将各个位组合为位序列"指令用于将仅包含布尔型元素的 Array of Bool、匿名 Struct 或 PLC 数据类型中的各个位组合为一个位序列。位序列保存在数据类型为 Byte、Word、DWord 或 LWord 的变量中
GATHER_BLK ???　count: ??? EN　ENO IN　OUT COUNT_OUT	"将各个位组合为 Array of <位序列>的多个元素"指令用于将仅包含布尔型元素的 Array of Bool、匿名 Struct 或 PLC 数据类型中的各个位组合为 Array of <位序列>中的一个或多个元素。可以在 COUNT_OUT 参数中指定要写入的目标 Array 元素数量。在此步中，还可隐式指定 Array of Bool、匿名 Struct 或 PLC 数据类型中所需的元素数量。OUT 参数中目标 Array 的元素数量可能多于 COUNT_OUT 参数中的指定数量。要保存待组合的各个位，Array of <位序列>中必须包含足够的元素数目。但目标 Array 可能更大
LOWER_BOUND EN　ENO ARR　OUT DIM	LOWER_BOUND（读取 Array 下限）指令允许读取 Array 的变量下限

指　　令	功　　能
UPPER_BOUND EN　　ENO ARR　　OUT DIM	UPPER_BOUND（读取 Array 上限）指令允许读取 Array 的变量上限
VariantGet EN　　ENO SRC　　DST	读取 SRC 参数的 Variant 指向的变量值，并将其写入 DST 参数的变量。SRC 参数具有 Variant 数据类型。可以在 DST 参数上指定除 Variant 外的任何数据类型 DST 参数变量的数据类型必须与 Variant 指向的数据类型相匹配
VariantPut EN　　ENO SRC DST	将 SRC 参数的变量值写入 Variant 所指向的 DST 参数存储区中。DST 参数具有 Variant 数据类型。可以在 SRC 参数上指定除 Variant 外的任何数据类型。SRC 参数变量的数据类型必须与 Variant 指向的数据类型相匹配
CountOfElements EN　　ENO IN　　RET_VAL	查询 Variant 指针所包含的 Array 元素数量。如果是一维 Array，则输出 Array 元素的个数。如果是多维 Array 则输出所有维的数量

对于数据复制操作有以下规则。

1）要复制 Bool 型数据，应使用 SET_BF、RESET_BF、R、S 或输出线圈指令。

2）要复制单个基本数据类型、结构或字符串中的单个字符，使用 MOVE 指令。

3）要复制基本数据类型数组，使用 MOVE_BLK 或 UMOVE_BLK 指令。

4）要复制字符串，使用 S_CONV 指令。

5）MOVE_BLK 和 UMOVE_BLK 指令不能用于将数组或结构复制到 I、Q 或 M 存储区。

另外需要注意，MOVE_BLK 和 UMOVE_BLK 指令在处理中断的方式上有所不同。

MOVE_BLK 指令执行期间排队并处理中断事件。在中断组织块中未使用移动目标地址的数据时，或者虽然使用了该数据，但目标数据不必一致时，使用 MOVE_BLK 指令。如果 MOVE_BLK 操作被中断，则最后移动的一个数据元素在目标地址中是完整并且一致的。MOVE_BLK 操作会在中断组织块执行完成后继续执行。

UMOVE_BLK 指令完成执行前排队但不处理中断事件。如果在执行中断组织块前移动操作必须完成且目标数据必须一致，则使用 UMOVE_BLK 指令。

对于数据填充操作有以下规则。

1）要使用 Bool 数据类型填充，使用 SET_BF、RESET_BF、R、S 或输出线圈指令。

2）要使用单个基本数据类型填充或在字符串中填充单个字符，使用 MOVE 指令。

3）要使用基本数据类型填充数组，使用 FILL_BLK 或 UFILL_BLK。

4）FILL_BLK 和 UFILL_BLK 指令不能用于将数组填充到 I、Q 或 M 存储区。

另外需要注意，FILL_BLK 和 UFILL_BLK 指令在处理中断的方式上有所不同。

FILL_BLK 指令执行期间排队并处理中断事件。在中断组织块未使用移动目标地址的数据时，或者虽然使用了该数据，但目标数据不必一致时，使用 FILL_BLK 指令。

UFILL_BLK 指令完成执行前排队但不处理中断事件。如果在执行中断组织块子程序前移动操作必须完成且目标数据必须一致，则使用 UFILL_BLK 指令。

5.1.7　转换指令

S7-1200 PLC 的转换指令包括转换指令、取整和截尾指令、向上取整和向下取整指令以及缩放和标准化指令，见表 5-5。

表 5-5　转换指令

指　令	名　称	指　令	名　称
CONV ??? to ??? — EN　ENO— — IN　OUT—	转换	FLOOR Real to ??? — EN　ENO— — IN　OUT—	浮点数向下取整
ROUND Real to ??? — EN　ENO— — IN　OUT—	取整	TRUNC Real to ??? — EN　ENO— — IN　OUT—	截尾取整
CEIL Real to ??? — EN　ENO— — IN　OUT—	浮点数向上取整	SCALE_X Real to ??? — EN　ENO— — MIN　OUT— — VALUE — MAX	缩放
		NORM_X ??? to Real — EN　ENO— — MIN　OUT— — VALUE — MAX	标准化

1. 转换指令

转换指令将数据从一种数据类型转换为另一种数据类型。使用时单击指令"问号"位置，可以从下拉列表中选择输入数据类型和输出数据类型。

转换指令支持的数据类型包括整型、双整型、实型、无符号短整型、无符号整型、无符号双整型、短整型、长实型、字、双字、字节、Bcd16 及 Bcd32 等。

如图 5-32 所示例子即使用了转换指令。

2. 取整和截尾取整指令

取整指令用于将实数转换为整数。实数的小数部分舍入为最接近的整数值。如果实数刚好是两个连续整数的一半，则实数舍入为偶数。如 ROUND(10.5)= 10 或 ROUND(11.5)= 12。

截尾取整指令用于将实数转换为整数，实数的小数部分被截成零。

3. 向上取整和向下取整指令

向上取整指令用于将实数转换为大于或等于该实数的最小整数。

向下取整指令用于将实数转换为小于或等于该实数的最大整数。

4. 缩放和标准化指令

缩放指令用于按参数 MIN 和 MAX 所指定的数据类型和值范围对标准化的实参数 VALUE 进行标定，OUT=VALUE * (MAX−MIN)+MIN，其中，0.0 <= VALUE <= 1.0。

对于缩放指令，参数 MIN、MAX 和 OUT 的数据类型必须相同。

标准化指令用于标准化通过参数 MIN 和 MAX 指定的值范围内的参数 VALUE，OUT=(VALUE−MIN)/(MAX−MIN)，其中，0.0 <= OUT <= 1.0。

对于标准化指令，参数 MIN、VALUE 和 MAX 的数据类型必须相同。

[**例 5-10**] S7-1200 PLC 的模拟量输入 IW64 为温度信号，0~100℃ 对应 0~10 V 电压，对应于 PLC 内部 0~27648 的数，求 IW64 对应的实际整数温度值。

根据上述对应关系，得到公式：$T = \dfrac{IW64 - 0}{27648 - 0} \times (100 - 0) + 0$。程序如图 5-36 所示。

图 5-36　例 5-10 程序

5.1.8　程序控制指令

程序控制指令用于有条件地控制执行顺序，主要包括跳转类指令，以及测量程序运行时间、设置等待时间、重置循环周期监视时间和关闭目标系统等运行控制类指令。程序控制指令集如图 5-37 所示。

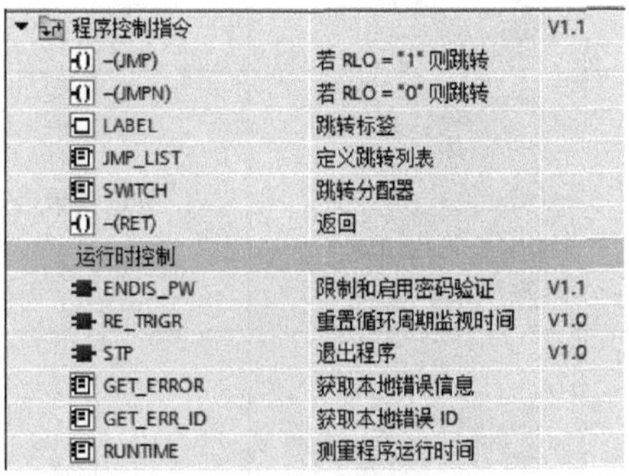

其中，跳转类指令的梯形图和功能描述见表 5-6。

图 5-37　程序控制指令集

表 5-6　跳转类指令的梯形图和功能描述

指　　令	功　　能
—[JMP]—	如果有能流通过该指令线圈，则程序将从指定标签后的第一条指令继续执行
—[JMPN]—	如果没有能流通过该指令线圈，则程序将从指定标签后的第一条指令继续执行
 <???>	LABEL 指令，JMP 或 JMPN 跳转指令的目标标签
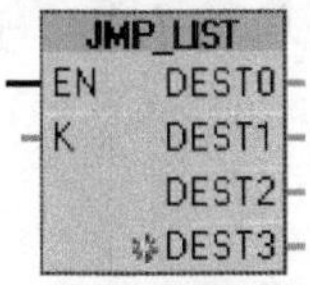 JMP_LIST	用作程序跳转分配器，与 LABEL 指令配合使用。根据 K 的值跳转到相应的程序标签。在指令的输出中，只能指定跳转标签，不能指定指令或操作数。当 EN 为 "1" 时，执行该指令，程序将跳转到由 K 参数指定的输出编号所对应的目标程序段开始执行。如果 K 参数值大于可用的输出编号，则顺序执行程序
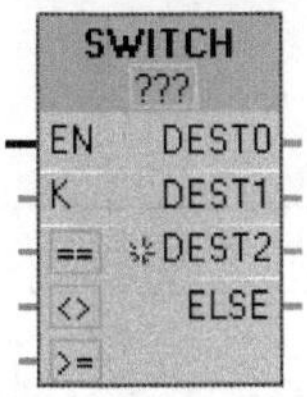 SWITCH	用作程序跳转分配器，与 LABEL 指令配合使用。可以在指令框中为每个输入指定比较类型，为每个输出指定跳转标签，在参数 K 中输入要比较的值。将该值与各个输入依次比较，根据比较结果，跳转到与第一个为 "真" 的结果对应的输出的程序标签。如果比较结果都不为 TRUE，则跳转到分配给 ELSE 的标签。程序从目标跳转标签后面的程序指令继续执行
—[RET]—	用于终止当前块的执行

115

5.1.9 字逻辑运算指令

字逻辑运算指令见表5-7。字逻辑指令需要选择数据类型。

表 5-7 字逻辑运算指令

指　　令	名　　称	指　　令	名　　称
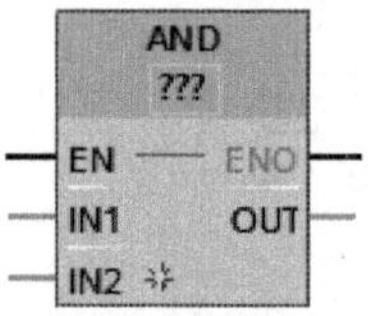 AND ??? EN — ENO IN1　OUT IN2 ✵	与逻辑运算	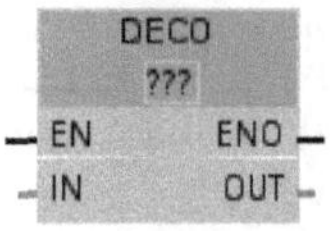 DECO ??? EN　ENO IN　OUT	解码
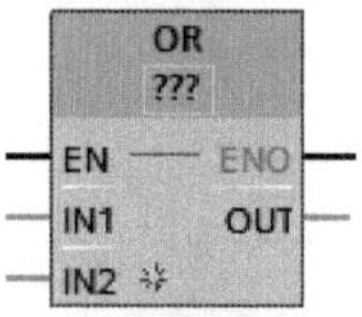 OR ??? EN — ENO IN1　OUT IN2 ✵	或逻辑运算	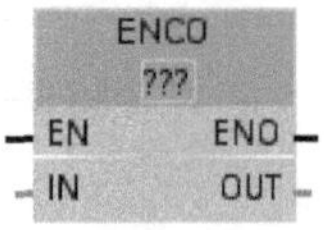 ENCO ??? EN　ENO IN　OUT	编码
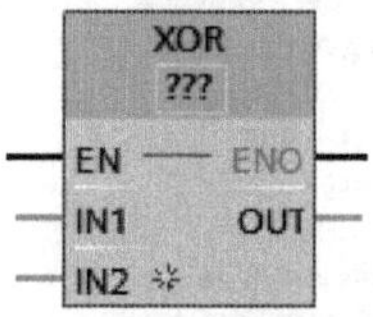 XOR ??? EN — ENO IN1　OUT IN2 ✵	异或逻辑运算	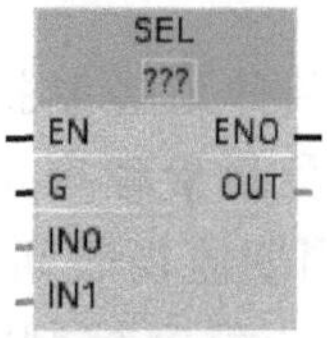 SEL ??? EN　ENO G　OUT IN0 IN1	选择
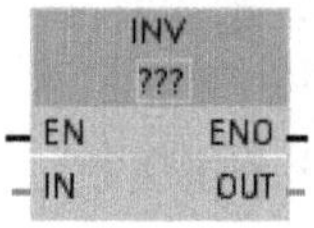 INV ??? EN　ENO IN　OUT	反码	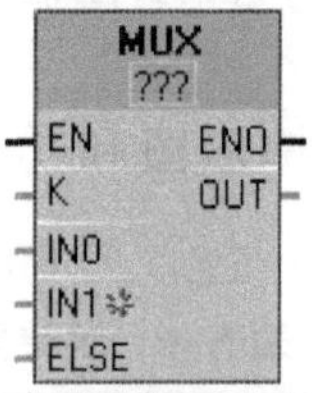 MUX ??? EN　ENO K　OUT IN0 IN1✵ ELSE	多路复用
		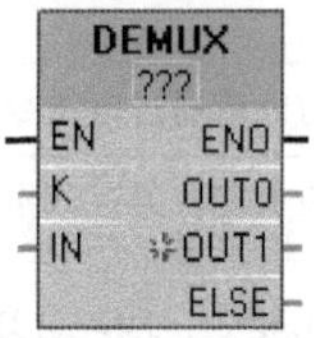 DEMUX ??? EN　ENO K　OUT0 IN　✵OUT1 ELSE	多路分用

对于 MUX 指令，可以通过在程序中一个现有 IN 参数的输入短线处单击右键，选择"插入输入"或"删除"命令，添加和删除输入参数。

5.1.10 移位和循环指令

移位和循环指令见表5-8。移位和循环指令需要选择数据类型。

表 5-8 移位和循环指令

指　　令	功　　能
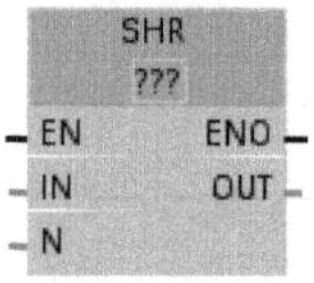 SHR ??? EN　ENO IN　OUT N	将参数 IN 的位序列右移 N 位，结果送给参数 OUT

指　　令	功　　能
SHL ??? EN ENO IN OUT N	将参数 IN 的位序列左移 N 位，结果送给参数 OUT
ROR ??? EN ENO IN OUT N	将参数 IN 的位序列循环右移 N 位，结果送给参数 OUT
ROL ??? EN ENO IN OUT N	将参数 IN 的位序列循环左移 N 位，结果送给参数 OUT

对于移位指令，需要注意以下几点。

1）N=0 时，不进行移位，直接将 IN 值分配给 OUT。

2）用 0 填充移位操作清空的位。

3）如果要移位的位数（N）超过目标值中的位数（Byte 为 8 位、Word 为 16 位、DWord 为 32 位），则所有原始位值将被移出并用 0 代替，即将 0 分配给 OUT。

对于循环指令，需要注意以下几点。

1）N=0 时，不进行循环移位，直接将 IN 值分配给 OUT。

2）从目标值一侧循环移出的位数据将循环移位到目标值的另一侧，因此原始位值不会丢失。

3）如果要循环移位的位数（N）超过目标值中的位数（Byte 为 8 位、Word 为 16 位、DWord 为 32 位），仍将执行循环移位。

[例 5-11] 通过循环指令实现彩灯控制。

编写程序如图 5-38 所示，其中 I0.0 为控制开关，M1.5 为周期为 1s 的时钟存储器位，实现的功能为当按下 I0.0 时，QD4 中为 1 的输出位每秒钟向左移动 1 位。第 1 段程序的功能是赋初值，即将 QD4 中的 Q7.0 置位，第 2 段程序的功能是每秒钟 QD4 循环左移一位。

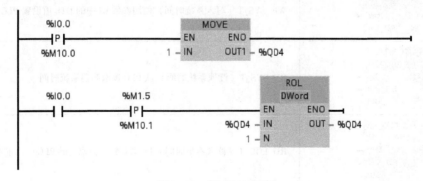

图 5-38　例 5-11 程序

5.2 扩展指令

S7-1200 PLC 的扩展指令包括日期和时间指令、字符串和字符指令、分布式 I/O、PROFIenergy、中断、报警、诊断指令、脉冲指令、配方和数据记录以及数据块控制和寻址指令。

5.2.1 日期和时间指令

日期和时间指令用于日期和时间计算，见表 5-9。

表 5-9 日期和时间指令

指　　令	功　　能
T_CONV ??? to ??? EN ENO IN OUT	用于转换时间值的数据类型：（Time 转换为 DInt）或（DInt 转换为 Time）
T_ADD ??? PLUS Time EN ENO IN1 OUT IN2	将输入 IN1 的值（DTL 或 Time 数据类型）与输入 IN2 的 Time 值相加。参数 OUT 提供 DTL 或 Time 值结果。允许以下两种数据类型的运算 ● Time+Time=Time ● DTL+Time=DTL
T_SUB ??? MINUS Time EN ENO IN1 OUT IN2	从 IN1（DTL 或 Time 值）中减去 IN2 的 Time 值。参数 OUT 以 DTL 或 Time 数据类型提供差值。可进行以下两种数据类型操作 ● Time-Time=Time ● DTL-Time=DTL
T_DIFF ??? TO ??? EN ENO IN1 OUT IN2	从 IN1 中减去 IN2 的值，从 OUT 中输出
T_COMBINE Time_Of_Day TO DTL EN ENO IN1 OUT IN2	将 Date 值和 Time_of_Day 值组合在一起生成 DTL 值
WR_SYS_T DTL EN ENO IN RET_VAL	WR_SYS_T（写入系统时间）使用参数 IN 中的 DTL 值设置 PLC 日时钟
RD_SYS_T DTL EN ENO RET_VAL OUT	RD_SYS_T（读取系统时间）从 PLC 读取当前系统时间
RD_LOC_T DTL EN ENO RET_VAL OUT	RD_LOC_T（读取本地时间）以 DTL 数据类型提供 PLC 的当前本地时间

指　令	功　能
 WR_LOC_T DTL EN　　　ENO LOCTIME　Ret_Val DST	WR_LOC_T（写入本地时间）设置 CPU 时钟的日期与时间。以 DTL 数据类型在 LOCTIME 中将日期和时间信息指定为本地时间
SET_TIMEZONE EN　　　ENO REQ　　　DONE TimeZone　BUSY 　　　　ERROR 　　　　STATUS	设置本地时区和夏令时参数，以用于将 CPU 系统时间转换为本地时间
RTM EN　　　ENO NR　　RET_VAL MODE　　CQ PV　　　CV	RTM（运行时间计时器）指令可以设置、启动、停止和读取 CPU 中的运行时间小时计时器

5.2.2　字符串和字符指令

字符串转换指令中，可以使用表 5-10 所示指令将数字字符串转换为数值或将数值转换为数字字符串。

表 5-10　字符串转换指令

指　令	功　能
S_MOVE EN　　　ENO IN　　　OUT	将源 IN 字符串复制到 OUT 位置。S_MOVE 的执行并不影响源字符串的内容
S_CONV ??? to ??? EN　　　ENO IN　　　OUT	将字符串转换成相应的值或将值转换成相应的字符串
STRG_VAL String to ??? EN　　　ENO IN　　　OUT FORMAT P	将数字字符串转换为相应的整型或浮点型表示法
VAL_STRG ??? TO ??? EN　　　ENO IN　　　OUT SIZE PREC FORMAT P	将整数值、无符号整数值或浮点值转换为相应的字符串

指　　令	功　　能
Strg_TO_Chars ??? EN　　ENO Strg　　Cnt pChars Chars	将整个输入字符串 Strg 复制到 IN_OUT 参数 Chars 的字符数组中。该操作会从 pChars 参数指定的数组元素编号开始覆盖字节，结束分隔符不会被写入
Chars_TO_Strg ??? EN　　ENO Chars　　Strg pChars Cnt	将字符数组的全部或一部分复制到字符串
ATH Int EN　　ENO IN　　RET_VAL N　　OUT	将 ASCII 字符转换为压缩的十六进制数字
HTA EN　　ENO IN　　RET_VAL N　　OUT	将压缩的十六进制数字转换为相应的 ASCII 字符字节

1. S_CONV 指令

使用 S_CONV 指令可以将字符串转换成相应的值，或将值转换成相应的字符串。S_CONV 指令没有输出格式选项。因此，S_CONV 指令比 STRG_VAL 指令和 VAL_STRG 指令更简单，可实现以下转换。

（1）字符串（String）转换为数字值

字符串转换为数字值的数据类型见表 5-11。

表 5-11　字符串转换为数字值的数据类型

参数和类型		数　据　类　型	说　　明
IN	IN	String，WString	输入字符串
OUT	OUT	String，WString，Char，WChar，SInt，Int，DInt，USInt，UInt，UDInt，Real，LReal	输出数值

在输入 IN 中指定的字符串的所有字符都将进行转换。允许的字符为数字 0~9、小数点以及加号和减号。字符串的第一个字符可以是有效数字或符号。前导空格和指数表示将被忽略。无效字符可能会中断字符转换，此时，使能输出 ENO 将被设置为"0"。可以通过选择输出 OUT 的数据类型来决定转换的输出格式。

（2）数字值转换为字符串（String）

数字值转换为字符串的数据类型见表 5-12。

表 5-12　数字值转换为字符串的数据类型

参数和类型		数　据　类　型	说　　明
IN	IN	String，WString，Char，WChar，SInt，Int，DInt，USInt，UInt，UDInt，Real，LReal	输入数值
OUT	OUT	String，WString	输出字符串

通过选择输入 IN 的数据类型来决定要转换的数字值格式。必须在输出 OUT 中指定一个有效的 String 数据类型的变量。转换后的字符串长度取决于输入 IN 的值。由于第一个字节包含字符串的最大长度，第二个字节包含字符串的实际长度，因此转换的结果从字符串的第三个字节开始存储。输出正数字值时不带符号。

（3）复制字符串

如果在指令的输入和输出均输入 String 数据类型，则输入 IN 的字符串将被复制到输出 OUT。如果输入 IN 字符串的实际长度超出输出 OUT 字符串的最大长度，则将复制 IN 字符串中完全适合 OUT 的字符串的那部分，并且使能输出 ENO 将被设置为"0"。

2. STRG_VAL 指令

STRG_VAL（字符串到值）指令将数字字符串转换为相应的整型或浮点型表示法。转换从字符串 IN 中的字符偏移量 P 位置开始，并一直进行到字符串的结尾，或者一直进行到遇到第一个不是"+""-"".""，""e""E"或"0"～"9"的字符为止，结果放置在参数 OUT 中指定的位置；同时，还将返回参数 P 作为原始字符串中转换终止位置的偏移量计数。必须在执行前将 String 数据初始化为存储器中的有效字符串。无效字符可能会中断转换。

STRG_VAL 指令的 FORMAT 参数格式见表 5-13。未使用的位必须设置为零。

表 5-13　STRG_VAL 指令的 FORMAT 参数格式

位 16								位 8	位 7							位 0
0	0	0	0	0	0	0	0	0	0	0	0	0	0	0	f	r

注：f=表示法格式，1=指数表示法；0=小数表示法。
　　r=小数点格式，1="，"（逗号字符）；0="."（周期字符）。

使用参数 FORMAT 可指定要如何解释字符串中的字符，其含义见表 5-14，注意只能为参数 FORMAT 指定 USInt 数据类型的变量。

表 5-14　参数 FORMAT 的可能值及其含义

值（W#16#....）	表 示 法	小数点表示法
0000	小数	"."
0001		"，"
0002	指数	"."
0003		"，"
0004～FFFF	无效值	

3. VAL_STRG 指令

VAL_STRG（值到字符串）将整数值、无符号整数值或浮点值转换为相应的字符串表示法。参数 IN 表示的值将被转换为参数 OUT 所引用的字符串。在执行转换前，参数 OUT 必须为有效字符串。

转换后的字符串将从字符偏移量计数 P 位置开始替换 OUT 字符串中的字符，一直到参数 SIZE 指定的字符数。SIZE 中的字符数必须在 OUT 字符串长度范围内（从字符位置 P 开始计数）。该指令对于将数字字符嵌入文本字符串中很有用。例如，可以将数字"120"放入字符串"Pumppressure＝120psi"中。

参数 PREC 用于指定字符串中小数部分的精度或位数。如果参数 IN 的值为整数，则 PREC 指定小数点的位置。例如，如果数据值为 123 而 PREC=1，则结果为 "12.3"。

对于 Real 数据类型支持的最大精度为 7 位。

如果参数 P 大于 OUT 字符串的当前大小，则会添加空格，一直到位置 P，并将该结果附加到字符串末尾。如果达到了最大 OUT 字符串长度，则转换结束。

VAL_STRG 指令的 FORMAT 参数格式见表 5-15。未使用的位必须设置为零。

表 5-15 VAL_STRG 指令的 FORMAT 参数格式

位 16							位 8	位 7								位 0
0	0	0	0	0	0	0	0	0	0	0	0	0	0	s	f	r

注：s=数字符号字符，1=使用符号字符 "+" 和 "-"；0=仅使用符号字符 "-"。
f=表示法格式，1=指数表示法；0=小数表示法。
r=小数点格式，1= "," （逗号字符）；0= "." （周期字符）。

表 5-16 列出了参数 FORMAT 的可能值及其含义。

表 5-16 参数 FORMAT 的可能值及其含义

值（W#16#....）	表 示 法	符 号	小数点表示法
0000	小数	"-"	"."
0001			","
0002	指数		"."
0003			","
0004	小数	"+" 和 "-"	"."
0005			","
0006	指数		"."
0007			","
0008~FFFF	无效值		

字符串操作指令见表 5-17。

表 5-17 字符串操作指令

指 令	功 能
LEN String EN ENO IN OUT	获取字符串长度
CONCAT String EN ENO IN1 OUT IN2	合并两个字符串
LEFT String EN ENO IN OUT L	获取字符串的左侧子串

指　令	功　能
RIGHT String EN　　ENO IN　　OUT L	获取字符串的右侧子串
MID String EN　　ENO IN　　OUT L P	获取字符串的中间子串
DELETE String EN　　ENO IN　　OUT L P	删除字符串的子串
INSERT String EN　　ENO IN1　　OUT IN2 P	在字符串中插入子串
REPLACE String EN　　ENO IN1　　OUT IN2 L P	替换字符串中的子串
FIND String EN　　ENO IN1　　OUT IN2	查找字符串中的子串或字符

运行信息指令见表 5-18。

表 5-18　运行信息指令

指　令	功　能
GetSymbolName EN　　ENO variable　　OUT size	返回对应来自块接口的变量名称的字符串
GetSymbolPath EN　　ENO variable　　OUT size	读取块（FB 或 FC）本地接口处输入参数的复合全局名称。此名称包含存储路径与变量名

指　令	功　能
GetInstanceName EN　　　　ENO size　　　　OUT	在函数块中读取背景数据块的名称
GetInstancePath EN　　　　ENO size　　　　OUT	在函数块中读取块实例的组合全局名称
GetBlockName EN　　　　ENO SIZE　　　RET_VAL	读取在其中调用的块的名称

5.2.3　分布式 I/O

可对 PROFINET、PROFIBUS 或 AS-i 使用以下分布式 I/O 指令，其中，DP&PROFINET 指令见表 5-19。

表 5-19　DP&PROFINET 指令

指　令	功　能
RDREC Variant EN　　　　ENO REQ　　　VALID ID　　　　BUSY INDEX　　ERROR MLEN　　STATUS RECORD　　LEN	从通过 ID 寻址的组件，如中央机架或分布式组件（PROFIBUS-DP 或 PROFINET I/O）读取编号为 INDEX 的数据记录。在 MLEN 中分配要读取的最大字节数。目标区域 RECORD 的选定长度至少应该为 MLEN 个字节
WRREC UInt to DInt EN　　　　ENO REQ　　　DONE ID　　　　BUSY INDEX　　ERROR LEN　　　STATUS RECORD	将记录号为 INDEX 的数据 RECORD 传送到通过 ID 寻址的 DP 从站/PROFINET I/O 设备组件，如中央机架上的模块或分布式组件（PROFIBUS-DP 或 PROFINET I/O），分配要传送的数据记录的字节长度。因此，源区域 RECORD 的选定长度至少应该为 LEN 个字节
GETIO EN　　　　ENO ID　　　STATUS INPUTS　　LEN	一致性地读取 DP 标准从站/PROFINET I/O 设备的所有输入
SETIO EN　　　　ENO ID　　　STATUS OUTPUTS	一致性地从参数 OUTPUTS 定义的源范围传输数据到寻址的 DP 标准从站/PROFINET I/O 设备中
GETIO_PART EN　　　　ENO ID　　　STATUS OFFSET　　ERROR LEN INPUTS	一致性地读取 I/O 模块输入的相关部分

指　　令	功　　能
SETIO_PART EN　　　ENO ID　　　STATUS OFFSET　　ERROR LEN OUTPUTS	一致性地将数据从 OUTPUTS 覆盖的源区域写入 I/O 模块的输出中
RALRM EN　　　ENO MODE　　NEW F_ID　　STATUS MLEN　　ID TINFO　　LEN AINFO	从 PROFIBUS 或 PROFINET I/O 模块/设备读取诊断中断信息。输出参数中的信息包含被调用组块的启动信息以及中断源的信息。在中断组织块中调用 RALRM，可返回导致中断的事件的相关信息
D_ACT_DP EN　　　ENO REQ　　RET_VAL MODE　　BUSY LADDR	禁用和启用组态的 PROFINET I/O 设备并确定每个指定的 PROFINET I/O 设备当前处于激活还是取消激活状态

其他指令包括：读/写一致性数据；智能设备/智能从站接收数据记录；智能设备/智能从站使数据记录可用；读取 PROFIBUS-DP 从站的诊断数据指令。

5.2.4　PROFIenergy

PROFIenergy 是一个使用 PROFINET 进行能源管理且与制造商和设备无关的配置文件。要降低生产间歇期和意外停产过程中的能源损耗，可使用 PROFIenergy 统一协同地关断相应设备。

PROFINET I/O 控制器通过用户程序中的特殊命令关闭 PROFINET 设备/电源模块，无须附加硬件。PROFINET 设备可直接解译 PROFIenergy 命令。S7-1200 CPU 不支持 PE 控制器功能。S7-1200 CPU 只能作为 PROFIenergy 实体。PROFIenergy 指令如图 5-39 所示。

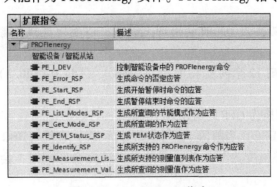

图 5-39　PROFIenergy 指令

PROFIenergy 控制器（PE 控制器）为较高级别的 CPU（如 S7-1500 PLC），可激活或禁用较低级别设备的空闲状态。PE 控制器使用用户程序，禁用或重新启用特定生产组件或整个生产线。下位空闲设备通过相应指令（函数块）接收来自用户程序的命令。用户程序使用 PROFINET 通信协议发送命令。PI 命令可以是将 PE 实体切换为节能模式的控制命令，也可以是读取状态或测量值的命令。可以使用 PE_I_DEV 指令请求模块中的数据。用户程序必须确定 PE 控制器正在请求的信息，并通过数据记录从能源模块中进行检索。模块本身不直接支持 PE 命令。模块将能源测量信息存储于共享区域，较低级别的 CPU（如 S7-1200 PLC）会触发 PE_I_DEV 指令，以将其返回至 PE 控制器。

PROFIenergy 实体（PE 实体，如 S7-1200 PLC）接收 PE 控制器（如 S7-1500 PLC）的 PROFIenergy 命令，然后相应地执行这些命令（如通过返回一个测量值或通过激活节能模式）。在具有 PROFIenergy 功能的设备中实现 PE 实体这一过程是特定于设备和制造商的。

5.2.5 中断

S7-1200 PLC 中的中断指令包括关联/断开组织块（OB）和中断事件指令、循环中断、时间中断、延时中断及异步错误事件指令。

1. 关联/断开 OB 和中断事件指令

关联/断开 OB 和中断事件指令可激活和禁用由中断事件驱动的子程序，见表 5-20。

表 5-20　关联/断开 OB 和中断事件指令

指　　令	功　　能
ATTACH EN　　　　ENO OB_NR　　RET_VAL EVENT ADD	启用响应硬件中断事件的中断 OB 子程序执行
DETACH EN　　　　ENO OB_NR　　RET_VAL EVENT	禁用响应硬件中断事件的中断 OB 子程序执行

CPU 支持的硬件中断事件如下。

1）上升沿事件：前 12 个内置 CPU 数字量输入（DIa. 0～DIb. 3）以及所有信号板数字量输入。

数字输入从 OFF 切换为 ON 时会出现上升沿，以响应连接到输入的现场设备的信号变化。

2）下降沿事件：前 12 个内置 CPU 数字量输入（DIa. 0～DIb. 3）以及所有信号板数字量输入。

数字输入从 ON 切换为 OFF 时会出现下降沿。

3）高速计数器（HSC）当前值＝参考值（CV＝RV）事件（HSC 1~6）。

当前计数值从相邻值变为与先前设置的参考值完全匹配时，会生成 HSC 的 CV＝RV 中断。

4）HSC 方向变化事件（HSC 1~6）。

当检测到 HSC 从增大变为减小或从减小变为增大时，会发生方向变化事件。

5）HSC 外部复位事件（HSC1~6）。

某些 HSC 模式允许分配一个数字输入作为外部复位端，用于将 HSC 的计数值重置为零。当该输入从 OFF 切换为 ON 时，会发生此类 HSC 的外部复位事件。

必须在设备组态中启用硬件中断，才能在组态或运行期间附加此事件，因此在设备组态中应为数字输入通道或 HSC 选中启用该事件框。

数字量输入启用的事件有：启用上升沿检测；启用下降沿检测。

高速计数器（HSC）启用的事件有：启用此高速计数器；生成计数器值等于参考计数值的中断；生成外部复位事件的中断；生成方向变化事件的中断。

分离指令 DETACH 将特定事件或所有事件与特定 OB 分离。如果指定了 EVENT，则仅将该事件与指定的 OB_NR 分离；当前附加到此 OB_NR 的任何其他事件仍保持附加状态。如果未指定 EVENT，则分离当前连接到 OB_NR 的所有事件。

2. 循环中断

循环中断指令见表 5-21。

表 5-21　循环中断指令

指　　令	功　　能
SET_CINT EN　　ENO OB_NR　RET_VAL CYCLE PHASE	设置特定的中断 OB 以开始循环中断程序扫描过程
QRY_CINT EN　　ENO OB_NR　RET_VAL 　　CYCLE 　　PHASE 　　STATUS	获取循环中断 OB 的参数和执行状态。返回值早在执行 QRY_CINT 时便已存在

如图 5-40 所示，SET_CINT 指令按照 CYCLE=100 μs 的时间间隔执行一次 OB_NR 引用的中断 OB40。中断 OB40 在执行后会返回主程序，从而继续由中断位置处开始执行。

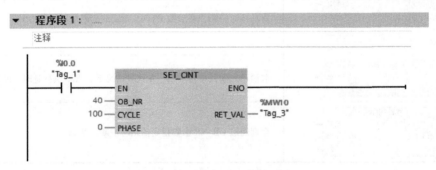

图 5-40　SET_CINT 指令举例

如果 CYCLE=0，则中断事件被禁用，并且不会执行中断 OB。

PHASE（相移）时间是 CYCLE 时间间隔开始前的指定延迟时间。可使用相移来控制优先级较低的 OB 的执行时间。如果以相同的时间间隔调用优先级较高和优先级较低的 OB，则只有在优先级较高的 OB 完成处理后才会调用优先级较低的 OB。低优先级 OB 的执行起始时间会根据优先级较高的 OB 的处理时间来延迟。

3. 时间中断

时间中断指令见表 5-22。

表 5-22　时间中断指令

指　令	功　能
SET_TINTL EN　ENO OB_NR　RET_VAL SDT LOCAL PERIOD ACTIVATE	设置日期和时钟中断。程序中断 OB 可以设置为执行一次，或者在分配的时间段内多次执行
CAN_TINT EN　ENO OB_NR　RET_VAL	为指定的中断 OB 取消起始日期和时钟中断事件
ACT_TINT EN　ENO OB_NR　RET_VAL	为指定的中断 OB 激活起始日期和时钟中断事件
QRY_TINT EN　ENO OB_NR　RET_VAL STATUS	为指定的中断 OB 查询日期和时钟中断状态

4. 延时中断

S7-1200 PLC 可使用 SRT_DINT 和 CAN_DINT 指令启动和取消延时中断处理过程，或使用 QRY_DINT 指令查询中断状态。每个延时中断都是一个在指定的延迟时间过后发生的一次性事件。如果在延迟时间到期前取消延时事件，则不会发生程序中断。延时中断指令见表 5-23。

表 5-23　延时中断指令

指　令	功　能
SRT_DINT EN　ENO OB_NR　RET_VAL DTIME SIGN	启动延时中断，在参数 DTIME 指定的延迟过后执行 OB
CAN_DINT EN　ENO OB_NR　RET_VAL	取消已启动的延时中断。在这种情况下，将不执行延时中断 OB
QRY_DINT EN　ENO OB_NR　RET_VAL STATUS	查询通过 OB_NR 参数指定的延时中断的状态

SRT_DINT 指令的时序图如图 5-41 所示。

当 EN=1 时，SRT_DINT 指令启动内部时间延时定时器（DTIME）。延迟时间过去后，CPU 将生成可触发相关延时中断 OB 执行的程序中断。在指定的延时发生之前执行 CAN_DINT 指令可取消进行中的延时中断。激活延时中断事件的总次数不得超过 4 次。

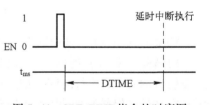

图 5-41　SRT_DINT 指令的时序图

当 EN=1 时，SRT_DINT 会在每次扫描时开启时间延时定时器。需要注意的是，EN=1 作为单触发而不是设置 EN=1 开始延时。

5. 异步错误事件

使用 DIS_AIRT 和 EN_AIRT 指令可禁用和启用报警中断处理过程，其指令见表 5-24。

表 5-24　异步错误事件指令

指　　　令	功　　　能
DIS_AIRT EN　ENO RET_VAL	延迟新中断事件的处理
EN_AIRT EN　ENO RET_VAL	对使用 DIS_AIRT 指令禁用的中断事件，可使用 EN_AIRT 来启用。每一次 DIS_AIRT 执行都必须通过一次 EN_AIRT 执行来取消

对通过 DIS_AIRT 指令禁用的中断事件，必须在同一个 OB 中或从同一个 OB 调用的任意 FC 或 FB 中完成 EN_AIRT 执行后，才能再次启用此 OB 的中断。

5.2.6　报警

报警指令如表 5-25。

表 5-25　报警指令

指　　　令	功　　　能
Gen_UsrMsg EN　ENO Mode　Ret_Val TextID TextListID AssocValues	生成用户诊断报警

Gen_UsrMsg 指令生成用户诊断报警，可以是到达的报警也可以是离去的报警。通过用户诊断报警，可以将用户条目写入诊断缓冲区并发送相应报警。条目在诊断缓冲区中同时创建，而报警却将进行异步传送。如果指令在执行过程中出错，则将在参数 Ret_Val 处输出该错误。

在项目导航中打开"文本列表"，在文本列表中定义报警内容。在 TextListID 中输入文本列表的 ID 值。使用参数 TextID 选择要写入诊断缓冲区的文本列表条目。为此，可通过应用参数 TextID 中"起始范围/终止范围"（Range from/range to）列的数字值，从"文本列表条"中选择一个条目。在文本列表条目中，"起始范围"和"终止范围"列的值必须相同。

参数 Mode 是用于选择报警状态的参数，当 Mode = 1 时，代表到达的报警；当 Mode = 2 时，代表离去的报警。

5.2.7　诊断指令

诊断指令适用于 PROFINET 或 PROFIBUS，其指令见表 5-26。

表 5-26　诊断指令

指　　令	功　　能
RD_SINFO EN　　　ENO 　　　RET_VAL 　　　TOP_SI 　　　START_UP_SI	读取下列两种情况下 OB 的启动信息 ● 上一次调用的但尚未执行完成的 OB ● 上一次 CPU 启动的启动 OB
LED EN　　　ENO LADDR　Ret_Val LED	读取某 CPU 或接口上 LED 的状态。通过 Ret_Val 输出返回指定 LED 的状态
Get_IM_Data EN　　　ENO LADDR　DONE IM_TYPE　BUSY DATA　　ERROR 　　　STATUS	检查指定模块或子模块的标识和维护（I&M）数据
Get_Name EN　　　ENO LADDR　DONE STATION_NR　BUSY DATA　　ERROR 　　　LEN 　　　STATUS	读取 PROFINET I/O 设备或 PROFIBUS 从站的名称
GetStationInfo EN　　　ENO REQ　　DONE LADDR　BUSY DETAIL　ERROR MODE　STATUS DATA	读取 PROFINET I/O 设备的 IP 或 MAC 地址。通过该指令，还可以读取下级 I/O 系统中 I/O 设备的 IP 或 MAC 地址（使用 CP/CM 模块连接）
GetChecksum EN　　　ENO Scope　Done Checksum　Busy 　　　Error 　　　Status	读取对象组的校验和
DeviceStates EN　　　ENO LADDR　Ret_Val MODE STATE	获取 I/O 子系统的 I/O 设备运行状态。指令执行后，STATE 参数将以位列表形式包含各个 I/O 设备的错误状态（针对分配的 LADDR 和 MODE） DeviceStates 的 LADDR 输入使用分布式 I/O 接口的硬件标识符
ModuleStates EN　　　ENO LADDR　Ret_Val MODE STATE	获取 I/O 模块的运行状态。指令执行后，STATE 参数将以位列表形式包含各个 I/O 模块的错误状态（针对分配的 LADDR 和 MODE）
GET_DIAG EN　　　ENO MODE　RET_VAL LADDR　CNT_DIAG DIAG DETAIL	从分配的硬件设备读取诊断信息

LED 指令用来读取模块 LED 的状态。例如，通过程序查询 PN 网络上硬件标识符为"64"所对应的 CPU 模块上的 LED 指示灯的状态。

新建一个全局数据块 DB，命名为"LED"，声明三个变量，如图 5-42 所示。其中"MyLADDR"类型为 HW_IO，存储待诊断的 CPU 接口的硬件标识符，该硬件标识符可以在设备组态中查询，如图 5-43 所示。

图 5-42　全局数据块"LED"

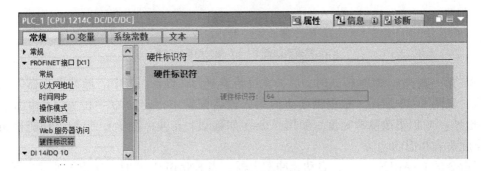

图 5-43　CPU 的硬件标识符

编写程序如图 5-44 所示。

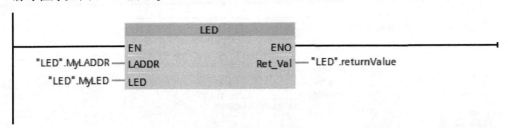

图 5-44　LED 指令程序

待查询的 LED 标识号的说明见表 5-27。

表 5-27　LED 标识号

参　数		说　明	
LED	1	RUN/STOP	颜色 1=绿色，颜色 2=黄色
	2	出错	颜色 1=红色
	3	维护	颜色 1=黄色
	4	冗余	不适用
	5	链接	颜色 1=绿色
	6	Tx/Rx	颜色 1=黄色

5.2.8 脉冲指令

1. CTRL_PWM 脉宽调制指令

脉宽调制指令如图 5-45a 所示，指令提供占空比可变的固定循环时间输出。PWM 输出以指定频率（循环时间）启动之后将连续运行。脉冲宽度会根据需要进行变化以影响所需的控制。

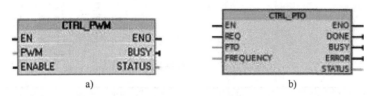

图 5-45 脉冲指令

a）脉宽调制指令　b）脉冲串输出指令

CPU 第一次进入 RUN 模式时，脉冲宽度将设置为在设备组态中"脉冲发生器"组态的初始值，如图 5-46 所示。根据需要将值写入设备配置中指定的 Q 字位置（"输出地址"/"起始地址:"）以更改脉冲宽度。使用指令（如移动、转换、数学）或 PID 功能框将所需脉冲宽度写入相应的 Q 字。

当指令的 ENABLE = 1 时，启动脉冲发生器；当 ENABLE = 0 时，停止脉冲发生器。

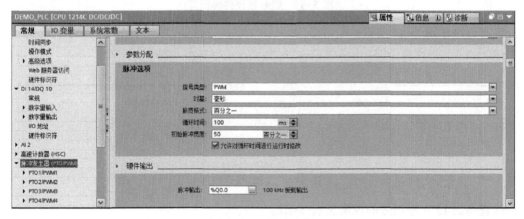

图 5-46 PWM 组态

2. CTRL_PTO 脉冲串输出指令

脉冲串输出指令如图 5-45b 所示，指令以指定频率提供 50% 占空比输出的方波。执行该指令必须在硬件配置中激活脉冲发生器并选中信号类型。

CTRL_PTO 指令只启动 PTO，PTO 启动后，CTRL_PTO 指令立即结束。当 EN 输入为 TRUE 时，CTRL_PTO 指令启动 PTO。当 EN 输入为 FALSE 时，不执行 CTRL_PTO 指令且 PTO 保留其当前状态。

当将 REQ 输入设置为 TRUE 时，FREQUENCY 值生效。如果 REQ 为 FALSE，则无法修改 PTO 的输出频率，PTO 按照原来的频率输出脉冲。

当用户用给定的频率激活 CTRL_PTO 指令时，S7-1200 PLC 以给定的频率输出脉冲串。用户可随时更改所需频率。在修改频率时，S7-1200 PLC 会在当前脉冲结束后，修改为新的频率。如图 5-47 所示，如果当前脉冲频率为 1 Hz（用时 1000 ms 完成），用户在 500 ms 后将频率修改为 10 Hz，那么，频率将会在 1000 ms 周期结束时被修改。

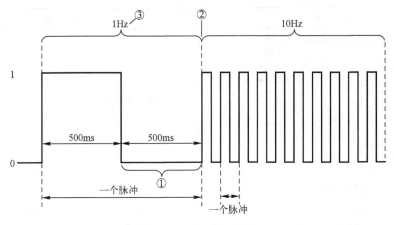

图 5-47　PTO 脉冲输出

需要说明的是，数字量 I/O 点是在设备组态期间分配给脉冲宽度调制（PWM）和脉冲串输出（PTO）设备使用的。将数字 I/O 点分配给这些设备之后，无法通过监视表格强制功能修改所分配的 I/O 点的地址值。

5.2.9　配方和数据记录

配方函数包括配方导出指令和配方导入指令，见表 5-28。

表 5-28　配方函数

指　　令	功　　能
RecipeExport EN　　ENO REQ　　DONE RECIPE_DB　BUSY ERROR STATUS	将所有配方记录从配方数据块导出到 CSV 文件格式
RecipeImport EN　　ENO REQ　　DONE RECIPE_DB　BUSY ERROR STATUS	将配方数据从 CPU 装载存储器中的 CSV 文件导入 RECIPE_DB 参数引用的配方数据块中。导入过程中，配方数据块中的起始值被覆盖

执行配方导出指令"RecipeExport"时，在配方可以导出之前，必须创建配方数据块。配方数据块的名称用作新 CSV 文件的文件名。如果具有相同名称的 CSV 文件已经存在，则在导出操作期间会被覆盖。

在执行配方导入指令"RecipeImport"时，只有配方数据块中包含一个与 CSV 文件数据结构一致的结构，才能执行配方导入操作。CSV 文件的名称必须与 RECIPE_DB 参数中的数据块名称相匹配。

数据记录指令见表 5-29。

表 5-29　数据记录指令

指　　令	功　　能
DataLogCreate EN　　　　ENO REQ　　　DONE RECORDS　BUSY FORMAT　　ERROR TIMESTAMP　STATUS NAME ID HEADER DATA	创建和初始化数据日志文件
DataLogOpen EN　　ENO REQ　　DONE MODE　BUSY NAME　ERROR ID　　STATUS	打开已有数据日志文件，必须先打开数据日志，才能向该日志写入新记录
DataLogWrite EN　　ENO REQ　　DONE ID　　BUSY 　　　ERROR 　　　STATUS	将数据记录写入指定的数据日志
DataLogClear EN　　　ENO REQ　　DONE ID　　　BUSY 　　　ERROR 　　　STATUS	删除现有数据记录中的所有数据记录。该指令不会删除 CSV 文件的可选标题
DataLogClose EN　　ENO REQ　　DONE ID　　BUSY 　　　ERROR 　　　STATUS	关闭打开的数据日志文件
DataLogDelete EN　　　ENO REQ　　DONE NAME　BUSY DelFile　ERROR ID　　STATUS	删除数据日志文件
DataLogNewFile EN　　　ENO REQ　　DONE RECORDS　BUSY NAME　ERROR ID　　STATUS	允许程序根据现有数据日志文件创建新的数据日志文件

5. 2. 10 数据块控制指令

数据块控制指令见表 5-30。

表 5-30 数据块控制指令

指　令	功　能
CREATE_DB EN　　　　ENO REQ　　　RET_VAL LOW_LIMIT　BUSY UP_LIMIT　DB_NUM COUNT ATTRIB SRCBLK	在工作存储器中创建新的数据块
READ_DBL Variant EN　　　　ENO REQ　　　RET_VAL SRCBLK　　BUSY DSTBLK	将 DB 的全部或部分起始值从装载存储器复制到工作存储器的目标 DB 中。在复制期间，装载存储器的内容不变
WRIT_DBL Variant EN　　　　ENO REQ　　　RET_VAL SRCBLK　　BUSY DSTBLK	将 DB 全部当前值或部分值从工作存储器复制到装载存储器的目标 DB 中。在复制期间，工作存储器的内容不变
ATTR_DB EN　　　　ENO REQ　　　RET_VAL DB_NUMBER　DB_LENGTH ATTRIB	获取有关 CPU 的工作存储器中某个数据块（DB）的信息
DELETE_DB EN　　　　ENO REQ　　　Ret_Val DB_NUMBER　BUSY	删除通过调用 "CRE ATE_DB" 指令由用户程序创建的数据块

5. 2. 11 寻址指令

寻址指令见表 5-31。

表 5-31 寻址指令

指　令	功　能
GEO2LOG EN　　　　ENO GEOADDR　RET_VAL LADDR	根据插槽信息确定硬件标识符
LOG2GEO EN　　　　ENO LADDR　　RET_VAL GEOADDR	根据硬件标识符来确定模块插槽号

指　　令	功　　能
IO2MOD EN　ENO ADDR　RET VAL LADDR	根据（子）模块的 I/O 地址（I、Q、PI、PQ）确定该模块的硬件标识符
RD_ADDR EN　ENO LADDR　Ret_Val PIADDR PICount PQADDR PQCount	根据子模块的硬件标识符确定输入或输出的长度和起始地址

系统数据类型 GEOADDR 包含模块插槽信息。对于 PROFINET I/O，插槽信息由 PROFINET I/O 系统 ID、设备号、插槽号和子模块（如果使用子模块）组成。对于 PROFIBUS-DP，插槽信息由 DP 主站系统的 ID、站号和插槽号组成。可在每个模块的硬件配置中找到模块的插槽信息。

在数据块中输入"GEOADDR"作为数据类型，将自动创建结构 GEOADDR。GEOADDR 系统数据类型的结构如表 5-32 所示。

表 5-32　GEOADDR 系统数据类型的结构

参数名称	数据类型	描　　述
GEOADDR	struct	
HWTYPE	UInt	硬件类型 ● 1：I/O 系统（PROFINET/PROFIBUS） ● 2：I/O 设备/DP 从站 ● 3：机架 ● 4：模块 ● 5：子模块 如果指令不支持某种硬件类型，则输出 HWTYPE "0"
AREA	UInt	区域 ID ● 0=CPU ● 1=PROFINET I/O ● 2=PROFIBUS-DP ● 3=AS-i
IOSYSTEM	UInt	PROFINET I/O 系统（0=机架中的中央单元）
STATION	UInt	● 区域标识符 AREA=0 时表示机架号（中央模块） ● 区域标识符 AREA＞0 时表示站号
SLOT	UInt	插槽号
SUBSLOT	UInt	子模块编号。如果无子模块可用或无法插入任何子模块，则此参数的值为"0"

系统数据类型 GEOADDR 包含模块地理地址（或插槽）信息。

（1）PROFINET I/O 的地理地址

对于 PROFINET I/O，地理地址由 PROFINET I/O 系统 ID、设备号、插槽号和子模块（如果使用子模块）组成。

（2）PROFIBUS-DP 的地理地址

对于 PROFIBUS-DP，地理地址由 DP 主站系统的 ID、站号和插槽号组成。可在每个模块的硬件配置中找到模块的插槽信息。

例如读取插槽号为 2 的 AI/AO 模块的硬件标识符。新建全局数据块"数据块_1"，定义数据类型 GEOADDR，命名为"Static_1"。编写程序如图 5-48 所示。

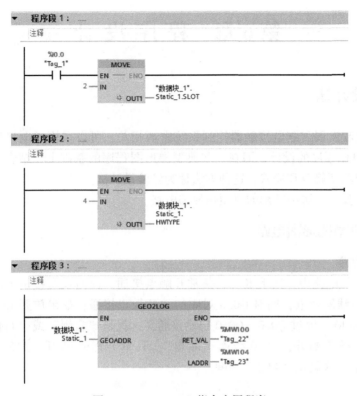

图 5-48　GEO2LOG 指令应用程序

习题

1. S7-1200 PLC 提供了哪些类型的定时器？

2. 编写程序来记录一台设备的运行时间，其设计要求为：当输入 I0.0 为高电平时，设备运行，当 I0.0 为低电平时，设备不工作。

3. 编写程序实现以下控制功能：第一次扫描时将 MB0 清零，每 100 ms 将 MB0 加 1，MB0=100 时将 Q0.0 立即置 1。

4. 设计一个 8 位彩灯控制程序，要求彩灯的移动速度和移动方向可调。

5. 将 8 个 16 位二进制数存放在 MW10 开始的存储区内，在 I0.3 的上升沿，用循环指令求它们的平均值，并将结果存放在 MW0 中。

6. 设计一个圆周长的计算程序，将半径存放在 MW10 中，取圆周率为 3.1416，用浮点数运算指令计算圆周长，运算结果四舍五入后，转换为整数，存放在 MW20 中。

7. S7-1200 PLC 包括哪些中断指令？

8. 读取系统时间与读取本地时间指令的区别是什么？请编程测试。

9. 字符串和字符指令有哪些，其功能是什么？

10. 数据块控制指令有哪些，其功能各是什么？

11. 寻址指令有哪些，其功能是什么？

第6章 程序设计

6.1 经验设计法

PLC 的产生和发展与继电接触器控制系统密切相关，可以采用继电接触器电路图的设计思路来进行 PLC 程序的设计，即在一些典型梯形图程序的基础上，结合实际控制要求和 PLC 的工作原理不断修改和完善，这种方法称为经验设计法。

下面介绍经验设计法中常用的典型梯形图电路。

6.1.1 常用典型梯形图电路

1. 起保停电路

如图 6-1 所示电路中，按下 I0.0，其常开触点接通，此时没有按下 I0.1，其常闭触点是接通的，Q0.0 线圈通电，同时 Q0.0 对应的常开触点接通；如果放开 I0.0，"能流"经 Q0.0 常开触点和 I0.1 流过 Q0.0，Q0.0 仍然接通，这就是"自锁"或"自保持"功能。按下 I0.1，其常闭触点断开，Q0.0 线圈"断电"，其常开触点断开，此后即使放开 I0.1，Q0.0 也不会通电，这就是"停止"功能。

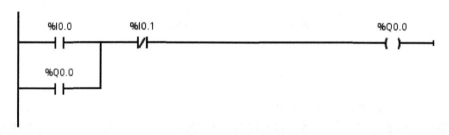

图 6-1 起保停电路

通过分析，可以看出这种电路具备启动（I0.0）、保持（Q0.0）和停止（I0.1）的功能，这也是其名称的由来。在实际的电路中，启动信号和停止信号可能由多个触点或者比较等其他指令的相应位触点串并联构成。

2. 延时接通/断开电路

如图 6-2 所示为 I0.0 控制 Q0.1 的梯形图电路，当 I0.0 常开触点接通后，第一个定时器开始定时，10s 后其输出 M0.0 接通，Q0.1 输出接通，由于此时 I0.0 常闭触点断开，所以第二个定时器未开始定时。当断开 I0.0 后，第二个定时器开始定时，5s 后其输出接通，常闭触点断开，Q0.1 断开，第二个定时器被复位。时序图如图 6-2 所示。

3. 闪烁电路

图 6-3 所示闪烁电路与图 5-16 周期振荡电路类似。如果 I0.0 接通，其常开触点接通，第二个定时器（T2）未启动，则其输出 M0.1 对应的常闭触点接通，第一个定时器（T1）

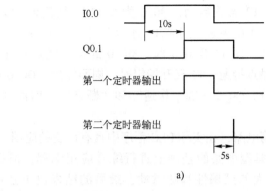

a)

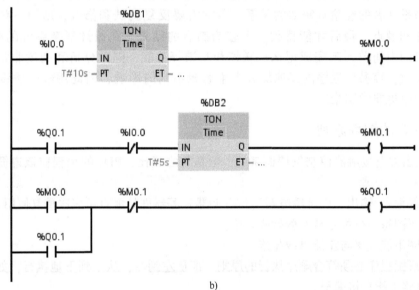

b)

图 6-2　延时接通/断开电路

图 6-3　闪烁电路

开始定时。当 T1 定时未到时，T2 无法启动，Q0.0 为 0；10 s 后定时时间到，T1 的输出 M0.0 接通，其常开触点接通，Q0.0 接通，同时 T2 开始定时，5 s 后 T2 定时时间到，其输出 M0.1 接通，其常闭触点断开，使 T1 停止定时，M0.0 的常开触点断开，Q0.0 就断开，同时使 T2 断开，M0.1 的常闭触点接通，T1 又开始定时，周而复始，Q0.0 将周期性地"接通"和"断开"，直到 I0.0 断开，Q0.0 线圈"接通"和"断开"的时间分别等于 T2 和 T1 的定时时间。

闪烁电路也可以看作是振荡电路，在实际 PLC 程序中具有广泛的应用。

经验设计法是在上面几种典型电路的基础上进行综合应用编程，但是它没有固定的方法和步骤可以遵循，具有很大的试探性和随意性，最后的结果也不是唯一的，设计程序的质量与设计者的经验有密切的关系，通常需要反复调试和修改，增加一些中间环节的编程元件和触点，最后才能得到一个较为满意的结果。在设计复杂系统的梯形图时，需要用大量的中间单元来完成记忆、联锁和互锁等功能，同时分析和阅读非常困难，修改局部程序时，容易对程序的其他部分产生意想不到的影响，因此用经验法设计出的梯形图维护和改进非常困难。

6.1.2 PLC 的编程原则

PLC 是由继电接触器控制发展而来的，但是与之相比，PLC 的编程应该遵循以下基本原则。

1）外部输入/输出、内部继电器（位存储器）等器件的触点可多次重复使用。

2）梯形图每一行都是从左侧母线开始。

3）线圈不能直接与左侧母线相连。

4）梯形图程序必须符合顺序执行的原则，即从左到右，从上到下地执行，如不符合顺序执行的电路不能直接编程。

5）应尽量避免双线圈输出。使用线圈输出指令时，同一编号的线圈指令在同一程序中使用两次以上，称为双线圈输出。双线圈输出容易引起误动作或逻辑混乱，因此一定要慎重。

例如图 6-4 中，设 I0.0 为 ON、I0.1 为 OFF。由于 PLC 是按扫描方式执行程序的，执行第一行时 Q0.0 对应的输出映像寄存器为 ON，而执行第二行时 Q0.0 对应的输出映像寄存器为 OFF。本次扫描执行程序的结果是，Q0.0 的输出状态是 OFF。显然 Q0.0 前面的输出状态无效，最后一次输出才是有效的。

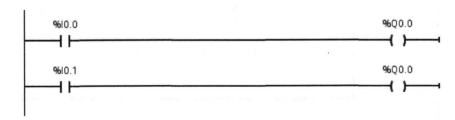

图 6-4 双线圈输出例子

6.2 顺序功能图

顺序控制，就是按照生产工艺预先规定的顺序，在各个输入信号的作用下，根据内部状态和时间的顺序，在生产过程中各个执行机构自动地有秩序地进行操作。例如机床加工头的进给运动、街上交通灯的控制都是顺序控制的例子。对于此类顺序控制的 PLC 实例，可以采用顺序控制设计法来进行 PLC 程序的设计。使用顺序控制设计法时首先根据系统的工艺过程，画出顺序功能图，然后根据顺序功能图编写梯形图程序。有的 PLC 提供了顺序功能图编程语言，用户在编程软件中生成顺序功能图后便完成了编程工作，如西门子 S7-300/400 PLC 中的 S7-Graph 编程语言。顺序控制设计法是一种先进的设计方法，很容易被初学者接受，对于有经验的工程师，也会提高设计的效率，程序的调试、修改和阅读也很方便。

6.2.1 顺序功能图的含义及绘制方法

下面以图 6-5 所示组合机床动力头的进给运动控制为例来说明顺序功能图的含义及绘制方法。动力头初始位置停在左边，由限位开关 I0.3 指示，按下启动按钮 I0.0，动力头向右快进（Q0.0 和 Q0.1 控制），到达限位开关 I0.1 后，转入工作进给（Q0.1 控制），到达限位开关 I0.2 后，快速返回（Q0.2 控制）至初始位置（I0.3）停下。再按一次启动按钮，动作过程重复。

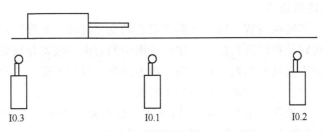

图 6-5　组合机床动力头运动示意图

可以看出，上述组合机床动力头的进给运动控制是典型的顺序控制，可以采用图 6-6 所示的顺序功能图来描述该控制过程。

观察图 6-6 所示的顺序功能图，可以发现它包含以下几部分：内有编号的矩形框，如 M0.3 等，将其称为步，双线矩形框代表初始步，步里面的编号称为步序；连接矩形框的带箭头的线称为有向连线；有向连线上与其相垂直的短线称为转换，旁边的符号如 I0.0 等表示转换条件；步的旁边与步并列的矩形框如 Q0.2 等表示该步对应的动作或命令。

1. 步

将系统的一个工作周期划分为若干个顺序相连的阶段，这些阶段称为步（Step）。那么步是如何划分的呢？主要是根据系统输出状态的改变，即将系统输出的每一个不同状态划分为一步，如图 6-7 所示。在任何一步之内，系统各输出量的状态是不变的，但是相邻两步输出量的状态是不同的。

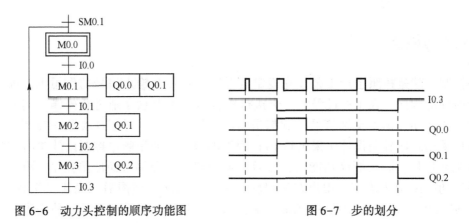

图 6-6　动力头控制的顺序功能图　　　　　图 6-7　步的划分

与系统的初始状态相对应的步称为初始步，初始状态一般是系统等待起动命令的相对静止的状态。初始步用双线方框表示，可以看出图 6-6 中 M0.0 为初始步，每一个顺序功能图至少应该有一个初始步。

步中可以用数字表示该步的编号，也可以用代表该步的编程元件的地址如 M0.0 等作为步的编号，这样在根据顺序功能图设计梯形图时较为方便。

2. 活动步

当系统正处于某一步所在的阶段时，称该步处于活动状态，即该步为"活动步"，可以通过编程元件的位状态来表征步的状态。步处于活动状态时，执行相应的动作。

3. 有向连线与转换条件

有向连线表明步的转换过程，即系统输出状态的变化过程。顺序控制中，系统输出状态的变化过程是按照规定的程序进行的，顺序功能图中的有向连线就是该顺序的体现。有向连线的方向若是从上到下或从左至右，则有向连线上的箭头可以省略；否则应在有向连线上用箭头注明步的进展方向，通常为易于理解加上箭头。

如果在绘制顺序功能图时有向连线必须中断（如在复杂的顺序功能图中，或用几个图来表示一个顺序功能图时），应在有向连线中断之处标明下一步的标号和所在的页数，如步21、20 页等。

转换将相邻两步分隔开，表示不同的步或者说系统不同的状态。步的活动状态的进展是由转换的实现来完成的，并与控制过程的发展相对应。

转换条件是实现步的转换的条件，即系统从一个状态进展到下一个状态的条件。转换条件可以是外部的输入信号，如按钮、指令开关、限位开关的接通/断开等，也可以是 PLC 内部产生的信号，如定时器、计数器常开触点的接通等。转换条件还可能是若干个信号的与、或、非逻辑组合。可以用文字语言、布尔代数表达式或图形符号标注表示转换条件。

4. 与步对应的动作或命令

系统每一步中输出的状态或者执行的操作标注为步对应的动作或命令，用矩形框中的文字或符号表示。根据需要，指令与对象的动作响应之间可能有多种情况，如有的动作仅在指令存续的时间内有响应，指令结束则动作终止（如常见点动控制）；而有的一旦发出指令，动作就将一直继续，除非再发出停止或撤销指令（如开车、急停、左转及右转等），这就需要不同的符号来进行区别。表 6-1 列出了各种动作或命令的表示方法供参考。

表 6-1　各种动作或命令的表示方法

符　号	动作类型	说　明
N	非记忆	步结束，动作即结束
S	记忆	步结束，动作继续，直至被复位
R	复位	终止被 S、SD、SL 及 DS 启动的动作
L	时间限制	步开始，动作启动，直至步结束或定时到
SL	记忆与时间限制	步开始，动作启动，直至定时到或复位
D	时间延迟	步开始，先延时，延时到，如步仍为活动步，动作启动，直至步结束
SD	记忆与时间延迟	延迟到后启动动作，直至被复位
DS	延迟与记忆	延时到，如步仍为活动步，启动动作，直至被复位
P	脉冲	当步变为活动步时动作被启动，并且只执行一次

如果某一步有几个动作，则要将几个动作全部标注在步的后面，可以平行并列排放，也可以上下排放，如图 6-8 所示，但同一步的动作之间无顺序关系。

图 6-8　动作的表示形式

5. 子步（Microstep）

在顺序功能图中，某一步可以包含一系列子步和转换，如图 6-9 所示，通常这些序列表示系统的一个完整的子功能。使用子步可在总体设计时突出系统的主要矛盾，帮助设计者用更加简洁的方式表示系统的整体功能和概貌，而不是一开始就陷入某些细节之中。设计者可以从最简单的对整个系统的全面描述开始，然后画出更详细的顺序功能图，子步中还可以包含更详细的子步。这种设计方法的逻辑性很强，可以减少设计中的错误，缩短总体设计和查错需要的时间。

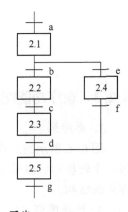

图 6-9　子步

综上所述，顺序功能图是描述控制系统的控制过程、功能和特性的一种图形，并不涉及所描述的控制功能的具体技术，而是一种通用的技术语言，可以供进一步设计和不同专业的人员之间进行技术交流之用。

1994 年 5 月公布的 IEC 可编程序控制器标准（IEC1131）中，顺序功能图被确定为可编程序控制器位居首位的编程语言。我国也在 1986 年颁布了顺序功能图的国家标准 GB6988.6—1986㊀。

6.2.2 顺序控制的设计思想

顺序控制设计法的基本思想是将系统的一个工作周期划分为称为步的若干个顺序相连的阶段，并用编程元件（例如位存储器 M 和顺序控制继电器 S）来代表各步。用转换条件控制代表各步的编程元件，让它们的状态按一定的顺序变化，然后用代表各步的编程元件去控制 PLC 的各输出位，如图 6-10 所示。

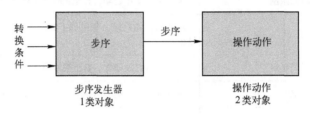

图 6-10　顺序控制设计法的基本思路

引入两类对象的概念使转换条件与操作动作在逻辑关系上分离。步序发生器根据转换条件发出步序标志，而步序标志再控制相应的操作动作。步序标志类似于令牌，只有取得令牌，才能操作相应的动作。

经验设计法通过记忆、联锁、互锁等方法来处理复杂的输入/输出关系，而顺序控制设计法则是用输入控制代表各步的编程元件（如位存储器 M），再通过编程元件来控制输出，实现了输入与输出的分离，如图 6-11 所示。

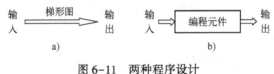

图 6-11　两种程序设计

a）经验设计法　b）顺序控制设计法

6.2.3 顺序功能图的基本结构

1. 单序列

图 6-6 所示的顺序功能图由一系列顺序连接的步组成，每一步的后面仅有一个转换，每一个转换的后面只有一个步，这样的顺序功能图结构称为单序列，图 6-12a 所示即为单序列的结构。

2. 选择序列

图 6-12b 所示的结构称为选择序列，选择序列的开始称为分支，可以看出步序 5 后面有一条水平连线，其后两个转换分别对应着转换条件。如果步 5 是活动步，并且转换条件 h=1，则步 8 变为活动步而步 5 变为不活动步；如果步 5 是活动步，并且 k=1，则步 10 变为活动步而步 5 变为不活动步；若步 5 为活动步，而 h=k=1，则存在一个优先级的问题，一

㊀ 现行标准编号为 GB/T 6988.6—1993。

般只允许选择一个序列。

选择序列的结束称为合并，几个选择序列合并到一个公共序列时，都需要有转换和转换条件来连接它们。如果步9是活动步，并且转换条件j=1，则步12变为活动步而步9变为不活动步；如果步11是活动步，并且n=1，则步12变为活动步而步11变为不活动步。

3. 并列序列

图6-12c所示的结构称为并列序列，并行序列用来表示系统的几个同时工作的独立部分的工作情况。并行序列的开始称为分支，当转换的实现导致几个序列同时激活时，这些序列称为并行序列。如果步3是活动的，并且转换条件e=1，则步4和6同时变为活动步而步3变为不活动步。为了强调转换的同步实现，水平连线用双线表示。步4和步6被同时激活后，每个序列中活动步的进展将是独立的。在表示同步的水平双线之上，只允许有一个转换符号。

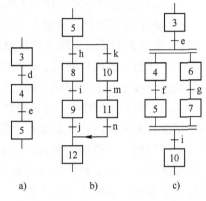

图6-12　顺序功能图的三种结构

a）单序列　b）选择序列　c）并列序列

并行序列的结束称为合并，在表示同步的水平双线之下，只允许有一个转换符号。只有当直接连在双线上的所有前级步，如步5和7都处于活动步状态，并且转换条件i=1时，才有步10变为活动步而步5和7同时变为不活动步。

6.2.4　绘制顺序功能图的基本规则

1. 转换实现的条件

在顺序功能图中，步的活动状态的进展是由转换的实现来完成的。转换实现必须同时满足以下两个条件。

1）该转换所有的前级步都是活动步。

2）相应的转换条件得到满足。

如果转换的前级步或后续步不止一个，转换的实现称为同步实现，如图6-13所示。为了强调同步实现，有向连线的水平部分用双线表示。

转换实现的基本规则是根据顺序功能图设计梯形图的基础。

2. 转换实现应完成的操作

转换实现时应完成以下两个操作。

1）使所有由有向连线与相应转换符号相连的后续步都变为活动步。

2）使所有由有向连线与相应转换符号相连的前级步都变为不活动步。

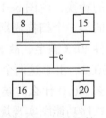

图6-13　转换的
同步实现

绘制顺序功能图的以上规则针对不同的功能图结构有一定的区别。

1）在单序列中，一个转换仅有一个前级步和一个后续步。

2）在并行序列的分支处，转换有几个后续步，在转换实现时应同时将它们对应的编程元件置位；在并行序列的合并处，转换有几个前级步，它们均为活动步时才有可能实现转换，在转换实现时应将它们对应的编程元件全部复位。

3）在选择序列的分支与合并处，一个转换实际上只有一个前级步和一个后续步，但是一个步可能有多个前级步或多个后续步。

6.2.5 绘制顺序功能图的注意事项

1）顺序功能图中两个步绝对不能直接相连，必须用一个转换将它们隔开。

2）顺序功能图中两个转换不能直接相连，必须用一个步将它们隔开。

3）顺序功能图中的初始步一般对应于系统等待启动的初始状态，不要遗漏这一步。

4）实际控制系统应能多次重复执行同一工艺过程，因此在顺序功能图中一般应有由步和有向连线组成的闭环回路，即在完成一次工艺过程的全部操作之后，应该根据工艺要求返回到初始步或下一工作周期开始运行的第一步。

5）在顺序功能图中，只有当某一步的前级步是活动步时，该步才有可能变成活动步。如果用没有断电保持功能的编程元件代表各步，进入 RUN 工作方式时，它们均处于 OFF 状态，必须用第一个扫描周期置位的 M 存储器（系统存储器位默认为 M1.0，本节下同）的常开触点或者在启动组织块中置位作为转换条件，将初始步预置为活动步，否则因顺序功能图中没有活动步，系统将无法工作。

6.3 顺序控制设计法

学习了绘制顺序功能图的方法后，对于提供了顺序功能图编程语言的 PLC，在编程软件中生成顺序功能图后便完成了编程工作，而对于没有提供顺序功能图编程语言的 PLC，则需要根据顺序功能图编写梯形图程序，编程的基础是顺序功能图的规则。

6.3.1 使用起保停电路

1. 单序列

对于图 6-14 所示的单序列顺序功能图，采用起保停方法实现的梯形图程序如图 6-15 所示。图 6-15 所示的梯形图是根据转换条件实现的步序标志的转换，由图 6-14 可知，M0.0 变为活动步的条件是上电运行的第一个扫描周期（即 M1.0）或者 M0.3 为活动步且转换条件 I0.3 满足，故 M0.0 的启动条件为两个，即 M1.0 和 M0.3+ I0.3。由于这两个信号是瞬时起作用，需要 M0.0 来自锁，那么 M0.0 什么时候变为不活动步？根据图 6-14 顺序功能图和顺序功能图实现规则可以知道，当 M0.0 为活动步而转换条件 I0.0 满足时，M0.1 变为为活动步而 M0.0 变为不活动步，故 M0.0 的停止条件为 M0.1=1。所以采用起保停典型电路即可实现顺序功能图中 M0.0 的控制，如图 6-15 的"程序段 1"所示。

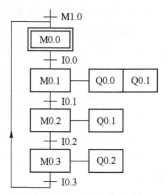

图 6-14　单序列结构的
顺序功能图

同理可以写出 M0.1~M0.3 的控制梯形图，如图 6-15 的"程序段 2"~"程序段 4"所示。

图 6-15"程序段 5"所示为步序标志控制操作动作的梯形图。根据图 6-14 所示顺序功

能图，M0.1 步输出 Q0.0 和 Q0.1，图 6-15 "程序段 5" 所示实现了步序 M0.1 输出 Q0.0，M0.1 步和 M0.2 步都输出动作 Q0.1，M0.3 步输出 Q0.2。想一想，为什么不把图 6-15 "程序段 5" 写成图 6-16 所示的程序，图 6-16 所示程序的问题在哪里？

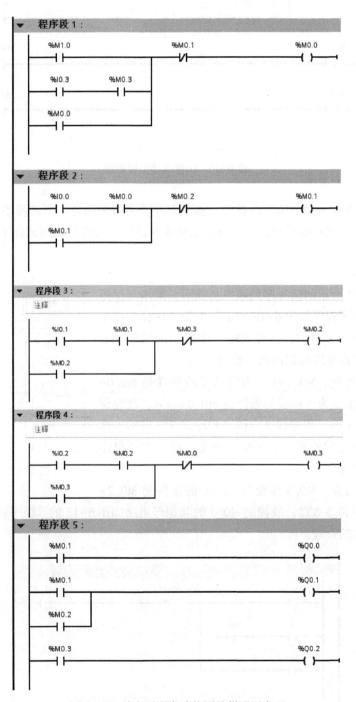

图 6-15　单序列顺序功能图的梯形图实现

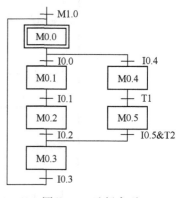

图 6-16　错误的梯形图程序

通过图 6-15 所示梯形图可以看出，整个程序分为两大部分，即转换条件控制步序标志部分和步序标志实现输出部分，这样程序结构非常清晰，为以后的调试和维护提供了极大的方便。

2. 选择序列

对于图 6-17 所示的选择序列顺序功能图，采用起保停方法实现的梯形图程序如图 6-18 所示。由于步序标志控制输出动作的程序是类似的，在此省略步序后面的动作，而只是说明如何实现步序标志的状态控制。

由图 6-17 可知，M0.1 步变为活动步的条件是 M0.0+I0.0，而 M0.4 步变为活动步的条件是 M0.0+I0.4，故起保停电路如图 6-18 的"程序段 2"和"程序段 3"所示。这就是选择序列分支的处理，对于每一分支，可以按照单序列的方法进行编程。

图 6-17　选择序列

由图 6-17 可知，M0.3 步变为活动步的条件是 M0.2+I0.2 或者 M0.5+I0.5 &T2，故控制 M0.3 的起保停电路如图 6-18 的"程序段 5"所示。这就是选择序列合并的处理。

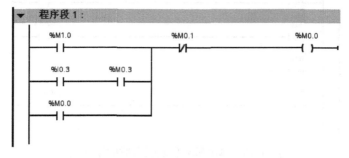

图 6-18　选择序列的梯形图实现

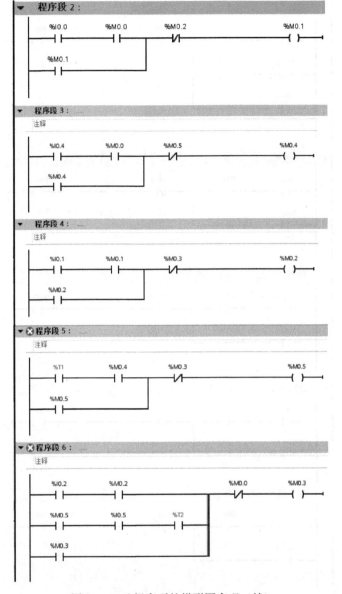

图 6-18 选择序列的梯形图实现（续）

3. 并列序列

对于图 6-19 所示的并列序列顺序功能图，采用起保停方法实现的梯形图程序如图 6-20 所示。

由图 6-19 可知，M0.1 步变为活动步的条件是 M0.0+I0.0，而 M0.4 步变为活动步的条件也是 M0.0+I0.0，即 M0.1 步和 M0.4 步在 M0.0 步为活动步且满足转换条件 I0.0 时同时变为活动步，故起保停电路如图 6-20 的"程序段 2"和"程序段 3"所示。这就是并列序列分支的处理，对于每一分支，可以按照单序列的方法进行编程。

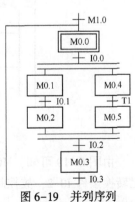

图 6-19 并列序列

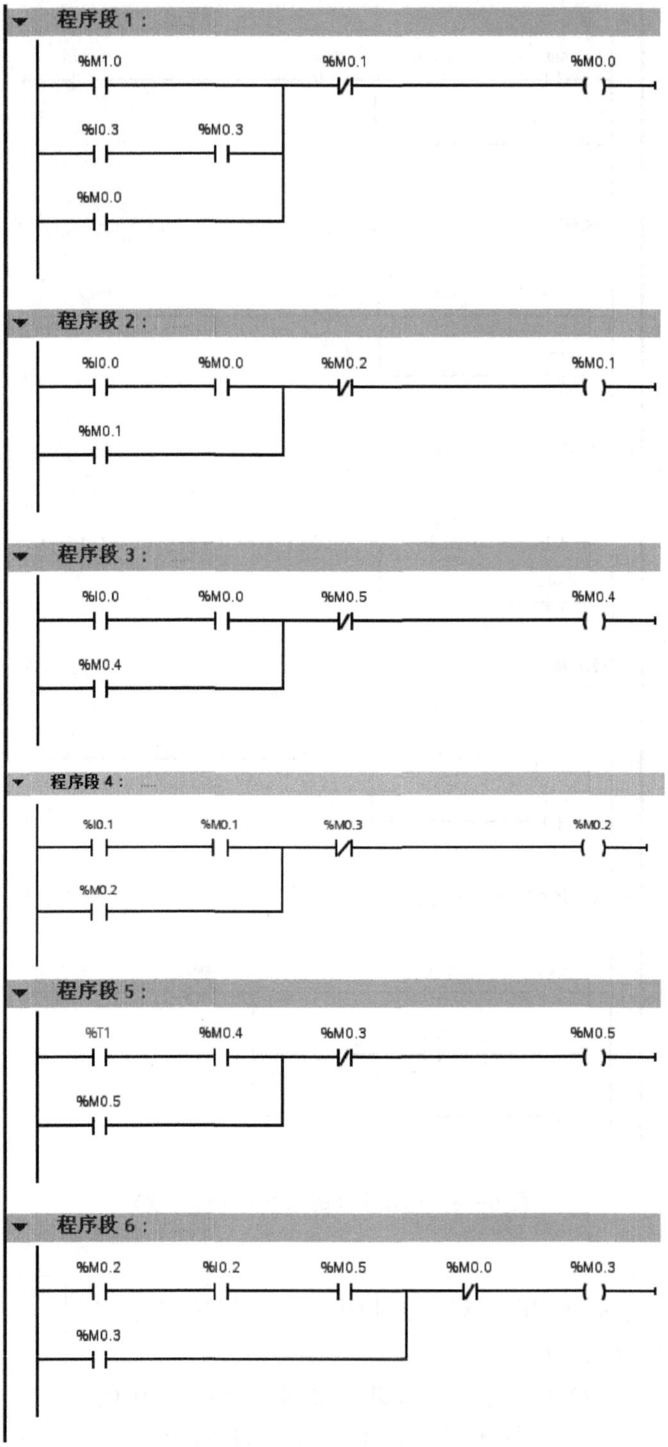

图 6-20 并列序列的梯形图实现

由图 6-19 可知，M0.3 步变为活动步的条件是 M0.2 步和 M0.5 步同时为活动步，且满足转换条件 I0.2，故控制 M0.3 的起保停电路如图 6-20 的"程序段 6"所示。这就是并列序列合并的处理。

分析图 6-15 所示的梯形图，画出 I0.0、M0.1、M0.4 的时序图，如图 6-21 所示，可以看出有一个扫描周期 M0.1 和 M0.4 将同时为 1，即 M0.1 步和 M0.4 步同时为 1，这是由 PLC 的循环扫描工作方式决定的，编程时要注意这一点。

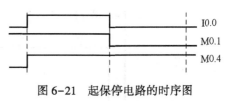

图 6-21　起保停电路的时序图

6.3.2　使用置位/复位指令

前面介绍的置位/复位指令具有记忆功能，每步正常的维持时间不受转换条件信号持续时间长短的影响，因此不需要自锁。另外，采用置位/复位指令在步序的传递过程中能避免两个及以上的标志同时有效，因此也不用考虑步序间的互锁。

1. 单序列

对于图 6-14 所示的单序列结构的顺序功能图，采用置位/复位法实现的梯形图程序如图 6-22 所示。图 6-22 中"程序段 1"的作用是初始化所有将要用到的步序标志，在实际工程中，程序初始化是非常重要的。

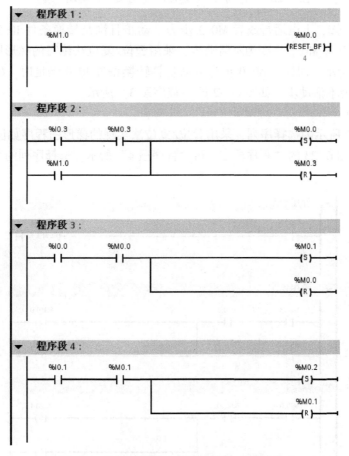

图 6-22　单序列顺序功能图的置位/复位法实现

程序段 5：

```
%I0.2    %M0.2                    %M0.3
 --| |----| |------+------------( S )

                   |             %M0.2
                   +------------( R )
```

程序段 6：

```
%M0.1                            %Q0.0
 --| |----------------------------( )

%M0.2                            %Q0.1
 --| |----+-----------------------( )
          |
%M0.1     |
 --| |----+

%M0.3                            %Q0.2
 --| |----------------------------( )
```

图 6-22　单序列顺序功能图的置位/复位法实现（续）

由图 6-14 可知，上电运行或者 M0.3 步为活动步且满足转换条件 I0.3 时都将使 M0.0 步变为活动步，且将 M0.3 步变为不活动步，采用置位/复位法编写的梯形图程序如图 6-22 的"程序段 2"所示。同样，M0.0 步为活动步且转换条件 I0.0 满足时，M0.1 步变为活动步而 M0.0 步变为不活动步，如图 6-22 的"程序段 3"所示。

2. 选择序列

对于图 6-17 所示的选择序列，采用置位/复位法实现的梯形图程序如图 6-23 所示。选择序列的分支如图 6-23 的"程序段 3"和"程序段 4"所示，选择序列的合并如图 6-23 的"程序段 7"所示。

程序段 1：

```
%M1.0                            %M0.0
 --| |--------------------------(RESET_BF)
                                    6
```

程序段 2：

```
%I0.3    %M0.3                    %M0.0
 --| |----| |------+------------( S )

%M1.0              |             %M0.3
 --| |-------------+------------( R )
```

程序段 3：

```
%I0.0    %M0.0                    %M0.1
 --| |----| |------+------------( S )

                   |             %M0.0
                   +------------( R )
```

图 6-23　选择序列的置位/复位法实现

152

程序段 4：

```
  %I0.4      %M0.0                        %M0.4
───┤├─────────┤├──────┬──────────────────( S )
                      │                   %M0.0
                      └──────────────────( R )
```

程序段 5：

```
  %I0.1      %M0.1                        %M0.2
───┤├─────────┤├──────┬──────────────────( S )
                      │                   %M0.1
                      └──────────────────( R )
```

程序段 6：

```
  %T1       %M0.4                         %M0.5
───┤├─────────┤├──────┬──────────────────( S )
                      │                   %M0.4
                      └──────────────────( R )
```

程序段 7：

```
  %I0.2      %M0.2                        %M0.3
───┤├─────────┤├──────────────────┬──────( S )
  %I0.5      %M0.5      %T2        │      %M0.2
───┤├─────────┤├─────────┤├────────┤──────( R )
                                   │      %M0.5
                                   └──────( R )
```

图 6-23　选择序列的置位/复位法实现（续）

3. 并列序列

对于图 6-19 所示的并列序列，采用置位/复位法实现的梯形图程序如图 6-24 所示。并列序列的分支如图 6-24 的"程序段 3"所示，并列序列的合并如图 6-24 的"程序段 6"所示。

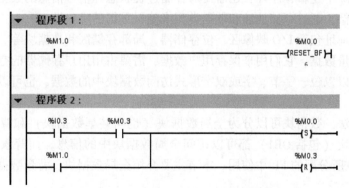

程序段 1：

```
  %M1.0                              %M0.0
───┤├──────────────────────────────[RESET_BF]
                                       6
```

程序段 2：

```
  %I0.3      %M0.3                   %M0.0
───┤├─────────┤├──────┬─────────────( S )
  %M1.0                │             %M0.3
───┤├─────────────────┴─────────────( R )
```

图 6-24　并列序列的置位/复位法实现

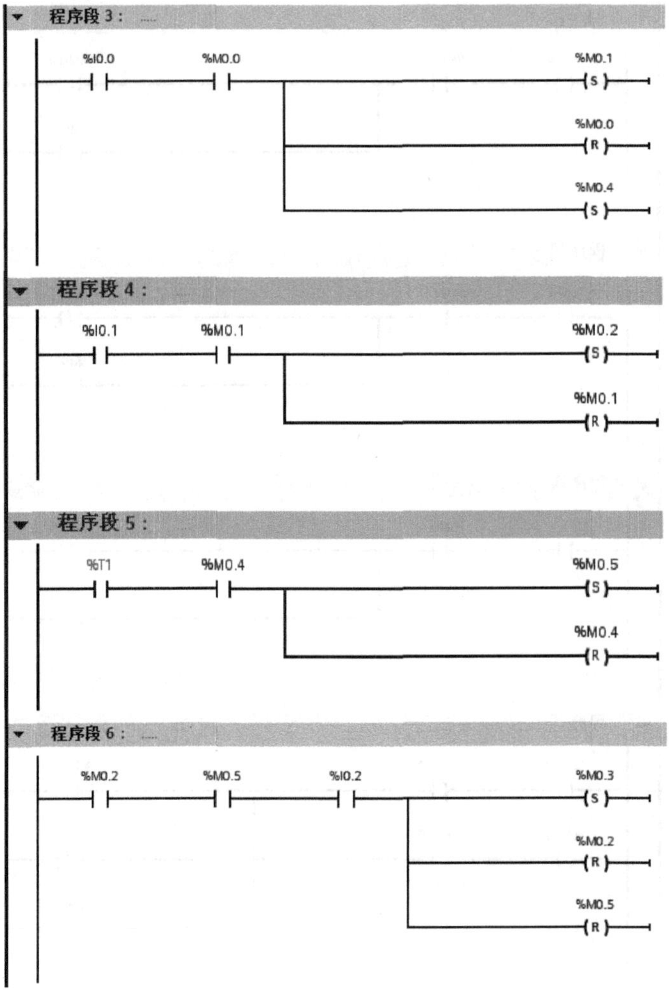

图 6-24 并列序列的置位/复位法实现（续）

6.4 使用数据块

用户程序中除了逻辑程序外，还需要对存储过程状态和信号信息的数据进行处理。数据以变量的形式存储，通过存储地址和数据类型来确保数据的唯一性。

数据的存储地址包括 I/O 映像区、位存储器、局部存储区和数据块等。数据块包含用户程序中使用的变量数据，它们用来保存用户数据，需要占用用户存储器的空间。

用户程序可以以位、字节、字或双字形式访问数据块中的数据，也可以使用符号或绝对地址来访问。

根据使用方法，数据块可以分为全局数据块（也叫共享数据块）和背景数据块。用户程序的所有逻辑块（包括 OB1）都可以访问全局数据块中的信息，而背景数据块是分配给特定的 FB，仅在所分配的 FB 中使用。本节主要介绍全局数据块，背景数据块将在 6.5 节中介绍。

共享数据块用于存储全局数据，所有逻辑块都可以访问所存储的信息。用户需要编辑全局数据块，通过在数据块中声明必需的变量以存储数据。

背景数据块用作 FB 的"私有存储器区"，FB 的参数和静态变量安排在它对应的背景数据块中。背景数据块不是由用户编辑的，而是由编辑器生成的。

6.4.1 定义数据块

在项目视图左侧项目树中的 PLC 设备项下双击"程序块"下的"添加新块"，打开"添加新块"对话框，如图 6-25 所示。单击左侧的"数据块（DB）"按钮选择添加数据块，类型选择"全局 DB"，编号建议选择"自动"分配，这样能够最优化分配数据块所占的存储区。

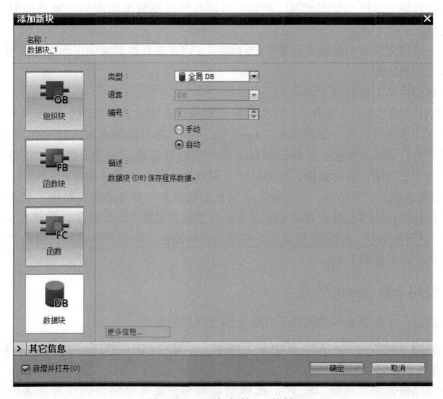

图 6-25 "添加新块"对话框

单击图 6-25 中的"确定"按钮，则可以打开新建的数据块，如图 6-26 所示，其变量声明区中各列含义见表 6-2。

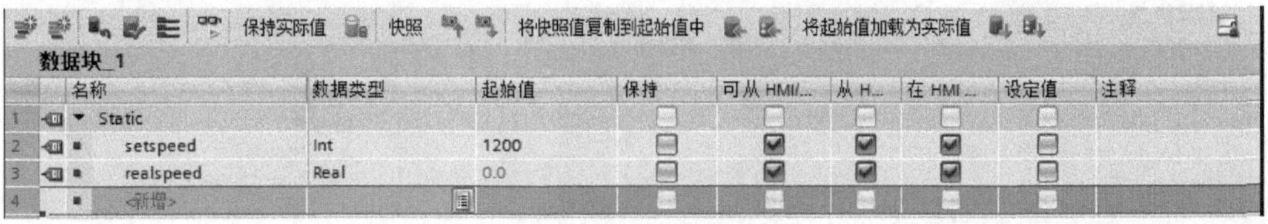

图 6-26 数据块编辑器

表 6-2　数据块中变量声明区的列含义

列名称	说　明
名称	变量的符号名
类型	数据类型
初始值	当数据块第一次生成或编辑时为变量设定一个默认值，如果不输入，就自动以 0 为初始值
保持性	将变量标记为具有保持性，则断电后变量的值仍将保留
注释	变量的注释，可以忽略

数据块也需要下载到 CPU 中，单击工具栏的"下载"按钮进行下载，也可以通过选中项目树中的 PLC 设备统一下载。

单击数据块工具栏"全部监视"按钮，可以在线监视数据块中的变量当前值（CPU 中的变量的值）。

使用全局数据块中的区域进行数据的存取，一定要先在数据块中正确地给变量命名，特别是数据类型要匹配。

定义数据块时需注意以下两点。

1）通过设置"仅符号访问"，可指定全局数据块的变量声明方式，即仅符号方式或者混用符号方式和绝对方式。如果启用"仅符号访问"，则只能通过输入符号名来声明变量。这种情况下会自动寻址变量，从而以最佳方式利用存储容量。如果未启用"仅符号访问"，变量将获得一个固定的绝对地址，存储区的分配取决于所声明变量的地址。

2）如果启用了符号访问，则可指定全局数据块中各个变量的保持特性。如果将变量定义为具有保持性，则该变量会自动存储在全局数据块的保持性存储区中。如果在全局数据块中禁用"仅符号访问"，则无法指定各个变量的保持特性。在这种情况下，保持性设置对全局数据块的所有变量都有效。

6.4.2　使用全局数据块举例

下面通过一个计算平方根的例子介绍全局数据块的使用。

[例 6-1] 计算 $c=\sqrt{a^2+b^2}$，其中 a 为整数，存储在 MW0 中；b 为整数，存储在 MW2 中；c 为实数，存储在 MD4 中。

建立全局数据块"数据_块_1"，选择自动编号，定义存储中间计算结果的变量，如图 6-27 所示。编写程序如图 6-28 所示。

图 6-27　定义数据块中的变量

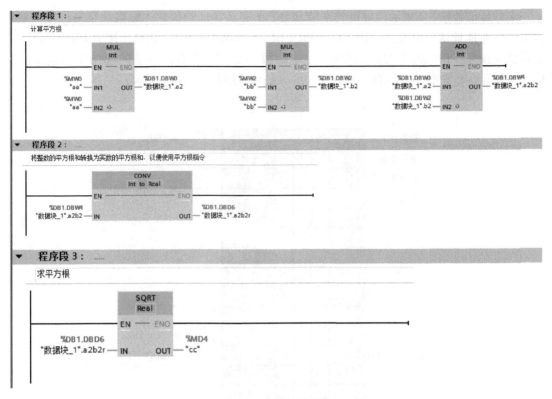

图 6-28 例 6-1 程序

需要说明的是，如果在数据块中定义的数据类型和程序中使用指令要求的数据类型不一致，例如将图 6-27 所示的 "a2" 的数据类型定义为 "Real"，则使用符号寻址编程时如输入 "数据块_1. a2"，系统将报错并提示数据类型不匹配，建议初学者使用符号寻址，即在全局数据块的属性中选择 "优化的块访问"，则只能进行符号寻址，这样思路清晰，不易弄错，特别是对于复杂数据类型通过符号形式进行寻址非常方便。本例中符号地址 "数据块_1. a2" 旁边显示的 "DB1. DBW0" 是该符号地址的绝对地址，此内容将在 6.4.3 节中介绍。

6.4.3 访问数据块

数据块用来存储过程的数据和相关的信息，用户程序中需要对数据块中的数据进行访问。由前面可以看到，访问数据单元有两种方法：符号寻址和绝对地址寻址。符号寻址通常是最简单和方便的，但是在某些特殊情况下系统不支持符号寻址，则只能使用绝对地址寻址。

下面先来介绍数据块的数据单元示意图，这是绝对地址寻址的基础。

数据块的数目和最大块长度依赖于 CPU 的型号。S7-300 PLC 数据块的是 8 KB，S7-400/1200 PLC 的最大块长度是 64 KB。

数据块中的数据单元按字节进行寻址，图 6-29 所示为数据块的数据单元示意图。可以看出，数据块就像一个大柜子，每个字节类似一个抽屉，可以存放 "东西"，存放 8 位的数据。这样，对数据块的直接地址寻址和前面介绍的存储区寻址是类似的。数据块位数据的绝对地址寻址格式如：DB1. DBX4. 1，其中 DB1 表示数据块的编号，DB 表示寻址数据块地址，

X 表示寻址位数据，4 表示位寻址的字节地址，1 表示寻址的位数。数据块字节、字和双字数据的绝对地址寻址格式如：DB10. DBB0，DB10. DBW2，DB1. DBD2，其中 DB10、DB1 表示数据块编号，DB 表示寻址数据块，最末的数字 0、2、2 表示寻址的起始字节地址，B、W、D 表示寻址宽度。各字节、字和双字的寻址示意图如图 6-29 所示。

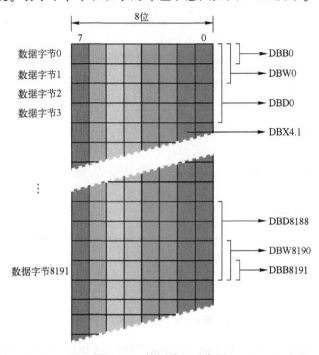

图 6-29　数据单元示意图

下面新建一个数据块"数据块_3"，其编号为 DB5，打开数据块，单击右键，选择显示偏移量，如图 6-30 所示。可以看出，此时数据块列多了"偏移量"项，"偏移量"指的是定义符号的地址，例如 tag1 的偏移量为 0.0，表示 Bool 型变量 tag1 的绝对地址为"DB5. DBX0. 0"。tag3 的偏移量为 2.0，表示该符号变量的起始位为 2.0，由于 tag3 为 Int型，16 位数据，1 个字，故 tag3 的绝对地址为"DB5. DBW2"。同样，tag4 的绝对地址为"DB5. DBD4"。

| 项目1 ▸ PLC_1 [CPU 1214C DC/DC/DC] ▸ 程序块 ▸ 数据块_3 [DB5] |

		保持实际值	快照	将快照值复制到起始值中		将起始值加载为实际值
数据块_3							
	名称	数据类型	偏移量	起始值	保持	设定值	注释
1	▼ Static						
2	tag1	Bool	0.0	false			
3	tag2	Bool	0.1	0			
4	tag3	Int	2.0	0			
5	tag4	Real	4.0	0.0			
6	tag5	Int	8.0	0			

图 6-30　数据块

在用户程序中使用绝对地址寻址时，一定要结合指令和数据块的符号列表仔细核对绝对地址和数据类型。

在图 6-30 中勾选任何符号的"保持",全部符号的"保持"将自动被选择。

6.4.4 复杂数据类型的使用

复杂数据类型是由其他数据类型组成的数据组,不能将任何常量用作复杂数据类型的实参,也不能将任何绝对地址作为实参传送给复杂数据类型。下面通过几个例子说明复杂数据类型的定义和使用。

1. 数组(Array)

Array 数据类型表示的是由固定数目的同一数据类型的元素组成的一个域。一维数组声明的形式为

域名:Array[最小索引 .. 最大索引] of 数据类型;

如一维数组

MeasurementValue:Array[1..10] of Real;

数组声明中的索引数据类型为 Int,其范围为-32768~32767,这也就反映了数组的最大数目。

新建一个全局数据块"blk10",数据块编号为 DB6,不选择"优化的块访问",新建变量 MeasurementValue 和 TestValue,数据类型选择 Array,修改类型为"Real",数组上下限分别修改为 1..10 和-5..5,如图 6-31a 所示。

	名称	数据类型	偏移量	初始值	保持性	注释
1	▼ Static				☐	
2	▶ MeasurementValue	Array [1 .. 10] of real	0.0		☐	
3	▶ TestValue	Array [-5 .. 5] of real	40.0		☐	

a)

blk10

	名称	数据类型	偏移量	起始值	保持	设定值	注释
1	▼ Static						
2	▼ MeasurementValue	Array[1..10] of Real	0.0		☐	☐	
3	■ MeasurementValu...	Real	0.0	20.23	☐	☐	
4	■ MeasurementValu...	Real	4.0	0.0	☐	☐	
5	■ MeasurementValu...	Real	8.0	0.0	☐	☐	
6	■ MeasurementValu...	Real	12.0	0.0	☐	☐	
7	■ MeasurementValu...	Real	16.0	0.0	☐	☐	
8	■ MeasurementValu...	Real	20.0	0.0	☐	☐	
9	■ MeasurementValu...	Real	24.0	0.0	☐	☐	
10	■ MeasurementValu...	Real	28.0	0.0	☐	☐	
11	■ MeasurementValu...	Real	32.0	0.0	☐	☐	
12	■ MeasurementValu...	Real	36.0	0.0	☐	☐	
13	▼ TestValue	Array[-5..5] of Real	40.0		☐	☐	
14	■ TestValue[-5]	Real	40.0	0.0	☐	☐	
15	■ TestValue[-4]	Real	44.0	0.0	☐	☐	
16	■ TestValue[-3]	Real	48.0	0.0	☐	☐	
17	■ TestValue[-2]	Real	52.0	0.0	☐	☐	
18	■ TestValue[-1]	Real	56.0	0.0	☐	☐	
19	■ TestValue[0]	Real	60.0	0.0	☐	☐	
20	■ TestValue[1]	Real	64.0	0.0	☐	☐	
21	■ TestValue[2]	Real	68.0	0.0	☐	☐	
22	■ TestValue[3]	Real	72.0	0.0	☐	☐	
23	■ TestValue[4]	Real	76.0	0.0	☐	☐	
24	■ TestValue[5]	Real	80.0	0.0	☐	☐	

b)

图 6-31 新建 Array 类型变量

数组元素可以在声明中进行初始化赋值，初始化值的数据类型必须与数组元素的数据类型相一致，例如给初始值列为 Array 型变量 MeasurementValue 的第一个元素 MeasurementValue[1]赋初始值 20.23，如图 6-31b 所示。

对数组元素的访问，图 6-31b 扩展模式显示了 Array 型变量的元素，例如 MeasurementValue 的上下限为 1..10，则其 10 个元素为 MeasurementValue[1]～MeasurementValue[10]；而 TestValue 的上下限为 -5..5，则其 11 个元素为 TestValue[-5]～TestValue[5]。因此访问数据块中数组类型变量元素的方法为 blk10.MeasurementValue[1]、blk10.TestValue[0]等，其中 blk10 为数据块名称，MeasurementValue 和 TestValue 为数组型变量，[1]或者[0]表示第 1 个或第 0 个元素。

图 6-31 中，变量 MeasurementValue 的偏移量为 0.0，表示该数组变量的起始位为 0.0，则其第 1 个元素的绝对地址为 DB6.DBD0，第 2 个元素的绝对地址为 DB6.DBD4，依次类推，第 10 个元素的绝对地址为 DB6.DBD36。变量 TestValue 的起始地址位为 40.0，则元素 TestValue[-5]的绝对地址为 DB6.DBD40，其他类推。

2. 结构（Struct）

结构（Struct）数据类型表示一组指定数目的数据元素，而且每个元素可以具有不同的数据类型。S7-1200 PLC 中结构型变量不支持嵌套。

新建一个全局数据块"blk20"，数据块编号为 DB7，不选择"优化的块访问"，新建变量 MotorPara，数据类型选择 Struct，在下一行新建变量 Speed，类型为 Real，继续新建 Bool 型变量 Status 和 Real 型变量 Temp，如图 6-32 所示。

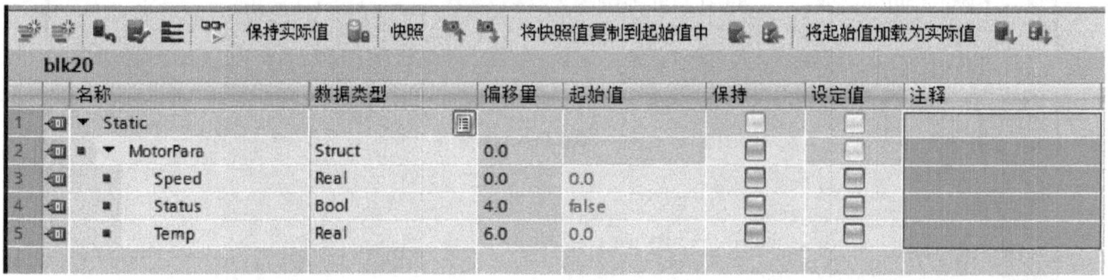

		名称	数据类型	偏移量	起始值	保持	设定值	注释
1	▼	Static						
2	▼	MotorPara	Struct	0.0				
3		Speed	Real	0.0	0.0			
4		Status	Bool	4.0	false			
5		Temp	Real	6.0	0.0			

图 6-32 新建 Struct 类型变量

结构元素可以在声明中进行初始化赋值，初始化值的数据类型必须与结构元素的数据类型相一致，如图 6-32 所示在扩展模式的数据块中输入结构变量相应元素的初始值。

可以使用下列方式来访问结构元素：

StructureName(结构名称).ComponentName(结构元素名称)

例如访问数据块 blk20 中 MotorPara 变量的 Status 元素的方法为

blk20.MotorPara.Status

blk20 为数据块名称，MotorPara 为结构型变量，Status 为结构型变量中的元素。

图 6-32 中，变量 MotorPara 的偏移量为 0.0，表示该结构变量的起始位为 0.0，则其第 1 个元素 Speed 的偏移量为 0.0，因为 Speed 为 Real 型变量，则其绝对地址为 DB7.DBD0，第 2 个元素的偏移量为 4.0，因为 Status 为 Bool 型，则其绝对地址为 DB7.DBX4.0，第 3 个元素的偏移量为 4.0，为 Real 型变量，其绝对地址为 DB7.DBD6。

3. 字符串（String）

字符串（String）数据类型变量是用以存储字符串如消息文本的。通过字符串数据类型变量，在 S7-1200 CPU 里就可以执行一个简单的"（消息）字处理系统"。String 数据类型的变量将多个字符保存在一个字符串中，该字符串最多由 254 个字符组成。每个变量的字符串最大长度可由方括号中的关键字 String 指定（如 String[4]）。如果省略了最大长度信息，则为相应的变量设置 254 个字符的标准长度。在存储器中，String 数据类型的变量比指定最大长度多占用两个字节，在存储区中前两个字节分别为总字符数和当前字符数。

新建一个全局数据块"blk30"，数据块编号为 DB8，不选择"优化的块访问"，新建变量 ErrMsg，数据类型选择 String，在下一行新建变量 tag1，数据类型选择 String 并输入为 String[10]，表示该变量包含 10 个字符，新建变量 tag2，数据类型选择 String 并输入为 String[12]，表示该变量包含 12 个字符，如图 6-33 所示。

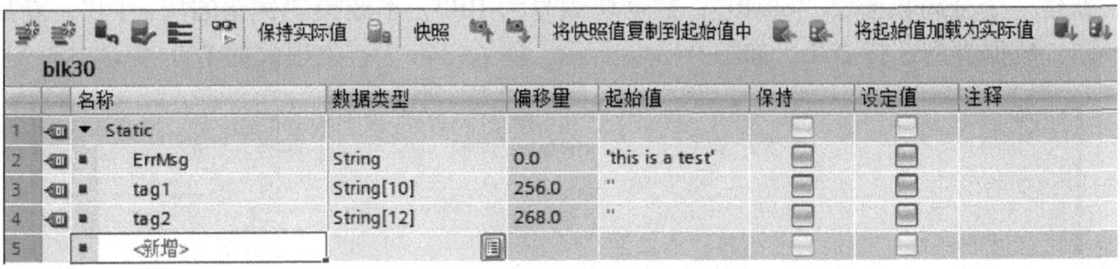

		名称	数据类型	偏移量	起始值	保持	设定值	注释
1		▼ Static						
2		■ ErrMsg	String	0.0	'this is a test'			
3		■ tag1	String[10]	256.0	''			
4		■ tag2	String[12]	268.0	''			
5		■ <新增>						

保持实际值　快照　将快照值复制到起始值中　将起始值加载为实际值

blk30

图 6-33　新建 String 类型变量

字符串变量可以在声明的时候用初始文本对 String 数据类型变量进行初始化。字符串变量的声明方法为

字符串名称:String[最大数目]

图 6-33 中，声明了字符串变量 ErrMsg，没有指明最大数目，则程序编辑器认为该变量的长度为 254 个字符，输入其初始值为"This is a test"。而 tag1 变量的最大数目为 10，其长度为 10 个字符，默认初始值为空。

如果用 ASCII 编码的字符进行初始化，则该 ASCII 编码的字符必须要用单引号括起来，而如果包含那些用于控制术语的特殊字符，那么必须在这些字符前面加字符（$）。

可以使用的特殊字符如下。

$$：简单的美元字符。

$L，$l：换行（LF）符。

$P，$p：换页符。

$R，$r：回车符。

$T，$t：空格符等。

对字符串变量的访问，可以访问字符串 String 变量的各个字符，还可以使用扩展指令中"字符串"项下的"字符"指令实现对字符串变量的访问和处理。例如，符号寻址图 6-33 字符串的方法为 blk30.ErrMsg 或者 blk30.tag1，blk30 为数据块名称，ErrMsg 和 tag1 为字符串型变量；寻址单个元素的方法为 blk30.ErrMsg[23]，表示寻址数据块 blk30 中的字符串型变量 ErrMsg 的第 23 个字符。

String 数据类型的变量具有最大 256 个字节的长度，因此可以接收的字符数达 254 个，称为"净数"。

图 6-33 中，变量 ErrMsg 的长度为默认的 254 个字符，每个字符占用存储区 1 个字节，又因为在存储器中，String 数据类型的变量比指定最大长度多占用 2 个字节，故变量 ErrMsg 在存储区中共占用 256 个字节。变量的 ErrMsg 的偏移量为 0.0，表示它的存储起始地址位是 0.0，共占用 256 个字节，故变量 tag1 的偏移量为 256.0，变量 tag2 的偏移量为 268.0，因为变量 tag1 最大数目为 10，共占用了 12 个字节的存储区。对变量 ErrMsg，由于其前两个字节分别为总字符数和当前字符数，故在存储区第 3 个字节开始存储字符，即图 6-33 所示变量 ErrMsg 的第 1 个字符"T"的绝对地址为 DB8.DBB3，"a"的绝对地址为 DB8.DBB11。

4. 长格式日期和时间（DTL）

DTL 数据类型表示了一个日期时间值，共 12 个字节。

新建一个全局数据块"blk40"，数据块编号为 DB9，不选择"优化的块访问"，新建变量 tag5，数据类型选择 DTL，如图 6-34a 所示，图 6-34b 为扩展模式的 DTL 变量。

blk40						
	名称	数据类型	偏移量	初始值	保持性	注释
1	▼ Static		▼		☐	
2	▶ tag5	DTL	0.0	DTL#1970-1-1-0:0:0.0	☐	
3	tag3	Bool	12.0	false	☐	

a)

blk40						
	名称	数据类型	偏移量	默认值	初始值	保持性
1	▼ Static					☐
2	▼ tag5	DTL	▼ 0.0	DTL#1970-1-1-0:0:0.0	DTL#1970-1-1-0:0:0.0	☐
3	YEAR	UInt	0.0	1970	1970	☐
4	MONTH	USInt	2.0	1	1	☐
5	DAY	USInt	3.0	1	1	☐
6	WEEKDAY	USInt	4.0	5	5	☐
7	HOUR	USInt	5.0	0	0	☐
8	MINUTE	USInt	6.0	0	0	☐
9	SECOND	USInt	7.0	0	0	☐
10	NANOSECOND	UDInt	8.0	0	0	☐
11	tag3	Bool	12.0	false	false	☐

b)

图 6-34　新建 DTL 类型变量

可以在声明部分为变量预设一个初始值。初始值必须具有如下形式：

DTL#年-月-日-周-小时-分钟-秒-毫秒-]

具体结构如图 6-34b 所示。

对于 DTL 数据类型的变量，可以通过符号寻址来访问其中的元素，例如符号寻址月元素的格式为 blk40.tag5.MONTH，其中 blk40 为数据块名称，tag5 为 DTL 类型变量，MONTH 为 DTL 变量的元素，该元素的数据类型由图 6-34b 可以看出为 USInt 型。

还可以通过绝对地址寻址访问 DTL 类型变量的各个内部元素。图 6-34 中，变量 tag5 的偏移量为 0.0，表示其存储起始地址位是 0.0，共占用 12 个字节，第 1 个元素为年，是无符号整型数据，偏移量为 0.0，则该元素的绝对地址寻址格式为 DB9.DBW0。第 2 个元素月的偏移量为 2.0，为无符号短整型数据，则其绝对地址寻址格式为 DB9. DBB2。

6.5 编程方法

第 3 章提到了 PLC 有 3 种编程方法：线性化编程、模块化编程和结构化编程。线性化编程是将整个用户程序放在主程序 OB1 中，在 CPU 循环扫描时执行 OB1 中的全部指令。其特点是结构简单，但效率低下。另一方面，某些相同或相近的操作需要多次执行，这样会造成不必要的重复工作。再者，由于程序结构不清晰，会造成管理和调试的不方便。所以在编写大型程序时，应避免线性化编程。

模块化编程是将程序根据功能分为不同的逻辑块，且每一逻辑块完成的功能不同。在 OB1 中可以根据条件调用不同的功能 FC 或功能块 FB。其特点是易于分工合作，调试方便。由于逻辑块是有条件的调用，所以可以提高 CPU 的利用率。

结构化编程是将过程要求类似或相关的任务归类，在功能 FC 或功能块 FB 中编程，形成通用解决方案。通过不同的参数调用相同的功能 FC 或通过不同的背景数据块调用相同的功能块 FB。其特点是结构化编程必须对系统功能进行合理分析、分解和综合，所以对设计人员的要求较高，另外，当使用结构化编程方法时，需要对数据进行管理。

结构化编程中，OB1 或其他块调用这些通用块，通用的数据和代码可以共享，这与模块化编程是不同的。结构化编程的优点是不需要重复编写类似的程序，只需对不同的设备代入不同的地址，可以在一个块中写程序，用程序把参数（例如要操作的设备或数据的地址）传给程序块。这样，可以写一个通用模块，更多的设备或过程可以使用此模块。但是，使用结构化编程方法时，需要管理程序和数据的存储与使用。

6.5.1 模块化编程

模块化编程中 OB1 起着主程序的作用，功能（FC）或功能块（FB）控制着不同的过程任务，相当于主循环程序的子程序。模块化编程中被调用块不向调用块返回数据。本节以两个实例说明模块化编程的思路。

[例 6-2] 有两台电动机，控制模式是相同的：按下起动按钮（电动机 1 为 I0.0，电动机 2 为 I0.2），电动机起动运行（电动机 1 为 Q0.0，电动机 2 为 Q0.1），按下停止按钮（电动机 1 为 I0.1，电动机 2 为 I0.3），电动机停止运行。

这是典型的起保停电路，采用模块化编程的思想，分别在 FC1 和 FC2 中编写控制程序，如图 6-35a 和图 6-35b 所示，图 6-35c 为在主程序 OB1 中进行 FC1 和 FC2 的调用。

由图 6-35 可以看出，电动机 1 的控制电路 FC1 和电动机 2 的控制电路 FC2 形式上是完全一样的，只是具体的地址不同，可以编写一个通用的程序分别赋给电动机 1 和电动机 2 的相应地址即可。

[例 6-3] 采用模块化编程思想实现公式：$c = \sqrt{a^2 + b^2}$。

假设 a 为整数，存放于 MW0 中；b 为整数，存放在 MW2 中；c 为实数，存放于 MD4 中。建立 DB1 及相应的存储区域。

在 FC3 中编写程序如图 6-36a 所示，图 6-36b 所示为在主程序 OB1 中调用 FC3。

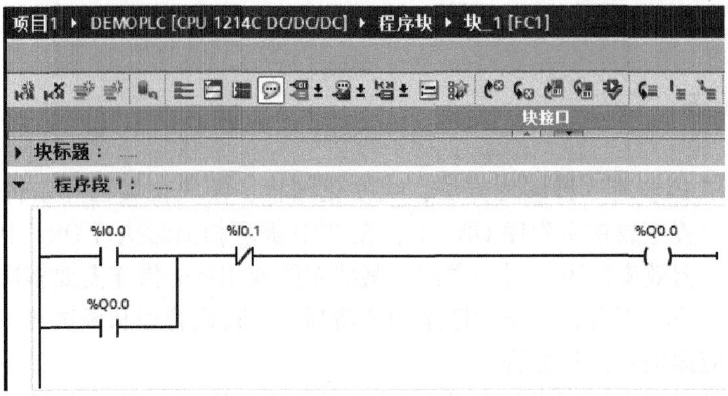

图 6-35　电动机控制的模块化编程例子

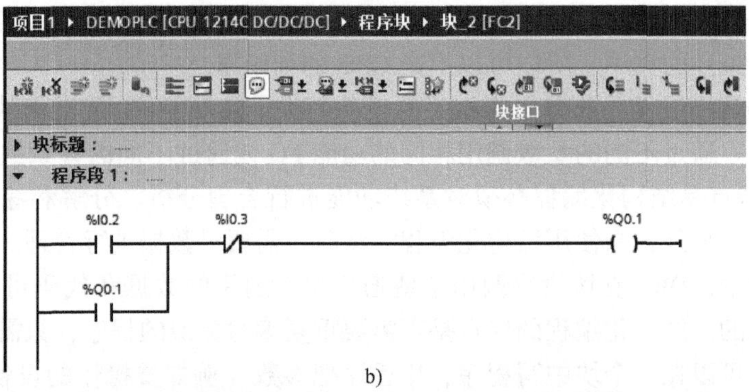

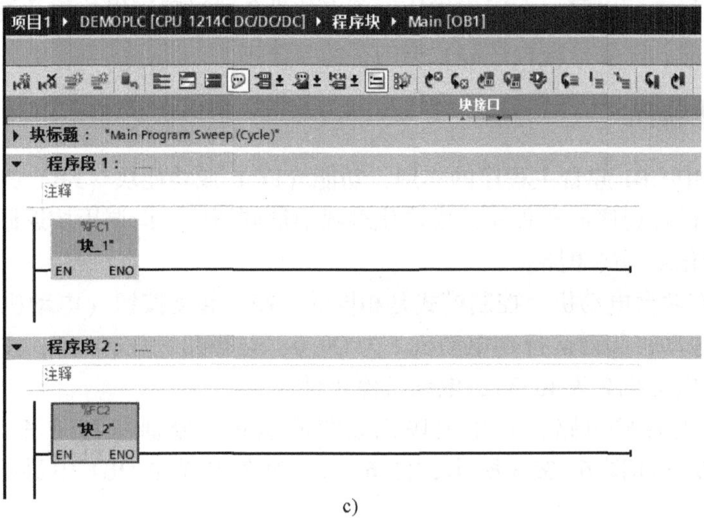

由图 6-36 可以看出，尽管程序的最终目的是获得平方根而不在乎 a 的平方、b 的平方及平方和的值，但是仍然需要填写全局地址来存储相应的中间结果，极大地浪费了全局地址的使用。这种情况下，可以使用临时变量，下面以计算平方根为例来说明临时变量的使用。

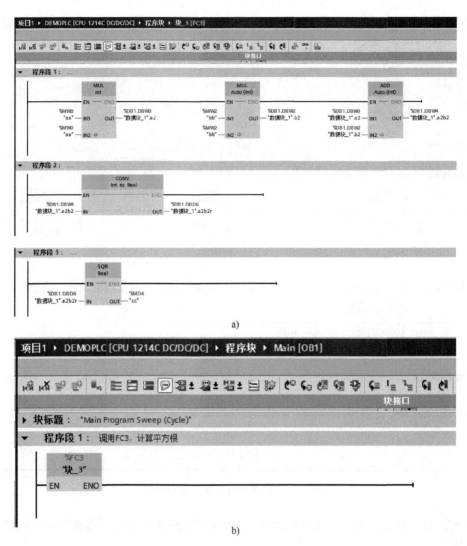

a)

b)

图 6-36　模块化编程例子

6.5.2　临时变量

临时变量可以用于所有块（OB、FC、FB）中。当块执行的时候它们被用来临时存储数据，当退出该块时这些数据将丢失。这些临时数据存储在 L stack（局部数据堆栈）中。

临时变量是在块的变量声明表中定义的，单击程序编辑器工具栏间的上下箭头（图 6-37 黑色框中）可以收缩或展开块的变量声明表，如图 6-37 所示。Temp 为临时变量，其他类型的变量将在 6.5.3 节中介绍。

在"Temp"项下输入将要用到的临时变量名和数据类型，注意临时变量不能赋予初值。在 FC3 的变量声明区定义如图 6-37 所示的临时变量。

将图 6-36a 中相应的全局地址即存储中间运算结果的数据块地址更换为图 6-37 所示的临时变量。

临时变量只能通过符号寻址访问。注意：程序编辑器自动地在局部变量名前加上"#"

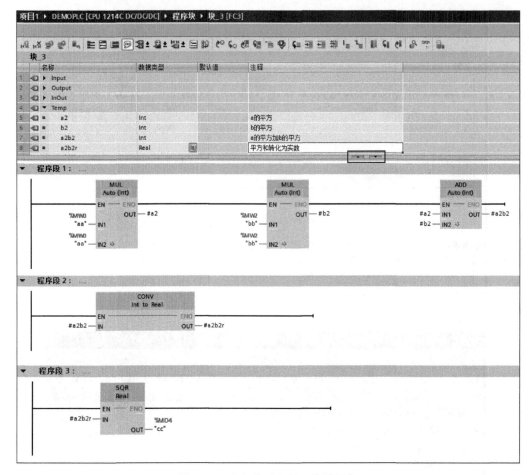

图 6-37　定义临时变量，编写程序

号来标识它们（全局变量或符号使用引号），局部变量只能在变量声明表中对它们定义过的块中使用。

编程时，建议将每个扫描周期不需要保持的数据定义为临时变量，这样就无须专门建立全局存储区域保存中间的运算结果。

6.5.3　结构化编程

由前述例子可以看出，模块化编程可能会存在大量的重复代码，块不能被分配参数，程序只能用于特定的设备，但是，在很多情况下，一个大的程序要多次调用某一个功能，这时应建立通用的可分配参数的块（FC、FB），这些块的输入/输出使用形式参数，当调用时赋给实际参数，这就是结构化编程。

结构化编程有如下优点。

1）程序只需生成一次，它显著地减少了编程时间。

2）该块只在用户存储器中保存一次，显著地降低了存储器用量。

3）该块可以被程序任意次调用，每次使用不同的地址。该块采用形式参数（Input、Output 或 In/Out 参数）编程，当用户程序调用该块时，要用实际地址（实际参数）给这些参数赋值。

结构化编程就要涉及 FC 和 FB 中使用局部存储区，使用的名字和大小必须在块的声明部分中确定，如图 6-37 所示。当 FC 或 FB 被调用时，实际参数被传递到局部存储区。之前使用的是全局变量如位存储区和数据块来存储数据，下面利用局部变量来存储数据。局部变量分为临时变量和静态变量两种，临时变量是一种在块执行时，用来暂时存储数据的变量，如图 6-37 所示。如果有一些变量在块调用结束后还需保持原值，则必须被存储为静态变量，静态变量只能被用于 FB 中。赋值给 FB 的背景数据块用作静态变量的存储区。关于静态变量的详细使用将在后续章节进行说明。

对于可传递参数的块，在编写程序之前，必须在变量声明表中定义形式参数。表 6-3中列举了几种类型的参数及定义方法。注意：当需对某个参数做读、写访问时，必须将它定义为 In/Out 型参数。

表 6-3　形式参数的类型

参 数 类 型	定　　　义	使 用 方 法	图 形 显 示
输入参数	Input	只能读	在块的左侧
输出参数	Output	只能写	在块的右侧
输入/输出参数	In/Out	可读/可写	在块的左侧
返回参数	Return	只能写	在块的右侧

在声明表中，每一种参数只占一行。如果需要定义多个参数，可以用"回车（Return）"键来增加新的参数定义行；也可以选中一个定义行后，通过菜单功能"插入→声明行"来插入一个新的参数定义行。当块已被调用后，再插入或删除定义行，必须重新编写调用指令。

现在重新编写前述电动机的控制电路程序。

新建块 FC4，定义形式参数如图 6-38 所示。使用形式参数编写 FC4 程序，如图 6-39 所示。

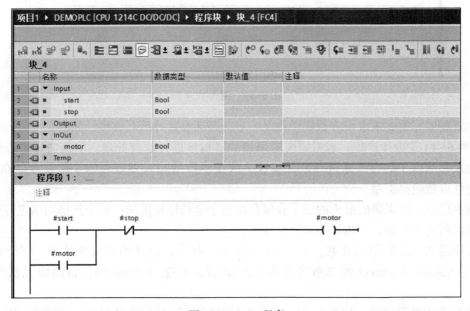

图 6-38　FC4 程序

需注意以下几点。

1）如果在编程一个块时使用符号名，编辑器将在该块的变量声明表查找该符号名。如果该符号名存在，编辑器将把它当作局部变量，并在符号名前加"#"号。

2）如果它不属于局部变量，则编辑器将在全局符号表中搜索。如果找到该符号名，编辑器将把它当作全局变量，并在符号名上加引号。

3）如果在全局变量表和变量声明表中使用了相同的符号名，编辑器将始终把它当作局部变量。然而，如果输入该符号名时加了引号，则可成为全局变量。

在 OB1 中调用 FC4，输入实际参数，如图 6-39 所示。可以看出，此时的 FC4 有两个输入参数和一个输入/输出参数，分别输入相应的实际地址，实现的功能与前述例子相同，但是此时只编写了一个块 FC4。

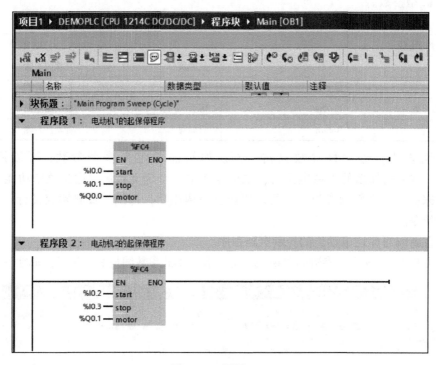

图 6-39　调用 FC4

再重新编写前述求取平方根例子程序，定义局部参数并编写程序，如图 6-40 所示。

[例 6-4] 工业生产中，经常需要对采集的模拟量进行滤波处理。本例通过将最近三个采样值求和除以 3 的方式来进行软件滤波。假设模拟量输入处理后的工程量存储在 MD44 中，为浮点数数据类型。

编程思路：将采集的最近的三个数保存在三个全局地址区域，每个扫描周期进行更新以确保是最新的三个数，三数相加求平均即可。

首先定义 FC5 的形式参数，如图 6-41 所示。注意：定义的形式参数中，三个采集值 Value1、Value2 和 Value3 的参数类型为 In/Out 型，不能为 Temp 型，否则将无法保存该数值。

在 FC5 中编写程序，如图 6-41a 所示，"程序段 1"的含义是根据循环扫描工作方式从

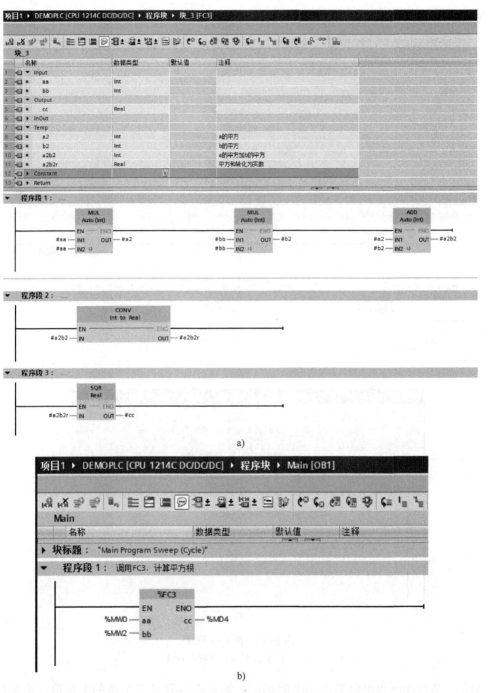

图 6-40　求取平方根例子程序

a）FC3 程序　b）调用 FC3

左到右的顺序将三个最近时间的采集值保存，注意三个 MOVE 指令的次序不能改变；"程序段 2"的含义是将三个数相加除以 3 求平均值。

图 6-41b 中，调用 FC5，并赋值实际参数，求得的平均值存放在 MD72 中。这样，通过

不同的实际参数可以重复调用 FC5 进行多路滤波。

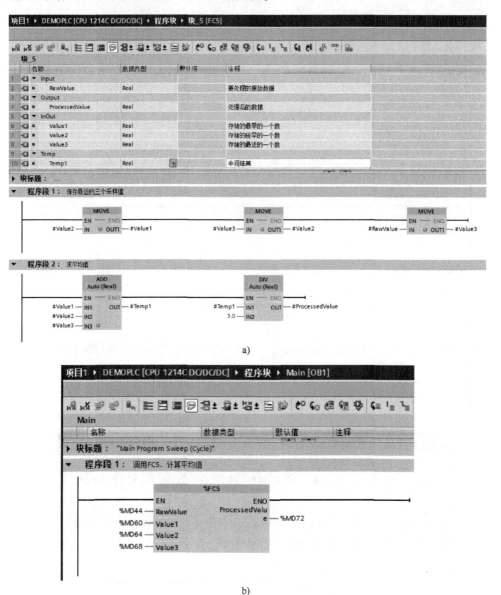

图 6-41 例 6-4 程序
a) 子程序 FC5 b) 主程序 OB1

但是，通过此例也可以看出一个问题：本例关心的只是三个数的平均值，而调用 FC5 子程序时，却需要为三个采集值寻找全局地址进行保存，十分麻烦且容易造成地址重叠，能不能既不用人为寻找全局地址而又能保存数值呢？通过 FB 就可以实现。

6.5.4 FB 的使用

FB（Function Blocks）不同于 FC 的是它带有一个存储区，也就是说，有一个局部数据块被分配给 FB，这个数据块称为背景数据块（Instance Data Block）。当调用 FB 时，必须指定背景数据块的号码，该数据块将自动打开。

背景数据块可以保存静态变量，故静态变量只能用于 FB 中，并在其变量声明表中定义。当 FB 退出时，静态变量仍然保持。

当 FB 被调用时，实际参数的值被存储在它的背景数据块中。如果在块调用时，没有实际参数分配给形式参数，在程序执行中将采用上一次存储在背景数据块中的参数值。

每次调用 FB 时可以指定不同的实际参数。当块退出时，背景数据块中的数据仍然保持。

可以看出，FB 的优点如下。

1) 当编写 FC 程序时，必须寻找空的标志区或数据区来存储需保持的数据，并且要自己编写程序来保存它们。而 FB 的静态变量可由 STEP 7 的软件来自动保存。

2) 使用静态变量可避免两次分配同一存储区的危险。

结合前面的例子，如果用 FB 实现 FC5 的功能，并用静态变量 EarlyValue、LastValue 和 LatestValue 来代替原来的形式参数，见表 6-4，将可省略这三个形式参数，简化了块的调用。在 FB1 中定义形式参数，编写程序同图 6-41a，图 6-42 所示为调用 FB1 子程序，其中 DB10 为 FB1 的背景数据块，在输入时若 DB10 不存在将自动生成该背景数据块。双击打开背景数据块 DB10，可以看到 DB10 中保存的正是在 FB 的接口中定义的形式参数，如图 6-43 所示。对于背景数据块，无法进行编辑修改，只能读写其中的数据。

表 6-4　定义 FB 的形式参数

参数类型	名　称	数据类型	注　释
Input	RawValue	Real	要处理的原始数值
Static	Value1	Real	最早的一个数
Static	Value2	Real	较早的一个数
Static	Value3	Real	最近的一个数
Output	ProcessedValue	Real	处理后的数
Temp	Temp1	Real	中间结果

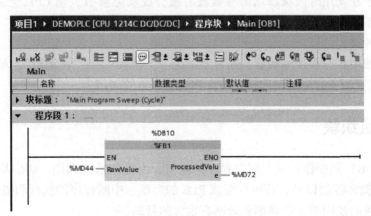

图 6-42　调用 FB1 子程序

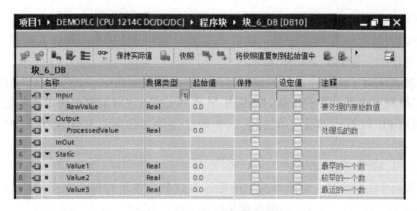

图 6-43 FB 的背景数据块

调用 FB 时需要为其指定背景数据块，这称为 FB 背景化，类似于 C 语言等高级语言中的背景化，即在变量名称和数据类型下面建立一个变量。只有通过用于存储块参数值和静态变量的"自有"数据区，FB 才能成为可执行的单元（FB 背景）。然后使用 FB 背景，即分配有数据区域的 FB，就能控制实际的处理设备。同时，该过程单元的相关数据存储在这个数据区域里。

STEP 7 里的背景具有如下特点。

1）在调用 FB 时，除了对背景 DB 进行赋值之外，不需要保存和管理局部数据。

2）按照背景的概念，FB 可以多次使用。例如，如果对几台相同类型的电动机进行控制，那么就可以使用一个 FB 的几个背景来实现。同时，各个电动机的状态数据也存储在该 FB 的静态变量之中。

6.5.5 检查块的一致性

如果在程序生成期间或之后调整或增加某个块（FC 或 FB）的接口或代码，可能导致时间标签冲突。反过来，时间标签冲突可能导致在调用的和被调用的或有关的块之间不一致，结果导致大幅度的修改。

当一个块已在程序中被调用之后，再增加或删除块的参数，必须更新其他块中该块的调用；否则，由于在调用时该块新增的参数没有被分配实际参数，则 CPU 会进入 STOP 状态或者块的功能不能实现。在"调用结构"中单击工具栏中的"一致性检查"按钮可以查看块的时间标签冲突。

在项目视图中打开程序编辑器，通过菜单命令"选项"→"块调用"，单击"更新所有块调用"，可以更新所有块的时间标签冲突和块不一致的调用。

6.6 使用组织块

组织块（OB）是操作系统与用户程序的接口，由操作系统调用。组织块中除可以用来实现 PLC 扫描循环控制以外，还可以完成 PLC 的启动、中断程序的执行和错误处理等功能。熟悉各类组织块的使用对于提高编程效率有很大的帮助。

6.6.1 事件和组织块

事件是 S7-1200 CPU 操作系统的基础，有能够启动 OB 和无法启动 OB 两种类型的事件。能够启动 OB 的事件会调用已分配给该事件的 OB 或按照事件的优先级将其输入队列，如果没有为该事件分配 OB，则会触发默认系统响应。无法启动 OB 的事件会触发相关事件类别的默认系统响应。因此，用户程序循环取决于事件和给这些事件分配的 OB，以及包含在 OB 中的程序代码或在 OB 中调用的程序代码。

表 6-5 所示为能够启动 OB 的事件，其中包括相关的事件类别。不触发 OB 启动的事件见表 6-6，其中包括操作系统的相应响应。

表 6-5　能够启动 OB 的事件

事件类别	OB 号	OB 数目	启动事件	OB 优先级	优先级组
循环程序	1，>=200	>=1	启动或结束上一个循环 OB	1	1
启动	100，>=200	>=0	STOP 到 RUN 的转换	1	
延时中断	>=200	最多 4 个	延迟时间结束	3	2
循环中断	>=200		等长总线循环时间结束	4	
硬件中断	>=200	最多 50 个（通过 DETACH 和 ATTACH 指令可使用更多）	上升沿（最多 16 个） 下降沿（最多 16 个）	5	
			HSC：计数值=参考值（最多 6 次） HSC：计数方向变化（最多 6 次） HSC：外部复位（最多 6 次）	6	
诊断错误中断	82	0 或 1	模块检测到错误	9	
时间错误	80	0 或 1	超出最大循环时间 仍在执行所调用的 OB 队列溢出 因中断负载过高而导致中断丢失	26	3

表 6-6　不触发 OB 启动的事件

事件类别	事件	事件优先级	系统响应
插入/卸下	插入/卸下模块	21	STOP
访问错误	过程映像更新期间的 I/O 访问错误	22	忽略
编程错误	块中的编程错误（如果激活了本地错误处理，则会执行块程序中的错误处理程序）	23	STOP
I/O 访问错误	块中的 I/O 访问错误（如果激活了本地错误处理，则会执行块程序中的错误处理程序）	24	STOP
超出最大循环时间两倍	超出最大循环时间两倍	27	STOP

6.6.2 启动组织块

接通 CPU 后，S7-1200 CPU 在开始执行循环用户程序之前首先执行启动程序。通过适当编写启动 OB，可以在启动程序中为循环程序指定一些初始化变量。对启动 OB 的数量没有要求，即可以在用户程序中创建一个或多个启动 OB，或者一个也不创建。启动程序由一个或多个启动 OB（OB 编号为 100 或≥200）组成。

由第 3 章可知，S7-1200 CPU 支持 3 种启动模式：不重新启动模式、暖启动-RUN 模式及暖启动-断电前的工作模式。不管选择哪种启动模式，已编写的所有启动 OB 都会执行。

S7-1200 CPU 暖启动期间，所有非保持性位存储器内容都将删除并且非保持性数据块内容将复位为来自装载存储器的初始值。保持性位存储器和数据块内容将保留。

启动程序在从"STOP"模式切换到"RUN"模式期间执行一次。输入过程映像中的当前值对于启动程序不能使用，也不能设置。启动 OB 执行完毕后，将读入输入过程映像并启动循环程序。启动程序的执行没有时间限制。

当启动 OB 被操作系统调用时，用户可以在局部数据堆栈中获得规范化的启动信息。启动 OB 声明表中变量的含义见表 6-7。可以利用声明表中的符号名来访问启动信息，用户还可以补充 OB 的局部变量表。

表 6-7　启动 OB 声明表中变量的含义

变　　量	类　　型	描　　述
LostRetentive	Bool	=1，如果保持性数据存储区已丢失
LostRTC	Bool	=1，如果实时时钟已丢失

[例 6-5] S7-1200 PLC 中要利用实时时钟，如交通灯不同时间段切换不同的控制策略等，则启动运行时，需要检测实时时钟是否丢失，若丢失，则警示灯 Q0.7 亮。

在项目视图项目树中，双击 PLC 设备程序块下的"添加新块"项，选择添加组织块，如图 6-44 所示，选择添加"Startup"类型的组织块，则自动新建编号为 100 的组织块。如果再新建一个启动组织块，则其编号要≥200。

图 6-44　新建启动组织块

在 OB100 中编写程序如图 6-45 所示，则当 S7-1200 PLC 从 STOP 转到 RUN 时，若实时时钟丢失则输出 Q0.7 指示灯亮。

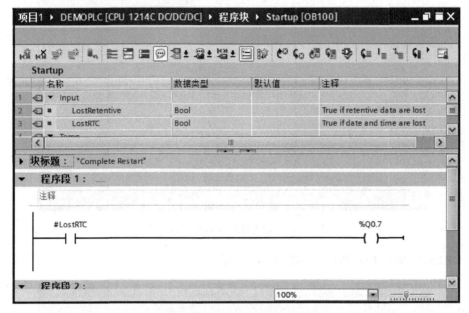

图 6-45　启动组织块应用举例

6.6.3　循环中断组织块

循环中断 OB 用于按一定时间间隔循环执行中断程序，例如周期性地定时执行闭环控制系统的 PID 运算程序等。循环中断 OB 与循环程序执行无关。循环中断 OB 的启动时间通过循环时间基数和相位偏移量来指定。循环时间基数定义循环中断 OB 启动的时间间隔，是基本时钟周期 1 ms 的整数倍，循环时间的设置范围为 1~60000 ms。相位偏移量是与基本时钟周期相比启动时间所偏移的时间。如果使用多个循环中断 OB，当这些循环中断 OB 的时间基数有公倍数时，可以使用该偏移量防止同时启动。

下面给出使用相位偏移的实例。假设已在用户程序中插入两个循环中断 OB，循环中断 OB201 和循环中断 OB202。对于循环中断 OB201，已设置时间基数为 20 ms；对于循环中断 OB202，已设置时间基数为 100 ms。时间基数 100 ms 到期后，循环中断 OB201 第五次到达启动时间，而循环中断 OB202 是第一次到达启动时间，此时需要执行循环中断 OB 偏移，为其中一个循环中断 OB 输入相位偏移量。

用户定义时间间隔时，必须确保在两次循环中断之间的时间间隔中有足够的时间处理循环中断程序。各循环中断 OB 的执行时间必须明显小于其时间基数。如果尚未执行完循环中断 OB，但由于周期时钟已到而导致执行再次暂停，则将启动时间错误 OB。

[例 6-6] 使用循环中断组织块，每隔 1 s MW20 的值加 1。

在项目视图项目树中，双击 PLC 设备程序块下的"添加新块"项，选择添加"Cyclic interrupt"类型的组织块，则新建编号为 200 的循环中断组织块。在项目树中右键单击该循环中断组织块，选择"属性"，打开其属性对话框，在"循环中断"项中设置循环时间为

1000 ms，相移为 0 ms，如图 6-46 所示。

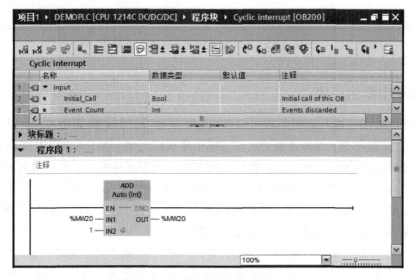

图 6-46　设置循环中断组织块属性

在 OB200 中编写 PLC 程序，如图 6-47 所示。

图 6-47　循环中断组织块应用举例

6.6.4　硬件中断组织块

可以使用硬件中断 OB 来响应特定事件。只能将触发报警的事件分配给一个硬件中断 OB，而一个硬件中断 OB 可以分配给多个事件。最多可使用 50 个硬件中断 OB，它们在用户程序中彼此独立。

高速计数器和输入通道可以触发硬件中断。对于将触发硬件中断的各高速计数器和输入通道，需要组态以下属性：将触发硬件中断的过程事件（例如高速计数器的计数方向改变）和分配给该过程事件的硬件中断 OB 的编号。

触发硬件中断后，操作系统将识别输入通道或高速计数器并确定所分配的硬件中断 OB。

如果没有其他中断 OB 激活，则调用所确定的硬件中断 OB。如果已经在执行其他中断 OB，硬件中断将被置于与其同优先等级的队列中。所分配的硬件中断 OB 完成执行后，即确认了该硬件中断。如果在对硬件中断进行标识和确认的这段时间内，在同一模块中发生了触发硬件中断的另一事件，则若该事件发生在先前触发硬件中断的通道中，将不会触发另一个硬件中断。只有确认当前硬件中断后，才能触发其他硬件中断；否则若该事件发生在另一个通道中，将触发硬件中断。

只有在 CPU 处于"RUN"模式时才会调用硬件中断 OB。

下面通过一个简单的例子演示硬件中断 OB 的使用。S7-1200 CPU1214C 集成输入点可以逐点设置中断特性。新建一个硬件中断组织块 OB300，通过硬件中断在 I0.0 上升沿时将 Q1.0 置位，在 I0.1 下降沿时将 Q1.0 复位。

创建项目，插入 CPU1214C，在设备配置 CPU 的属性对话框的"数字输入"项中，勾选通道 0 的"启用上升沿检测"，选择硬件中断为新建的硬件中断组织块 OB300，如图 6-48a 所示。再勾选通道 1 的"启用下降沿检测"，选择硬件中断为新建的硬件中断组织块 OB301，如图 4-48b 所示。

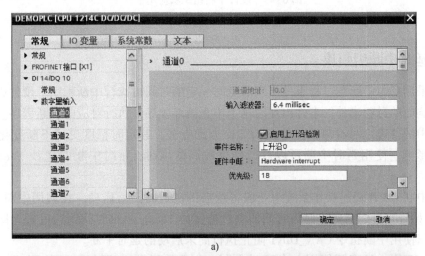

a)

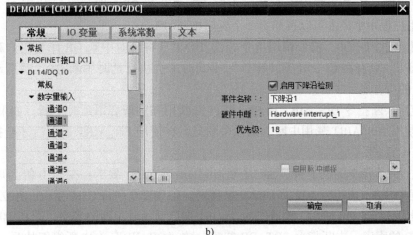

b)

图 6-48　设置硬件中断

在 OB300 中编写程序如图 6-49a 所示，OB301 中编写的程序如图 4-49b 所示。

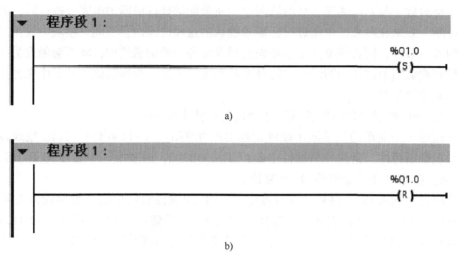

图 6-49　硬件中断组织块应用举例
a）置位 Q1.0　b）复位 Q1.0

6.6.5　延时中断组织块

可以采用延时中断在过程事件出现后延时一定的时间再执行中断程序。硬件中断则用于需要快速响应的过程事件，事件出现时马上中止循环程序，执行对应的中断程序。

PLC 中的普通定时器的工作与扫描工作方式有关，其定时精度受到不断变化的循环扫描周期的影响。使用延时中断可以获得精度较高的延时，延时中断以毫秒（ms）为单位定时。

延时中断 OB 在经过操作系统中一段可组态的延迟时间后启动。在调用中断指令 SRT_DINT 后开始计算延迟时间。延迟时间的测量精度为 1 ms。延迟时间到达后可立即再次开始计时。可以使用中断指令 CAN_DINT 阻止执行尚未启动的延时中断。

在用户程序中最多可使用 4 个延时中断 OB 或循环 OB，即如果已使用 2 个循环中断 OB，则在用户程序中最多可以再插入 2 个延时中断 OB。

要使用延时中断 OB，需要调用指令 SRT_DINT 且将延时中断 OB 作为用户程序的一部分下载到 CPU。只有在 CPU 处于"RUN"模式时才会执行延时中断 OB。暖启动将清除延时中断 OB 的所有启动事件。

可以使用中断指令 DIS_AIRT 和 EN_AIRT 来禁用和重新启用延时中断。如果执行 SRT_DINT 之后使用 DIS_AIRT 禁用中断，则该中断只有在使用 EN_AIRT 启用后才会执行，延迟时间将相应地延长。

下面通过一个简单的例子演示延时中断 OB 的组态方法。要求：在 I0.0 的上升沿用 SRT_DINT 启动延时中断 OB202，10 s 后 OB202 被调用，在 OB202 中将 Q1.0 置位，并立即输出。

示例程序如图 6-50 所示，图 6-50a 为 OB1 中启动延时中断的程序，图 6-50b 为 OB202 中置位 Q1.0 的程序。中断指令 SRT_DINT 的参数"OB_NR"为中断组织块号，"DTIME"为延迟时间，"SIGN"无意义但需要赋地址。

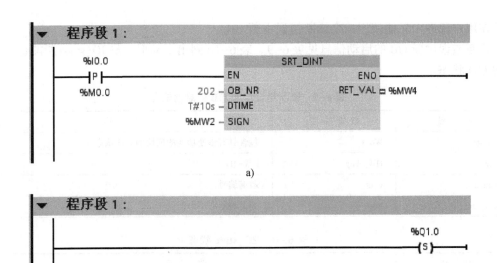

图 6-50 延时中断组织块应用举例

a) OB1 程序 b) OB202 程序

6.6.6 时间错误中断组织块

如果发生以下事件之一，操作系统将调用时间错误中断 OB。

1) 循环程序超出最大循环时间。

2) 被调用 OB（如延时中断 OB 和循环中断 OB）当前正在执行。

3) 中断 OB 队列发生溢出。

4) 由于中断负载过大而导致中断丢失。

在用户程序中只能使用一个时间错误中断 OB。

时间错误中断 OB 的启动信息含义见表 6-8。

表 6-8 时间错误中断 OB 的启动信息含义

变 量	数 据 类 型	描 述
fault_id	Byte	0x01：超出最大循环时间 0x02：仍在执行被调用 OB 0x07：队列溢出 0x09：中断负载过大导致中断丢失
csg_OBnr	OB_Any	出错时要执行的 OB 的编号
csg_prio	UInt	出错时要执行的 OB 的优先级

6.6.7 诊断错误中断组织块

可以为具有诊断功能的模块启用诊断错误中断功能，使模块能检测到 I/O 状态变化，因此模块会在出现故障（进入事件）或故障不再存在（离开事件）时触发诊断错误中断。如果没有其他中断 OB 激活，则调用诊断错误中断 OB。若已经在执行其他中断 OB，诊断错误中断将置于同优先级的队列中。

在用户程序中只能使用一个诊断错误中断 OB。

诊断错误中断 OB 的启动信息见表 6-9。表 6-10 列出了局部变量 IO_state 所能包含的可能的 I/O 状态。

表 6-9　诊断错误中断 OB 的启动信息

变　量	数 据 类 型	描　　述
IO_state	Word	包含具有诊断功能的模块的 I/O 状态
laddr	HW_Any	HW-ID
Channel	UInt	通道编号
multi_error	Bool	为 1 表示有多个错误

表 6-10　IO_state 状态

IO_state	含　　义
位 0	组态是否正确，为 1 表示组态正确
位 4	为 1 表示存在错误，如断路等
位 5	为 1 表示组态不正确
位 6	为 1 表示发生了 I/O 访问错误，此时 laddr 包含存在访问错误的 I/O 硬件标识符

习题

1. 简述顺序控制设计法中划分步的原则。
2. 简述 PLC 编程应遵循的基本原则。
3. 请画出以下梯形图的顺序功能图。

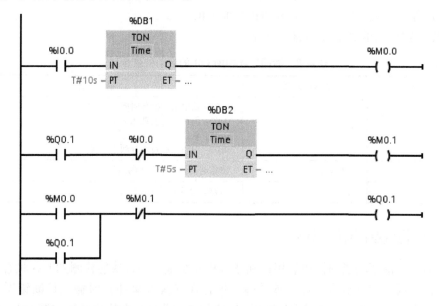

4. 请写出以下顺序功能图对应的梯形图。

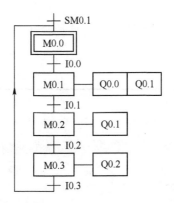

5. 在顺序功能图中，转换实现的条件是什么？

6. 画出以下波形图对应的顺序功能图。

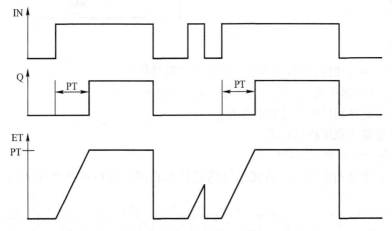

7. 以下是电动机的延时起停程序：按下瞬时起动按钮 I0.0，延时 5 s 后电动机 Q4.0 起动，按下瞬时停止按钮，延时 10 s 后电动机 Q4.0 停止。请画出梯形图对应的顺序功能图。

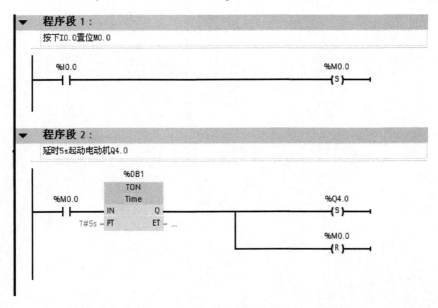

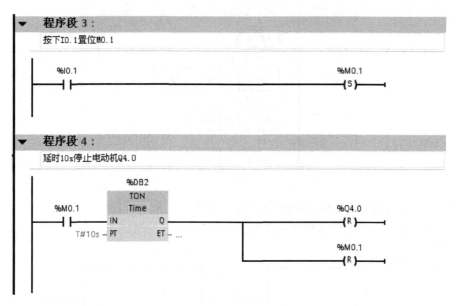

8. S7-1200中数据块有哪些类型, 其主要区别是什么?

9. S7-1200有哪些编程方法, 其主要区别是什么?

10. 为什么要在程序中使用临时变量?

11. 请简述结构化编程的优点。

12. 请简述FB和FC的区别。

13. CPU开始运行的时候, 首先执行的是什么程序? 应该在哪个程序块中为变量做初始化。

第7章　精简系列面板的组态

7.1　面板概述

可视化已经成为自动化系统的标准配置，西门子的 HMI 人机界面产品包括各种面板和 WinCC 软件两大部分。面板的种类很多，按功能大致有微型面板、移动面板、按键面板、触摸面板和多功能面板等几类。微型面板主要针对小型 PLC 设计，操作简单，品种丰富。移动面板可以在不同地点灵活应用。触摸面板和操作员面板是人机界面的主导产品，坚固可靠，结构紧凑，品种丰富。多功能面板属于高端产品，开放性和扩展性最高。

在简单应用或小型设备时，成本是关键因素。此时，具备基本功能的操作面板即可完全满足使用需求，据此西门子推出的 SIMATIC 精简系列面板，可以与 SIMATIC S7-1200 PLC 无缝兼容，专注于简单应用，具有各种尺寸的屏幕可供选择，升级方便。SIMATIC S7-1200 PLC 与 SIMATIC HMI 精简系列面板的完美整合，为小型自动化应用提供了一种简单的可视化和控制解决方案。WinCC 是西门子开发的高集成度工程组态系统，提供了直观易用的编辑器，用于对 SIMATIC S7-1200 PLC 和 SIMATIC HMI 面板进行高效组态。

每个 SIMATIC HMI 精简系列面板都具有一个集成的 PROFINET 接口。通过它可以与控制器进行通信，并且传输参数设置数据和组态数据。这是与 SIMATIC S7-1200 PLC 完美整合的一个关键因素。

目前西门子支持的 HMI 设备如图 7-1 所示。

SIMATIC HMI 精简系列面板的防护等级为 IP65，非常适合在恶劣的工业环境中使用。

图 7-1　西门子支持的 HMI 设备

所有的 SIMATIC HMI 精简系列面板都具备完整的相关功能，例如报警系统、配方管理、趋势功能和矢量图形等。工程组态系统还提供了一个具有各种图形和对象的库，同时还包括根据不同行业要求设计的用户管理功能，例如对用户 ID 和密码进行认证。但是对于面板的一些高级功能不予支持。

7.2 组态入门

7.2.1 组态变量

在项目中使用变量来传送数据。WinCC 使用两种类型的变量：过程变量和内部变量。过程变量是由控制器提供过程值的变量，也称为外部变量。不连接到控制器的变量称为内部变量。

内部变量存储在 HMI 设备的内存中，不能直接与 PLC 通信，因此，只有这台 HMI 设备能够对内部变量进行读写访问。内部变量支持的数据类型见表 7-1。

表 7-1　内部变量的数据类型

数 据 类 型	数 据 格 式
Array	一维数组
Bool	布尔型
SInt	有符号的 8 位整数
Int	有符号的 16 位整数
DInt	有符号的 32 位整数
USInt	无符号的 8 位整数
UInt	无符号的 16 位整数
UDInt	无符号的 32 位整数
Real	32 位实数（浮点数）
LReal	64 位实数（浮点数）
WString	字符和字符串数据类型
DateTime	日期和时间的格式为 "DD. MM. YYYY hh:mm:ss"
Raw	原始数据
TextRef	文本参考

外部变量是 PLC 中所定义的存储单元的映像。无论是 HMI 设备还是 PLC，都可对该存储位置进行读写访问。由于外部变量是在 PLC 中定义的存储位置的映像，因而它能采用的数据类型取决于与 HMI 设备相连的 PLC。

对于过程变量，需要先创建连接。在项目视图中，打开图 4-5 所示的网络配置图，单击选中 S7-1200 PLC 的以太网接口，并将其拖拽到 HMI 的以太网口，系统将显示一条名称为"HMI 连接_1"表示连接关系的绿色线，这样就建立了 HMI 到 PLC 的连接。双击项目树 HMI 设备下的"连接"项打开连接对话框，可以查看存在的连接。

在项目树中双击 HMI 设备下的"HMI 变量"，打开 HMI 变量编辑器，双击"名称"列下的"添加新对象"来添加一个新的变量，可以修改变量名称，在"连接"列设置变量为内部变量还是过程变量，过程变量要选择相应的连接，并且还要在"PLC 变量"列指定该 HMI 变量对应的 PLC 变量，如图 7-2 所示，在"数据类型"列选择合适的数据类型，其他设置保持默认，这样，一个变量就创建完成。

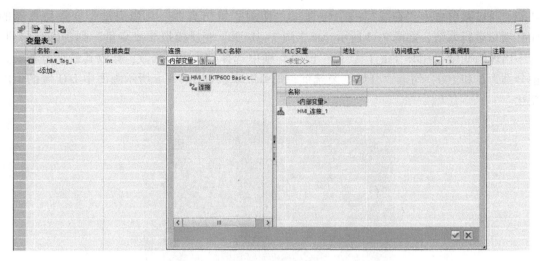

图 7-2　创建变量

可以创建数组变量以组态具有相同数据类型的大量变量，数组元素保存到连续的地址空间中。需要在所连接 PLC 的数据块中创建数组变量，再将数组变量连接到 HMI 变量。为了寻址数据的各个数组元素，数组使用从"1"开始的整数索引。

7.2.2　组态画面

在项目视图左侧的项目树中，双击 HMI 设备的"画面"项下的"添加新画面"，可以添加新的画面，双击项目树中的画面名称可以打开画面编辑器，对画面进行编辑。打开画面一，按照与第 4 章相同的方法添加一个 I/O 域到画面中，选中 I/O 域，在属性对话框的"常规"项下，设置其连接的过程变量为图 7-2 建立的过程变量"HMI_Tag_1"，其他保持不变。

在设计画面时，有时需要在多幅画面中显示同一部分内容，例如公司标志的图形等，这时可以利用模板来简化组态过程。

在项目树中，双击"画面管理"下的"添加新模板"，可以添加新的模板，双击某一模板名称可以打开相应的模板画面。在模板中，可组态将在基于此模板的所有画面中显示的对象。

注意：一个画面只能基于一个模板；一个 HMI 设备可以创建多个模板；一个模板不可基于另一个模板。

全局画面用于功能键（若有的话）和报警窗口、报警指示器分配给 HMI 设备的所有画面。在项目树中，双击"画面管理"下的"全局画面"，可以打开全局画面编辑器。

注意：画面中的组态具有最高优先级 1，优先于模板的组态。模板中的组态具有次级优先级 2，优先于全局画面中对象的组态。全局画面中对象的组态具有最低优先级 3。即，如果模板中的对象与画面中的对象具有相同的位置，则模板对象被覆盖。

7.2.3　运行与模拟

与 WinCC flexible 的功能类似，TIA Portal 的 HMI 组态编辑器也提供了 HMI 的仿真运行功能。通过菜单命令"在线"→"仿真""使用变量仿真器"可以启动带变量仿真器的HMI项目运行系统，如图7-3所示。单击图7-3b所示变量模拟器"变量"列中的空白项，选中出现的变量"HMI_Tag_1"，在"模拟"项中选择"Sine"函数，修改其最小值和最大值分别为0和100，勾选"开始"复选框，则可以观察到图7-3a所示画面中I/O域的值的变化。

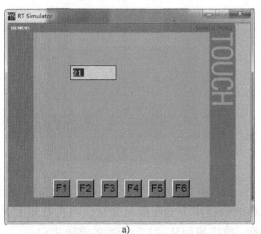

a)

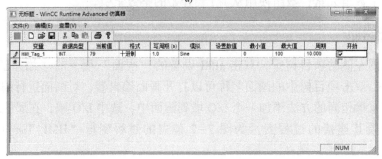

b)

图7-3　带变量仿真器的运行系统
a) HMI 仿真运行系统　b) 变量仿真器

图7-3b所示变量模拟器提供了正弦、随机、增量、减量及移位等几种模拟函数，可根据需要选用合适的函数进行模拟仿真，也可以直接在"设置数值"列输入期望的数值来模拟变量的值。在进行 HMI 项目仿真运行时，也可以通过菜单命令"在线"→"仿真"→"启动"来启动 HMI 项目的仿真运行，此时变量模拟器将不启动，无法进行变量的模拟。

7.3　组态画面对象

画面对象是用于设计项目画面的图形元素。画面对象包括基本对象、元素、控件、图形和库。基本对象包括图形对象（如"线"或"圆"）和标准控制元素（如"文本域"或"图形显示"）。元素包括标准控制元素，如"I/O 域"或"按钮"。控件用于提供高级功能，它们也动态地代表过程操作，如趋势视图和配方视图等。图形以目录树结构的形式分解为各个主题，如机器和工厂区域、测量设备、控制元素、标志和建筑物等，也可以创建指向自定义的图形文件夹的链接。外部图形位于这些文件夹和子文件夹中。它们显示在工具箱中，并通过链接集成到项目中。库包含预组态的对象，如管道、泵或预组态的按钮的图形等，也可以将库对象的多个实例集成到项目中，不必重新组态，提高了效率。

注意：特定情况下某些画面对象只能发挥有限的功能或者根本不可用。

下面通过丰富的实例介绍一些典型的画面对象的使用方法。

7.3.1 组态按钮

要求：在画面一中单击按钮"进入画面二"进入下一个画面，即画面二，在画面二中单击按钮"进入画面一"返回到原来画面，即画面一。在画面一中，添加两个按钮"加1"和"减1"，分别将一个变量的值加1和减1；在画面二中，添加一个点动按钮，即当按下按钮时变量的值为1，释放时变量值为0。

首先组态两个画面切换的功能。

新建两个画面，分别命名为画面一和画面二。打开画面一，在项目视图右侧的"工具箱"中，单击"元素"下的"按钮"对象，移动到画面右下角，按下左键拖动至适合大小释放。

选中画面中的按钮，在项目视图下部的"属性"对话框中，选择"常规"项，选择"模式"为"文本"，则按钮上显示文本，在"文本"框"按钮'未按下'时显示的图形"和"按钮'按下'时显示的文本"中都输入文本"进入画面二"，则无论按钮是按下还是释放都显示文本为"进入画面二"，如图7-4所示。同样，可以设置按钮显示为图形。

图7-4　按钮属性对话框

在"外观"项中，可以设置按钮的背景颜色和文本颜色；"设计"项可以设置焦点；"布局"项设置对象的位置和大小等；"文本格式"项设置如字体等样式以及对齐方式；"其他"项可以设置对象的名称、层等，还可以在此输入对象的信息文本；"安全"项设置对象的操作权限等。

在按钮的"事件"选项卡中，选择"单击"事件，打开系统函数选择对话框，如图7-5所示，这里要求切换画面，选择"系统函数"→"画面"下的"激活屏幕"函数，在"画面名"项中选择画面二，对象号采用默认。

同样的方法组态画面一。最后，需要设置起始画面。在项目树HMI设备中，双击"运行系统设置"项运行系统设置对话框，选择起始画面为"画面一"。

这样，画面切换的功能就组态完成了，单击工具栏保存项目按钮保存项目。

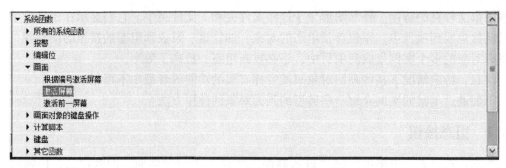

图 7-5　系统函数选择对话框

下面根据本实例要求，新建两个内部变量：SInt 型变量 tag1 和 Bool 型变量 tag2。

打开画面一，在项目视图右侧的"工具箱"中，单击"元素"下的"I/O 域"，移动到画面中，按下左键拖动至适合大小释放。在其"属性"对话框中，设置 I/O 域类型模式为"输出"，连接的过程变量为"tag1"，如图 7-6 所示。在格式框中，可以设置变量的显示格式、移动小数点以及格式样式等。

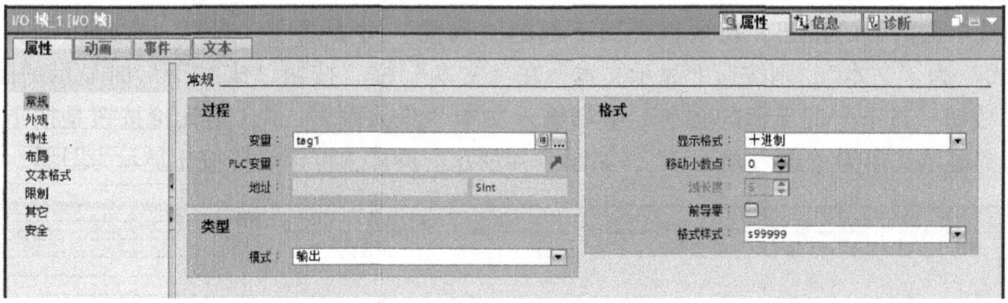

图 7-6　I/O 域属性对话框

单击"元素"下的"按钮"，移动到画面中，按下左键拖动至适合大小释放。选中画面中的按钮，在其"属性"对话框中，选择"常规"项，选择"模式"为"文本"，选择"标签"为"文本"，在"文本"框"未按下"和"按下"时都输入文本"加 1"。其他保持不变。在"事件"→"单击"项中，打开系统函数选择对话框，由于是对变量值加 1，因此选择"系统函数"→"计算脚本"下的"增加变量"函数，变量选择为 tag1，值为 1。

在画面一中，选中按钮"加 1"，按下〈Ctrl〉键，按住鼠标左键向下拖动释放左键后将复制按钮，修改按钮名称为"减 1"，选中按钮"减 1"，在"属性"对话框的"事件"→"单击"项中，打开系统函数选择对话框，选择"系统函数"→"计算脚本"下的"减少变量"函数，变量选择为 tag1，值为 1。

打开画面二，同样拖动一个 I/O 域用来显示变量的值，设置 I/O 域类型模式为"输出"，连接的过程变量为"tag2"，格式类型为二进制。字体为"宋体粗体 24 号"，对齐方式选择为水平居中，垂直居中。

单击"元素"下的"按钮"，移动到画面中，按下左键拖动至适合大小释放。选中画面中的按钮，在项目视图下部的"属性"对话框中，选择"常规"项，选择"模式"为"文本"，选择"标签"为"文本"，在"未按下"文本框中输入文本"停止"，"按下"文本

188

框中输入文本"启动"。其他保持不变。

选中画面中的按钮，在"属性"对话框的"事件"→"按下"项中，打开系统函数选择对话框，由于是对变量值置1，因此选择"系统函数"→"编辑位"下的"置位位"函数，变量选择为tag2。继续对该按钮的事件进行设置，选中画面中的按钮，在"属性"对话框的"事件"→"释放"项中，打开系统函数选择对话框，由于是对变量值置0，因此选择"系统函数"→"编辑位"下的"复位位"函数，变量选择为tag2。

这样，画面就组态完成，单击工具栏"保存项目"按钮保存项目。

通过菜单命令"在线"→"仿真"→"使用变量仿真器"启动运行系统，演示项目，此时可以在变量仿真器中观察相应变量的值。

7.3.2 组态开关

要求：按一下开关，变量tag3的值为1，再按一下开关，变量tag3的值变为0。通过I/O域显示该变量的值。

根据要求，新建内部变量：Bool型变量tag3。

打开画面一，在项目视图右侧的"工具箱"中，单击"元素"下的"开关"，移动到画面中，按下鼠标左键拖动至适合大小释放。选中此"开关"，在项目视图下部的"属性"对话框中，选择"常规"项，过程连接变量选择为"tag3"，选择类型格式为"通过文本切换"，在下面"文本"框中输入"ON"状态文本为"启动"，"OFF"状态文本为"停止"，如图7-7所示。还要在画面上放置一个I/O域，用来显示变量tag3的值，此处不再赘述。运行仿真系统，观察结果。

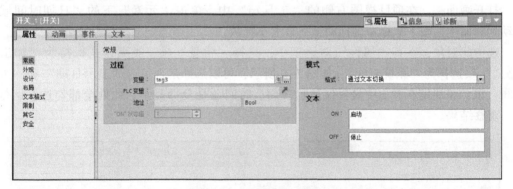

图7-7 开关属性对话框

图7-7所示开关对象的"类型格式"还可以设置为"通过图形切换"，此时需要为"接通"和"断开"设置不同的状态图形，如阀的不同状态等。

7.3.3 组态棒图

"棒图"对象可以让过程值通过更直观的图形方式进行显示，可以添加标尺来标注棒图的显示形式。

要求：通过棒图显示当前的液位值。

新建SInt型内部变量tag4，在画面中添加"工具箱"中"元素"下的"棒图"，选中画面中此对象，在"属性"对话框中，选择"常规"项，过程连接变量选择为"tag4"，如图7-8所示。要根据变量tag4的取值范围设置棒图的最大值和最小值。

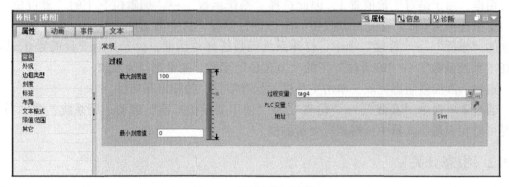

图7-8　棒图属性对话框

在"属性"对话框的"限制"项中，可以设置上限、下限的报警颜色，当超出设定的限制值时显示颜色的变化。

运行仿真系统，观察结果。

7.3.4　组态日期时间域

"日期/时间域"对象显示了系统时间和系统日期。

要求：在画面中通过日期时间域显示当前的日期和时间。

打开画面一，在项目视图右侧的"工具箱"中，单击"元素"下的"日期时间域"，移动到画面中，按下鼠标左键拖动至适合大小释放。

选中此对象，在其"属性"对话框中，选择"常规"项，类型模式保持为"输出"，"格式"项选择为"系统时间"，如图7-9所示，可以选择是否勾选"显示日期"和"显示时间"项，来决定在画面中是仅仅显示日期、时间还是全部显示。此处全部勾选。运行项目，观察结果。

图7-9　日期时间域属性对话框

还可以在画面中通过日期时间域作为"输入/输出"来修改DateTime型变量的值。

7.3.5 组态符号I/O域

符号I/O域用变量来切换不同的文本符号。发电机组在运行时,操作人员需要监视发电机的定子线圈和机组轴承等多处温度值,而若HMI设备画面较小,则可以使用符号I/O域和变量的间接寻址,用切换的方法来减少温度显示占用的画面面积,但是同一时刻只能显示一个温度值。

下面通过一个简单的实例来说明这种组态方法。

要求:在画面一中通过符号I/O域选择要显示的温度,在I/O域中显示选择的温度值。

1. 新建变量及变量指针化

新建3个表示过程温度的SInt型内部变量temp1、temp2和temp3。

新建用于间接寻址的SInt型内部变量"温度值"和USInt型变量"温度指针",在变量"温度值"的属性对话框中,选择"指针化"项,勾选"指针化"复选框,选择索引变量为"温度指针",设置索引0对应变量temp1,索引1对应temp2,索引2对应temp3,如图7-10所示。

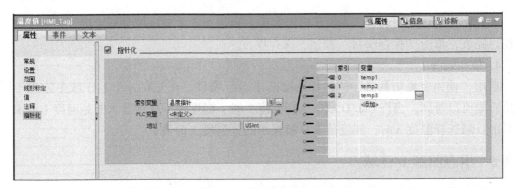

图7-10 变量"温度值"的属性对话框

2. 组态文本列表

在项目树中双击HMI设备下的"文本和图形列表",打开文本列表,新建一个名称为"温度值"的文本列表,设置"选择"项为"值/范围",在"文本列表条目"中设置数值0对应条目"温度1",数值1对应条目"温度2",数值2对应条目"温度3",如图7-11所示。

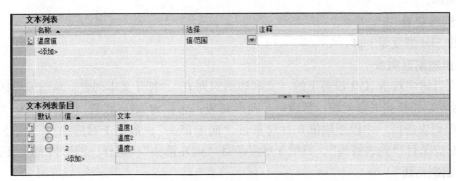

图7-11 组态文本列表

3. 组态画面

打开画面一，拖动"符号 I/O 域"对象到画面中，"模式"为"输入/输出"，设置"文本列表"为前面建立的"温度值"，将其与变量"温度指针"连接，如图 7-12 所示。再在画面中插入一个 I/O 域，"模式"为"输出"，过程变量为"温度值"。

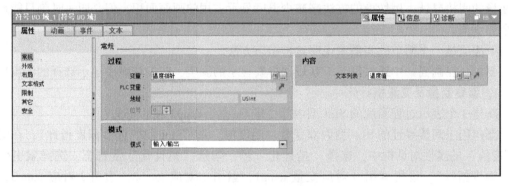

图 7-12　符号 I/O 域的属性对话框

至此需要的功能完成了。为便于模拟实验，再添加 3 个 I/O 域分别对应 3 个温度值。画面组态完成，单击"保存项目"按钮，保存项目。

4. 模拟运行

启用"使用变量仿真器"的运行系统模拟运行项目。首先在 3 个 I/O 域中输入不同的温度，则可以看到，当符号 I/O 域中选择温度 1 时，温度值 I/O 域显示的是温度 1 的值，当符号 I/O 域选择温度 3 时，温度值 I/O 域显示的是温度 3 的值。

7.3.6　组态图形 I/O 域

生产过程中，可能需要在 HMI 中用不同的图形指示不同的含义。该功能可以由图形列表来实现。在"图形列表"编辑器中创建图形列表，将变量的值分配给各个图形。在图形 I/O 域中组态图形列表与变量的连接。下面通过一个例子来演示图形列表和图形 I/O 域的组态方法。

要求：当变量 tag1 的值为"0"时，显示"向上箭头"；值为"1"时，显示"向下箭头"；值为"2"时，显示"向右箭头"；值为"3"时，显示"向左箭头"；其他值时不显示任何图形。

1. 新建变量

新建 SInt 型变量 tag1。

2. 组态图形列表

在项目树中双击 HMI 设备下的"文本和图形列表"，打开文本列表，单击编辑区右上角"图形列表"切换到图形列表，新建一个图形列表，名称为 tx1，设置"选择"为"范围"，在"图形列表条目"中设置数值 0 对应条目"向上箭头"，数值 1 对应条目"向下箭头"，数值 2 对应条目"向右箭头"，数值 3 对应条目"向左箭头"，这样，图形列表就组态好了。

3. 组态画面

在画面一中，添加一个图形 I/O 域，在其属性对话框的"常规"项中，选择图形列表为前面新建的 tx1，选择过程变量为 tag1。为便于修改变量 tag1 的值，再添加一个 I/O 域与变量 tag1 连接。

4. 模拟运行

模拟运行项目，观察结果。

7.3.7 动画功能的实现

WinCC 有非常强大的动画功能，几乎可以对每一个画面设置动画功能。下面通过一个简单的例子演示动画功能的实现方法。

要求：实现小车的水平移动动画，I/O 域中字符的颜色根据变量值的变化而改变。

新建用于控制小车移动的 SInt 型变量 tag1。

在画面一中，通过简单对象"矩形"和"圆"画出一个小车的示意图。将它们全部选中，通过右键菜单命令"组合"→"组合"组合为一个整体。

选中整体图形，在属性中，选择"动画"选项卡，双击"水平移动对象"打开动画设置对话框，连接变量 tag1，如图 7-13 所示。设置过程变量 tag1 的范围为 0~100，表示该变量从 0 变化到 100 时，小车的水平坐标从 20 变化到 216。可以修改起始位置和结束位置的坐标数值。

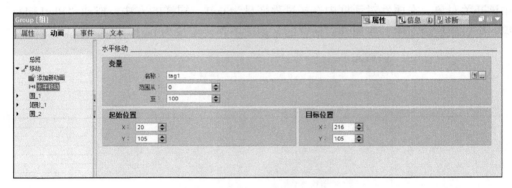

图 7-13　组合的"动画"属性设置

同时在画面中出现两个小车，如图 7-14 所示，深色的小车表示小车运动的起始位置，浅色的小车表示结束位置，蓝色的箭头指出了小车的运动方向。

在画面中再生成一个 I/O 域，用来显示变量 tag1 的值。选中该 I/O 域，在其属性的"动画"选项卡中，双击打开"显示"下的"外观"对话框，如图 7-15 所示，设置变量为 tag1，类型为"范围"，设置值范围 0~50 对应前景色即 I/O 域中的字符颜色为蓝色，值范围 51~75 对应前景色为红色，76~100 对应前景色为绿色。这样，画面的组态就完成了。运行项目，观察效果。

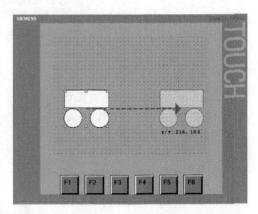

图 7-14　小车画面

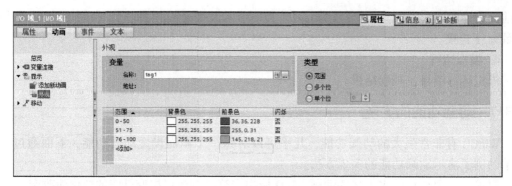

图 7-15　I/O 域的外观动画设置

7.3.8　库的使用

WinCC 系统库提供了较丰富的画面对象供用户使用，极大地提高了开发效率。下面通过一个简单的例子说明系统库中对象的使用方法。

新建 Bool 型变量 tag1。单击右侧"库"选项卡，单击"全局库"下的"Buttons-and-Switches"项，则打开该库对象。

拖动主模板中的"SlideSwitches"下的"DIP_Horizontal"到画面一中，如图 7-16 所示。选中该开关对象，在属性对话框中选择过程变量为 tag1。同样的方法，拖动"PlotLights"中的第一个对象到画面中，在属性对话框的常规项中连接变量为 tag1。

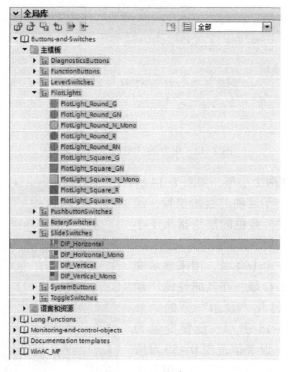

图 7-16　全局库

这样，关于库对象的主要设置就完成了。为便于观察变量 tag1 的值，添加一个 I/O 域到画面中。

运行项目可以看到，未操作开关时，tag1 变量的值为 0，单击一下开关，则开关触头位置改变，变量 tag1 的值为 1，同时指示对象的状态也发生改变。

7.4 用户管理

生产实践中，通常对某些关键的操作或访问只有具有相应权限的人才能进行，例如修改温度和时间的设定值、修改 PID 参数以及创建新的配方数据记录等。这种安全上的要求在 HMI 上可以由用户管理功能来实现。

用户管理的组态步骤包括以下内容。

1）添加所需要的组并分配组的相应权限。

2）添加用户，指明其所属的用户组，分配各自的登录名称和口令。

3）设置画面对象的操作权限。

4）如有需要组态登录对话框和用户视图。

7.4.1 组态用户管理

下面通过一个简单的例子演示用户管理功能的组态方法。

要求：假设画面中的 I/O 域只有具有工程师权限的张厂长和李厂长可以输入参数数值，而具有操作员授权的王三和刘四无法输入参数。

在项目视图项目树 HMI 设备"变量"项下新建 SInt 型内部变量 tag1，在画面一中添加一个 I/O 域，与 tag1 变量连接。

双击项目树 HMI 设备下的"用户管理"项，打开"用户管理"编辑器，如图 7-17 所示，它包含两个页面：用户和用户组。图 7-17a 所示用户组页面上部分为组列表，通过双击"添加新对象"可以添加新的用户组，本例添加了"工程师组"和"操作员组"两个组，下部分为权限列表，通过双击"添加"可以添加新的权限，本例添加了"输入参数"权限。图 7-17a 中，在"组列表"选中某个用户组，在"权限"列表勾选该组对应的权限，则该组用户具有相应的权限。本例中，设置"工程师组"具有"用户管理"和"输入参数"的权限。

图 7-17b 所示用户页面上部分为用户列表，通过双击"添加"可以添加新的用户，本例添加了"Zhang""Li""Wang"和"Liu" 4 个用户（目前用户名不支持中文），并设置相应的密码"123456"。还可以为每个用户设置登录后是否自动注销以及注销时间等。图 7-17b 下部分为组列表，图 7-17a 中的所有用户组将显示于此。在图 7-17b 用户列表选中某个用户，在组列表设置其属于某个组，如本例设置用户"Zhang"属于"工程师组"。

打开画面一，选中 I/O 域，在属性窗口"属性"下的"安全"项设置运行系统时该 I/O 域的操作权限为"输入参数"，如图 7-18 所示，表示只有具有"输入参数"权限的用户才能操作该 I/O 域。

为了运行时用户能够登录，还需要在画面中组态登录按钮和注销按钮。在画面一中添加一个按钮，输入文本为"登录"，在其属性的"事件"选项卡中添加"单击"事件，打开系统函数对话框，选择"用户管理"下的"显示登录对话框"函数。

再添加一个按钮，输入文本为"注销"，为"单击"事件添加"注销"函数。

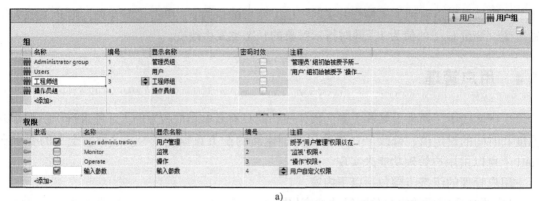

a)

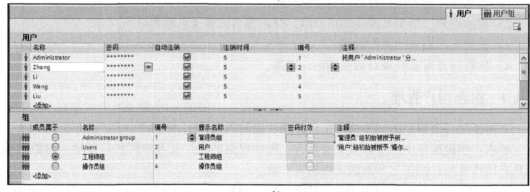

b)

图 7-17　用户管理编辑器

a）用户组界面　b）用户界面

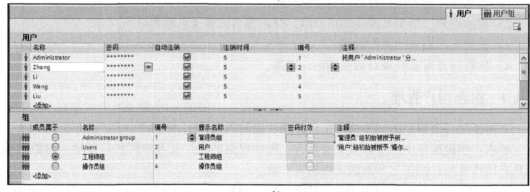

图 7-18　设置对象的操作权限

通过菜单命令"在线"→"仿真"→"启动"启动仿真运行系统，单击 I/O 域，自动弹出登录对话框，输入用户名"Zhang"和密码"123456"，单击确定，再单击 I/O 域就可以输入数据了。单击"注销"按钮，则注销该用户。单击"登录"按钮，打开登录对话框，修改用户为"Wang"，再单击 I/O 域，会发现由于权限不够，无法输入，系统自动弹出登录对话框。

7.4.2　组态用户视图

WinCC 支持 HMI 设备运行时在用户视图中管理用户。在用户视图中所做的更改立即生效，但是在运行时所做的更改将不会在工程系统中更新。重新下载 HMI 程序后，运行时在用户视图所做的修改将被覆盖。

下面组态用户视图。将工具箱"控件"中的"用户视图"拖放到画面一，调整到合适的位置和大小。在其属性对话框"显示"项中，选择行数为"6"，表示运行时用户视图显示 6 行数据，如图 7-19 所示。

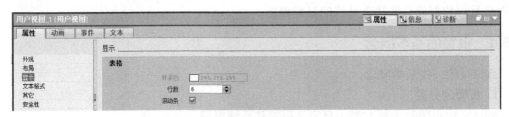

图 7-19 用户视图属性对话框

HMI 运行时，可以获得当前登录用户名称并显示。在画面中添加一个 I/O 域，设置格式类型为字符串，与新建的 WString 型变量 tag2 连接，在其事件对话框"激活"事件中，添加"获取用户名"函数，其变量输出为 tag2，则运行时单击该 I/O 域，当前登录用户名称将送至变量 tag2，也就在该 I/O 域显示了。

通过菜单命令"在线"→"仿真"→"启动"启动仿真运行系统，如图 7-20 所示。在登录对话框中，输入用户名"Zhang"和密码"123456"，单击"确定"按钮，因为用户 Zhang 拥有图 7-17a 所示的"用户管理"权限，所以用户视图显示全部用户，可以管理用户。拥有管理权限的用户可以不受限制地访问用户视图，管理所有的用户和添加新的用户等。单击显示用户名称的 I/O 域则显示当前登录用户为 Zhang。单击"注销"按钮，则注销该用户。

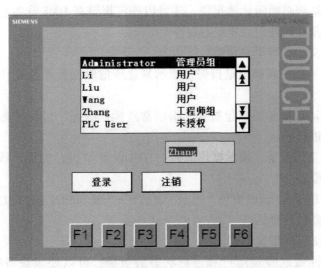

图 7-20 模拟运行用户视图

单击"登录"按钮，打开登录对话框，修改用户为"Wang"，由于该用户没有"用户管理"权限，则用户视图仅显示其自身，且其只能更改自己的用户名、密码和注销时间。

7.5 组态报警

报警功能是 HMI 的重要组成部分。WinCC 中的报警系统主要用来采集、显示和记录来自 PLC 过程数据或系统状态导致的报警消息。

7.5.1 报警的基本概念

首先介绍一些基本概念。

1. 报警的分类

WinCC 中报警分为两大类：自定义报警和系统报警。

自定义报警是在 HMI 设备上组态的由 PLC 的过程数据引起的报警，包括离散量报警和模拟量报警。离散量报警对应于二进制数的 1 位，离散量的两种相反的状态可以用 1 位二进制数表示。例如，继电器的接通和断开、各种传感器信号等都可以用来触发离散量报警。

系统报警是在设备中预定义的显示特定系统状态的报警，包括 HMI 系统报警和由 PLC 触发的系统报警。例如，如果出现特定的内部状态或者与 PLC 通信期间出错，则 HMI 设备将触发 HMI 系统事件报警。

由 PLC 触发的系统报警不能在 WinCC 中组态。

2. 报警的组成

每个报警都是由报警文本、报警编号、报警的触发、报警类别与报警组等信息组成。报警文本包含了对报警的描述和注释信息。报警编号在其所属类型中是唯一的。离散量报警由变量内的某个位触发报警，而模拟量报警则由变量的限制值触发报警。

报警类别决定是否必须确认该报警，还可以确定报警在 HMI 设备上的显示方式。报警组可以确定是否以及在何处记录相应的报警。

WinCC 中预定义的报警类别包括以下内容。

"错误"：用于离散量和模拟量报警，指示紧急或危险操作和过程状态。该类报警必须始终进行确认。

"警告"：用于离散量和模拟量报警，指示常规操作状态、过程状态和过程顺序。该类别中的报警不需要进行确认。

"系统"：用于系统报警，提示操作员关于 HMI 设备和 PLC 的操作状态。该报警类别不能用于自定义的报警。

"诊断事件"：用于 S7 诊断消息，指示 SIMATIC S7 或 SIMOTION PLC 的状态和事件。该类别中的报警不需要进行确认。

用户可以自定义新的报警类别。

对于显示临界性或危险性运行和过程状态的报警，可以要求设备操作员对报警进行确认。

报警确认可以通过操作员在 HMI 设备上进行，也可以由控制程序确认。在报警由操作员确认时，变量中的特定位将被置位。

3. 报警的状态与确认

WinCC 中自定义报警即离散量报警和模拟量报警分为下面几种状态。

1）满足了触发报警的条件时，该报警的状态称为"已激活"或"到达"。

2）满足了触发报警的条件且操作员确认了报警时，该报警的状态称为"已激活/已确认"或"（到达）确认"。

3）当触发报警的条件消失时而操作员尚未确认该报警，该报警的状态称为"已激活/已取消激活"或"（到达）离开"。

4）如果操作员确认了已取消激活的报警，该报警的状态称为"已激活/已取消激活/已确认"或"（到达确认）离开"。

每一个出现的报警状态都可以在 HMI 设备上显示和记录，也可以打印输出。

4. 报警的显示

WinCC 提供几种选项将报警显示在 HMI 设备上。

（1）报警视图

报警视图在某个特定的画面上组态。根据报警视图组态的大小，可以同时显示多个报警。可以为不同的报警组以及在不同的画面中，组态多个报警视图。

（2）报警窗口

在画面模板中组态的报警窗口将成为项目中所有画面上的一个元素。根据组态的大小，可以同时显示多个报警。报警窗口的关闭和重新打开均可通过事件触发。

（3）附加信号：报警指示器

报警指示器是指当有报警激活时显示在画面上的组态好的图形符号。在画面模板中组态的报警指示器将成为项目中所有画面上的一个元素。

下面通过简单实例演示报警系统的使用。

7.5.2 组态离散量和模拟量报警

1. 组态离散量报警

下面通过一个实例说明离散量报警的组态步骤。

要求：与 HMI 设备连接的 S7-1200 PLC 中的地址 M4.0 置位时，表示被控对象运动到极限位置，需要提示报警；HMI 设备中的内部变量 tag1 为 1 时，提示"变量 tag1 的值为 1"。

新建内部变量 tag1，数据类型为 Int 型。新建与 S7-1200 PLC 的连接"HMI 连接_1"，新建变量 tag2，连接选择刚才新建的"HMI 连接_1"，PLC 变量选择 PLC 设备中定义的与 MW20 对应的 UInt 型 PLC 变量，则 tag2 的数据类型自动变为 UInt 型，其他参数保持默认。

双击项目树 HMI 设备下的"HMI 报警"项，打开"HMI 报警"编辑器，如图 7-21 所示。可以看到，它包括 4 个选项卡：离散量报警、模拟量报警、报警类别和报警组。

在"离散量报警"编辑器中，可以创建离散量报警并组态它们的属性。双击"添加"添加一条离散量报警，命名为"alarm1"，输入事件文本"被控对象运动到极限位置"，报警类别选择为"Errors"，触发变量选择为 tag2，触发器位为 8，由于 tag2 是与 PLC 中的 UInt 型地址 MW20 对应，故变量 tag2 的第 8 位对应 PLC 中地址 M20.8。"HMI 确认变量"和"HMI 确认位"保持不变。这样，一条离散量报警就组态好了。同样的方法添加第二条离散量报警，事件文本为"变量 tag1 的值为 1"，报警类别选择为"Warnings"，触发变量选择为 tag1，触发位输入第 0 位。创建好的离散量报警如图 7-21 所示。

需要注意的是，离散量报警只支持 UInt 和 Int 两种数据类型。

图 7-21　组态离散量报警

2. 组态模拟量报警

下面通过一个例子说明模拟量报警的组态步骤。

要求：与 HMI 设备连接的 S7-1200 PLC 中的地址 MW8 中的数值大于 100 时，表示温度达到高温警戒温度，需要提示报警；当 MW8 中的数值小于 −20 时，表示温度达到低温警戒温度，需要提示报警。

新建变量 tag3，连接选择前面新建的 "HMI 连接_1"，PLC 变量选择 PLC 设备中定义的与 MW8 对应的 Int 型 PLC 变量，则 tag3 的数据类型自动变为 Int 型，其他参数保持默认。

在 HMI 报警编辑器中，单击 "模拟量报警" 选项卡打开 "模拟量报警" 编辑器，如图 7-22 所示。在 "模拟量报警" 编辑器中，可以创建模拟量报警并组态它们的属性。双击 "添加" 添加一条模拟量报警，输入报警文本 "温度达到高温警戒温度，当前温度为"，报警类别选择为 "Errors"，触发变量选择为 tag3，限制值为常数 100，限制模式为 "大于"，表示大于多少时报警。这样，一条模拟量报警就组态好了。此处，还需要将 MW8 的值插入报警文本中。操作方法：在报警文本期望插入数值处，单击鼠标右键选择 "插入变量域"，在打开的对话框中类型选择变量为 tag3，显示类型为 "十进制"，根据数值大小选择域长度为 5，如图 7-23 所示，单击 "确定" 按钮。这样就可以将变量的实时值插入报警文本中；还可以插入文本列表输出域到报警文本中。

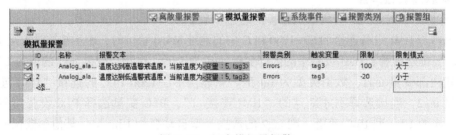

图 7-22　组态模拟量报警

图 7-23　在报警文本中插入实时变量

同样的方法，组态第二条模拟量报警文本，输入报警文本"温度达到低温警戒温度，当前温度为"，报警类别选择为"Errors"，触发变量选择为 tag3，限制值为常数−20，限制模式为"小于"，表示小于多少时报警。同样"插入变量域"到报警文本中。创建好的模拟量报警如图 7-22 所示。

对图 7-22 所示的模拟量报警，还可以选中某条模拟量报警，在其属性对话框"触发器"项中设置变量延迟和死区等。

7.5.3 组态报警视图

打开画面一，在项目视图右侧的"工具箱"中，单击"控件"中的"报警视图"，移动到画面中，按下左键拖动至适合大小释放。

"报警视图_1"属性对话框如图 7-24 所示，"常规"项中，可以设置该报警视图显示"当前报警状态"还是"报警缓冲区"（报警事件），"报警缓冲区"将显示所有发生过的报警，"当前报警状态"可以选择显示报警状态，可以在后面的报警类别框中选择在该报警视图中显示哪些类别的报警信息。

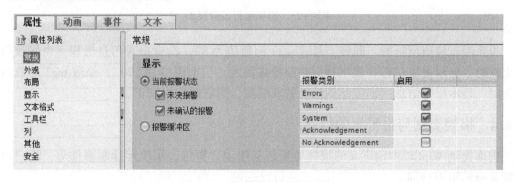

图 7-24　报警视图属性对话框

另外，"外观"项用来设置报警和视图的各部分颜色；"布局"项设置报警视图的位置、模式等；"显示"项设置报警视图中相关对象的显示，如果勾选"确认"，将在报警视图中显示"确认"按钮；"文本格式"项设置字体；"列"项设置报警视图中的可见列以及排序等，例如勾选"报警组"则将在报警视图中显示该列；"其他"项设置报警视图名称和层；"安全"项设置是否操作员控制等。

通过菜单命令"在线"→"仿真"→"使用变量仿真器"启动仿真运行系统，如图 7-25 所示。在 WinCC 运行模拟器中，单击"变量"列中的空白项，选中出现的变量 tag1，在下一行中选择变量 tag2，同样第 3 行选择 tag3。可以在"设置数值"列直接输入希望的变量数值。修改 tag1 的数值为 1，勾选"开始"列对应的选项框，可以看到此时报警视图显示报警信息"变量 tag1 的值为 1"；修改变量 tag2 的值为 5 个 1，勾选"开始"，可以看到报警视图显示报警信息"被控对象运动到极限位置"。

同样的方法，将变量 tag1 和 tag2 的值修改为 0，可以看到报警视图中 tag1 对应的报警信息消失，而变量 tag2 对应的报警消息没有消失，这是由于两者的报警类别不同造成的，错误类别必须要确认，而警告类别不必确认，故触发报警的变量恢复后，警告报警也随之消失。

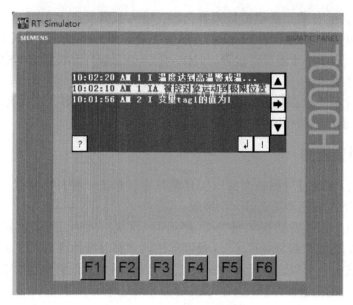

图 7-25 模拟运行报警视图

再来测试模拟量报警。同样，修改 tag3 的数值为 80，没有报警信息出现，当修改数值为 120 时，显示报警信息"温度达到高温警戒温度，当前温度为 120"，修改 tag3 的数值为 −30 时，显示报警信息"温度达到低温警戒温度，当前温度为−30"。

7.5.4 报警类别与报警组的组态

前面提到 WinCC 中预定义的报警类别包括错误、警告、系统和诊断事件等，用户可以自定义新的报警类别。

单击图 7-21 或图 7-22 的"报警类别"选项卡，可以打开"报警类别"编辑器，如图 7-26 所示，在此可以创建新的报警类别并组态各种报警类别的属性。

				离散量报警	模拟量报警	系统事件	报警类别	报警组

报警类别

	显示名称	名称	状态机	背景色"到达"	背景色"到达/离去"	背景色"到达/已确认"	背景"到达/离去/已确认"
	!	Errors	带单次确认的报警	255, 255,...	255, 0, 31	0, 255, 31	36, 36, 228
		Warnings	不带确认的报警	255, 255,...	255, 255, 255	255, 255, 255	255, 255, 255
	$	System	不带确认的报警	255, 255,...	255, 255, 255	255, 255, 255	255, 255, 255
	A	Acknowledgement	带单次确认的报警	255, 0, 31	255, 0, 31	255, 255, 255	255, 255, 255
	NA	No Acknowledgem...	不带确认的报警	255, 0, 31	255, 0, 31	255, 255, 255	255, 255, 255
	紧急	紧急	带单次确认的报警	255, 0, 31	255, 0, 31	255, 255, 255	255, 255, 255
<添加>							

图 7-26 报警类别编辑器

双击"添加"，可以新建报警类别，输入报警名称为"紧急"，显示名称为"紧急"，其他属性为默认值。

报警类别编辑器中列出了报警类别的相关符号和颜色表示。对于"Errors"类别，其显示名称为"！"，即在报警视图中错误类别的报警将显示"！"号，"到达"的背景色为红色，例如可以修改为黄色，"到达/离去"背景色保持为红色，"到达/已确认"的报警背景色改为绿色，"到达/离去/已确认"的报警背景色改为蓝色。

下面通过例子测试对于错误类别的颜色设置。

通过菜单命令"在线"→"仿真"→"使用变量仿真器"启动仿真运行系统。使用上面的模拟量报警，修改数值为 120 时，显示红色的报警信息"温度达到高温警戒温度，当前温度为 120"，表示已激活的报警信息；当修改 tag3 的数值为 -30 时，显示黄色报警信息"温度达到低温警戒温度，当前温度为 -30"，而报警信息"温度达到高温警戒温度，当前温度为 120"变为红色的，表示已激活的又取消的报警信息；选中低温报警信息，单击"确认"按钮，可以看到颜色变为绿色，表示"已激活已确认"报警信息。

对于相关的多个报警，可以设置报警组对这些报警统一管理。在图 7-22 中，单击"报警组"，打开"报警组"编辑器，在此可以创建新的报警组并组态各种报警组的属性。在离散量报警编辑器或模拟量报警编辑器的属性对话框的"常规"项中，可以设置每条报警信息的报警组。

7.5.5 报警窗口和报警指示灯的组态

报警窗口和报警指示灯必须要在全局画面中组态。

在项目视图中，双击项目树 HMI 设备下"画面管理"→"全局画面"，打开全局画面编辑器，此时工具箱"控件"中出现"报警窗口"和"报警指示器"对象。选择"控件"下的报警窗口，移动到画面中，按下左键拖动至适合大小释放，可以调整其尺寸大小。选中报警窗口对象，在项目视图下部的"报警窗口"属性对话框的"常规"项中，可以选择显示的报警状态和报警类别。

报警指示灯使用警告三角来表示报警处于未决状态或要求确认。如果产生组态的报警类别中的报警，则显示报警指示灯。报警指示灯可能有以下两种状态。

1）闪烁：至少存在一条未确认的待决报警。

2）静态：至少有一个已确认的报警尚未取消激活。

在项目视图右侧工具箱中选择"控件"下的报警指示灯，鼠标移动到画面中，单击一下鼠标，则自动插入一个固定大小的报警指示灯对象，可以拖动其到希望的位置。选中报警指示灯对象，在项目视图下部的"属性"对话框中，选择"常规"项，在"报警类别"中勾选希望报警指示灯指示的报警类别，默认情况下未决的或已确认的错误类别的报警将由报警指示灯指示，如图 7-27 所示。

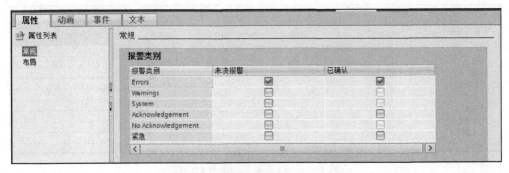

图 7-27 报警指示灯的属性对话框

如果希望运行时单击报警指示灯能够跳转到报警窗口，则可以组态报警指示器的事件。在图7-27所示的属性对话框的"事件"选项卡中，添加单击事件，选择报警函数"显示报警窗口"，"对象名称"为全局画面中组态的报警窗口，显示模式选择"切换"。

7.6 使用趋势视图

趋势是系统运行时变量值的图形表示，在画面中用趋势视图来显示趋势。下面通过一个简单例子说明趋势视图的组态方法。

拖动工具箱"控件"下的"趋势视图"到画面中，如图7-28所示。在其属性对话框的"趋势"项中通过"添加"来添加要显示的趋势名称，设置趋势的样式、趋势值、源设置（趋势对应的变量）和限制等，可以选择趋势曲线新的值来源于右侧还是左侧。在趋势的样式中可以设置趋势的样式模式、线颜色和线模式等，如图7-29所示。

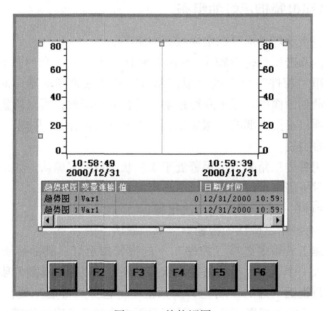

图7-28 趋势视图

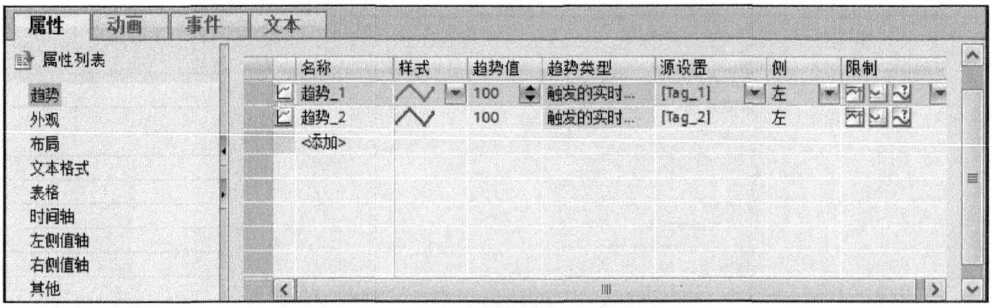

图7-29 趋势视图的属性对话框

"时间轴"项如图 7-30 所示，可以设置是否显示时间轴，以及时间间隔和标签等。"左侧数值轴"和"右侧数值轴"分别设置左 Y 轴和右 Y 轴的范围和标签等。

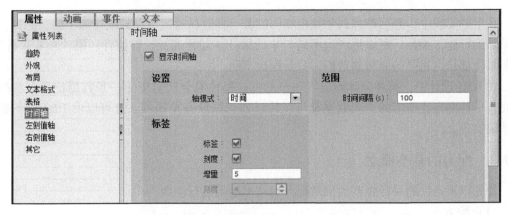

图 7-30　趋势视图属性对话框的"时间轴"项

通过菜单命令"在线"→"仿真"→"使用变量仿真器"启动仿真运行系统。在运行模拟器中，设置变量"Tag_1"模拟为按正弦规律变化，最小值为 0，最大值为 100，周期为 50 s，可以看到，趋势视图中红色曲线实时显示变量"Tag_1"的值，曲线由右往左移动；"Tag_2"模拟为按增量变化，最小值为 0，最大值为 100，周期为 50 s，可以看到，趋势视图中蓝色曲线实时显示变量"Tag_2"的值，曲线由右往左移动。启动模拟后，如图 7-31所示。按住并拖动标尺，可以在数值表中动态显示趋势曲线与标尺交点处的变量值和时间值。

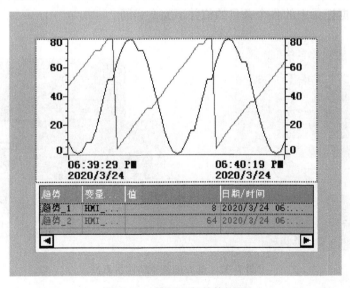

图 7-31　模拟运行趋势视图

7.7 组态配方

在生产实践中，系列产品通常是由相同的若干种原料通过不同的配比加工的。例如，在食品加工行业，果汁厂可以生产出不同口味的果汁，如葡萄汁、柠檬汁、橙汁和苹果汁等。这些果汁都是由相同的原料制造的，只是配比不同。

在 HMI 设计中，每种口味对应于一个配方。每种混合比对应于一条数据记录。触摸按钮时，一种混合比所需的全部数据都可以传送到机械设备控制器。这可以由 HMI 设备的配方功能实现。

7.7.1 配方的基本概念

首先以果汁厂的果汁生产为例对配方的基本结构进行说明。

（1）配方

配方可以比作一个包含多个索引卡的索引卡盒，索引卡盒包含多个不同的索引卡。针对每样产品所需的完整制造数据包含在一个索引卡中。一个 HMI 设备中可能存在多个不同的配方，例如图 7-32 所示葡萄汁、柠檬汁、橙汁及苹果汁等就是不同的配方。

（2）配方数据记录

每个索引卡代表了一个制造一种产品所需的配方数据记录，例如图 7-32 所示橙汁配方中包含饮料、果汁及蜜露等配方数据记录。

（3）配方条目

配方中的每一个参数称为配方的一个条目，也叫元素或者成分。一个配方中的所有数据记录均含有相同的条目。例如图 7-32 所示蜜露配方中水、浓缩、糖和香料等都为一个配方条目。配方各数据记录中的各个条目的值并不完全相同。

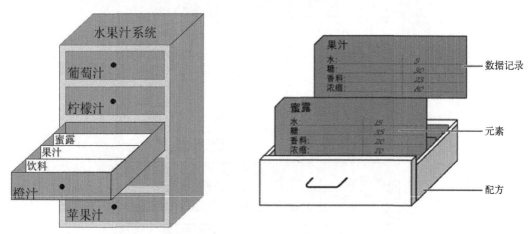

图 7-32 配方的基本结构示意图

可以通过配方视图或者配方画面来显示配方，可以在配方画面或配方视图中改变配方值，以此来修改工艺过程。使用配方时，配方画面或配方视图可以完成相同的功能，但也存在部分区别。

配方视图适用于查看简单的配方，它是 WinCC 的画面对象，用于管理配方数据记录。配方视图始终是过程画面的一部分。配方视图以表格形式显示配方数据记录。

如果要在项目中使用配方视图编辑配方，则值将保存在配方数据记录中，直至使用了相关的操作元素，才开始在 HMI 设备和 PLC 之间传送这些值。

配方画面显示了一个单独过程，其中包括输入配方变量的区域以及用于使用配方的控制对象等。下列情况下适合使用配方画面：大型配方、将配方域分配给相关工厂单元的图形显示或者将配方数据分解成数个过程画面。

最后来介绍配方数据记录的传送。配方中的数据流整体示意图如图 7-33 所示，它包括了加载并保存配方数据、在 HMI 设备和 PLC 之间传送配方值，以及导出和导入配方数据记录等。

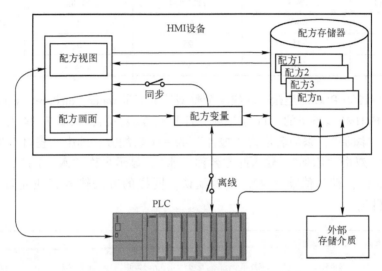

图 7-33　配方中的数据流整体示意图

（1）加载并保存配方数据

在配方视图中，将从 HMI 设备上的配方存储器中加载完整的配方数据记录，或将其保存在 HMI 设备上的配方存储器中。

在配方画面中，从配方存储器将配方数据记录的值加载至配方变量。保存配方数据记录的值时，将配方变量的值保存到配方存储器内的一个配方数据记录中。

（2）在 HMI 设备和 PLC 之间传送配方值

可以在配方视图和 PLC 之间传送完整的配方数据。

也可以在配方画面和 PLC 之间根据组态的不同，在 PLC 和配方变量之间传送配方数据记录，或者在 PLC 和配方变量间即刻传送单个修改过的值。

（3）导出和导入配方数据记录

可以从 HMI 设备配方存储器中导出配方数据记录，并将其保存在外部存储介质的 CSV 文件中；也可将这些记录从存储介质重新导入配方存储器中。

在运行时，配方视图/配方画面、HMI 设备配方存储器和配方变量三者会相互作用影响。

在此还要介绍图 7-33 所示的"同步"和"离线"两个概念。组态时，通过设置"与

PLC 同步"功能来决定配方视图里的值与配方变量值同步。同步之后,配方变量和配方视图中都包含了当前被更新的值。没有为配方选择"变量离线"设置时,当前的配方值直接传送到 PLC 中。

7.7.2 组态配方的方法

表 7-2 为橙汁产品的一个配方,该配方的配方条目有 4 个,分别为水、混合物、糖和香料。该配方有 3 条数据记录,分别为果汁、蜜露和饮料。下面以该橙汁配方作为例子介绍配方的组态方法。

表 7-2 橙汁产品的一个配方

数据记录/条目	水/L	混合物/L	糖/kg	香料/g
果汁	40	20	4	100
蜜露	15	25	5	60
饮料	10	30	6	40

新建与 S7-1200 PLC 的连接,新建 4 个整型外部变量 water、mixture、sugar 及 aroma。

双击项目树 HMI 设备下的"配方"项,打开配方编辑器,如图 7-34 所示。双击"配方"列表中的"添加",添加名称为"橙汁"的一个新配方。选中"橙汁"配方,在"元素"选项卡中,双击"添加",输入配方名称"水"、显示名称"水(L)",变量选择为前面建立的"water",默认值输入 40,其他默认。同样的方法输入其他元素为"混合物""糖"及"香料"。

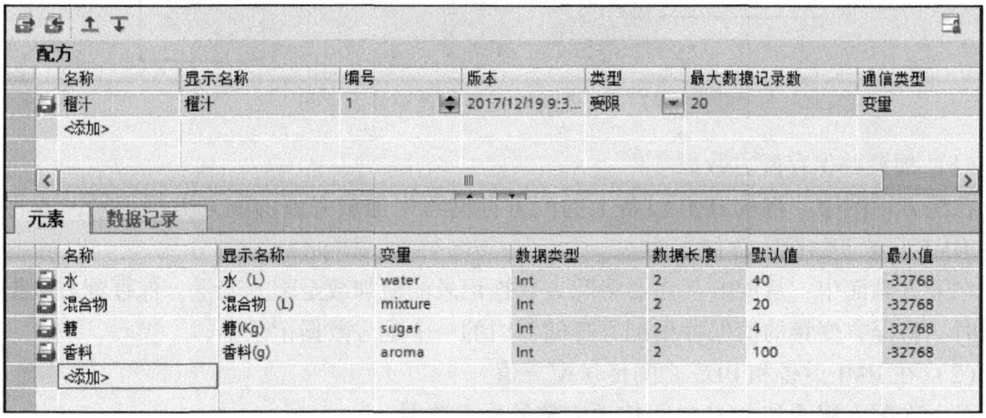

图 7-34 配方编辑器

选中图 7-34 所示的配方"橙汁",在其属性对话框"同步"项中,勾选"协调的数据传输"复选框,选择与"Connection_1"连接,表示使配方视图中的值与 PLC 中的配方变量的值同步,如图 7-35 所示。

在图 7-34 所示的配方编辑器中,单击"数据记录"选项卡,输入表 7-2 所示数据记录的名称和相关元素的数值,如图 7-36 所示。可以在注释处输入与配方元素相关的帮助信息。

图 7-35　配方属性

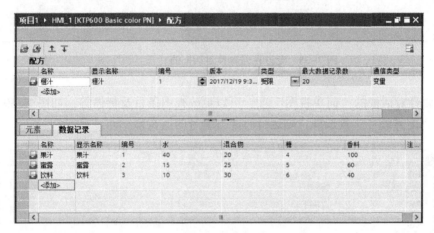

图 7-36　配方的数据记录

7.7.3　组态配方视图

配方视图是一个紧凑的画面对象，用于在 HMI 设备运行时显示和编辑配方数据记录。配方视图组态工作量少，可以快速直接地处理配方和数据记录。

下面接着前面的例子演示配方视图的组态方法及运行。

拖动工具箱"控件"下的"配方视图"到画面中至合适大小，选中该配方视图，在属性对话框的"常规"项中，选择配方名为前面建立的橙汁配方，不设置配方数据记录，保持勾选"编辑模式"，如图 7-37 所示。若将配方数据记录连接变量，则运行时将选中的数据记录的编号送至该变量中。

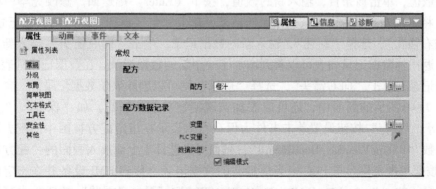

图 7-37　配方视图属性对话框的"常规"项

单击属性对话框的"工具栏"项，可以设置配方视图中的按钮等，如图 7-38 所示。

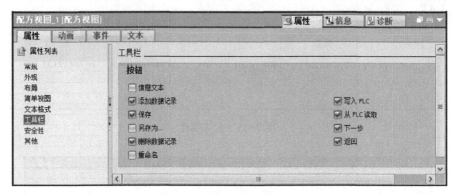

图 7-38　配方视图属性对话框的"工具栏"项

单击属性对话框的"简单视图"项，可以更改视图条目及特性等，如图 7-39 所示。例如，勾选"配方编号"复选框，则运行时配方编号的值在第一列显示。

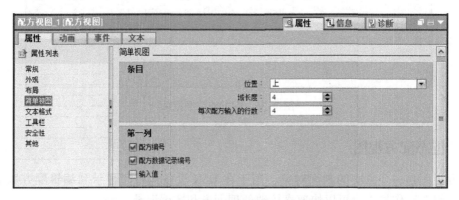

图 7-39　配方视图属性对话框的"简单视图"项

通过菜单命令"在线"→"仿真"→"使用变量仿真器"启动仿真运行系统。可以看到，配方视图中显示橙汁配方的 3 条数据记录列表，如图 7-40 所示。单击"果汁"数据记录，显示出该配方数据记录的具体参数，单击"向左箭头"按钮返回上一步。若要修改某个条目的数值，单击该条目，输入新的数值，按下〈Enter〉键返回。修改完毕，单击"向左箭头"将出现询问是否保存数据记录对话框，单击"是"返回。返回到数据记录列表中，单击"向右箭头"，选择"新建"，输入新的数据记录，单击"向右箭头"输入新的数据记录名称。返回到数据记录列表可以看到增加了一个新的数据记录。在数据记录列表中，选中某条数据记录，单击"向右箭头"，选择"删除"则可以删除该条数据记录。

在图 7-40 所示的画面中，还可以添加实现特定功能的按钮，如"保存""上载"和"下载"等。"保存"按钮设置单击事件为保存当前显示在指定配方视图中的配方数据记录的系统函数"RecipeViewSaveDataRecord"，画面对象选择为上面插入画面的"配方视图_1"。"上载"按钮单击事件为将 PLC 中当前加载的数据记录上传到 HMI 设备并在指定的配方视图中进行显示的"RecipeViewGetDataRecordFromPLC"函数，"下载"按钮单击事件为将显

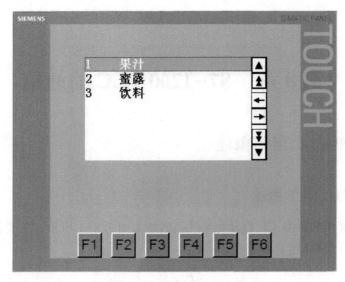

图7-40　模拟运行配方视图

示在指定配方视图的配方数据记录写入 PLC 的 "RecipeViewSetDataRecordToPLC" 函数，画面对象为 "配方视图_1"

习题

1. 在 WinCC 中支持哪些变量类型，它们之间有什么区别？

2. 如何在 WinCC 中创建过程变量？

3. 如何在 WinCC 中创建内部变量？

4. 如何在 WinCC 中创建画面？

5. 如何在 TIA Portal 中启动仿真系统？

6. 在 WinCC 的画面中组态一个按钮，当按下按钮时，变量 tag1 的值加 1。

7. 在 WinCC 中组态一个用户管理，实现在画面中的 I/O 域只有具有工程师权限的张厂长和李厂长可以输入参数数值，而具有操作员授权的王三和刘四无法输入参数。

8. 说明报警的分类和区别。

9. 在 WinCC 中组态一个模拟量报警，实现当 S7-1200 PLC 中的地址 MW8 中的数值大于 100 时，表示温度达到高温警戒温度，需要提示报警；当 MW8 中的数值小于-20 时，表示温度达到低温警戒温度，需要提示报警。

10. 请说明配方数据记录的传送。

第 8 章　S7-1200 PLC 的通信

8.1　S7-1200 PLC 通信概述

8.1.1　SIMATIC NET 概述

西门子公司提供的典型工厂自动化系统网络结构如图 8-1 所示，主要包括现场设备层、车间监控层和工厂管理层。

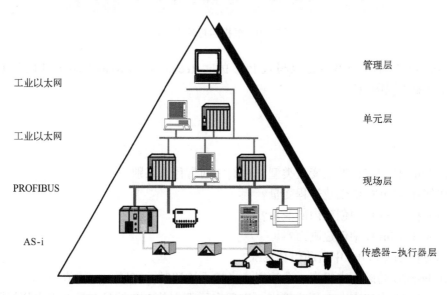

图 8-1　西门子公司提供的典型工厂自动化系统网络结构

（1）现场设备层

现场设备层的主要功能是连接现场设备，如分布式 I/O、传感器、驱动器、执行机构和开关设备等，完成现场设备控制及设备间联锁控制。主站（如 PLC、PC 或其他控制器）负责总线通信管理及与从站的通信。总线上所有设备生产工艺控制程序存储在主站中，并由主站执行。

西门子的 SIMATIC NET 网络系统将执行器和传感器单独分为一层，主要使用 AS-I（执行器-传感器接口）网络。

（2）车间监控层

车间监控层又称为单元层，用来完成车间主生产设备之间的连接，实现车间级设备的监控。车间级监控包括生产设备状态的在线监控、设备故障报警及维护等。通常还具有诸如生产统计、生产调度等车间级生产管理功能。车间级监控通常要设立车间监控室，有操作员工作站及打印设备。车间级监控网络可采用 PROFIBUS-FMS 或工业以太网等。

（3）工厂管理层

车间操作员工作站可以通过集线器与车间办公管理网连接，将车间生产数据送到车间管理层。车间管理网作为工厂主网的一个子网，通过交换机、网桥或路由器等连接到厂区骨干网，将车间数据集成到工厂管理层。

工厂管理层通常采用符合 IEC802.3 标准的以太网，即 TCP/IP 通信协议标准。厂区骨干网可以根据工厂实际情况，采用 FDDI 或 ATM 等网络。

8.1.2 S7-1200 PLC 的通信功能

S7-1200 PLC 因其丰富的通信接口和通信模块，具有强大的通信功能，提供各种通信选项，如 I-Device（智能设备）、PROFINET、PROFIBUS、远距离控制通信、PtP（点对点）通信、Modbus RTU、USS、AS-i 和 I/O Link MASTER 等。

1. 集成的 PROFINET 接口

PROFINET 用于通过以太网与其他通信伙伴交换数据；作为 PROFINET I/O 的 I/O 控制器，可与本地 PN 网络上或通过 PN/PN 耦合器（连接器）连接最多 16 台 PN 设备通信。

2. PROFIBUS 通信模块

通过 PROFIBUS 网络与其他通信伙伴交换数据。通过通信模块 CM 1242-5，CPU 作为 PROFIBUS-DP 从站运行。通过通信模块 CM 1243-5，CPU 作为 1 类 PROFIBUS-DP 主站运行。PROFIBUS-DP 从站、PROFIBUS-DP 主站和 AS-i（左侧 3 个通信模块）以及 PROFINET 均采用单独的通信网络，不会相互制约。

3. PtP 通信模块

实现 S7-1200 PLC 直接发送信息到微型打印机等外部设备，或者从条形码扫描器、RFID（射频识别）读写器或视觉系统等外部设备接收信息，以及与 GPS 装置、无线电调制解调器或其他类型的设备交换信息。

点对点通信模块 CM1241 可执行的协议包括 ASCII、USS 协议、Modbus RTU 主站协议和从站协议，还可以装载其他协议等。

4. AS-i 通信模块

AS-i 是执行器传感器接口（Actuator Sensor Interface）的缩写，是用于现场自动化设备的双向数据通信网络，位于工厂自动化网络的最底层。AS-i 特别适用于连接需要传送开关量的传感器和执行器，例如读取各种接近开关、光电开关、压力开关、温度开关及物料位置开关的状态，控制各种阀门、声光报警器、继电器和接触器等，AS-i 也可以传送模拟量数据。通过 S7-1200 CM 1243-2 AS-i 主站可将 AS-i 网络连接到 S7-1200 CPU。

5. 远程控制通信模块

通过使用 GPRS 通信处理器 CP 1242-7，S7-1200 PLC 可以实现与中央控制站、其他远程站、移动设备、编程设备和使用开放式用户通信的其他设备进行无线通信。

6. I/O-Link 主站模块

I/O-Link 是 IEC61131-9 中定义的用于传感器/执行器领域的点对点通信接口，使用非屏蔽的 3 线制标准电缆。I/O-Link 主站模块 SM1278 用于连接 S7-1200 CPU 和 I/O-Link 设备，它有 4 个 I/O-Link 端口，同时具有信号模块功能和通信模块功能。

8.2　PROFINET I/O 系统

S7-1200 的 CPU 集成 PROFINET 接口，可以实现 CPU 与编程设备、HMI 以及其他 S7 CPU 之间的通信，还可以作为 PROFINET I/O 系统中的 I/O 控制器和 I/O 设备。

8.2.1　S7-1200 PLC 作 I/O 控制器

在基于以太网的 PROFINET 中，PROFINET I/O 设备是分布式现场设备，相当于 PROFI-BUS-DP 现场总线中的从站，ET200 系列分布式 I/O、变频器、调节阀和变送器等都可以作为 I/O 设备。

S7-1200 PLC 可以作为 PROFINET I/O 的控制器，相当于 PROFIBUS-DP 现场总线中的主站。S7-1200 PLC 最多可以带 16 个 I/O 设备，最多 256 个子模块。

与 PROFIBUS-DP 的组态类似，PROFINET I/O 系统仅需做简单的网络组态，不用编写任何程序就可以实现 I/O 控制器对 I/O 设备的周期性数据交换。下面通过一个简单例子演示 S7-1200 PLC 作为 PROFINET I/O 控制器的组态步骤。

在 TIA Portal 软件中创建一个新项目，添加一个 CPU1215C PLC，名称为 PLC_1。在网络视图中，右键单击 CPU 的 PN 口选择"添加 I/O 系统"，则生成 PROFINET I/O 系统。从右侧硬件目录中选择"分布式 I/O"→"ET200S"→"接口模块"→"PROFINET"→"IM151-3 PN"下相应订货号的设备，拖放到网络视图中。单击 ET200S 中的蓝色"未分配"选择 I/O 控制器为"PLC_1"的 PROFINET 接口。同样的方式，添加第二个 I/O 设备。本例的 PROFINET I/O 系统就建立了，如图 8-2 所示。

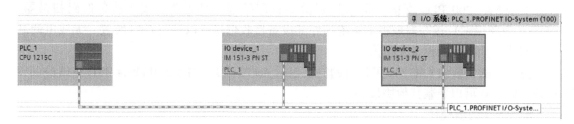

图 8-2　建立 PROFINET I/O 系统

选择 ET200S，切换到设备视图，分别在 1～4 插槽添加电源模块、DI 模块、DI 模块和 DO 模块，如图 8-3 所示。图中右侧的设备概览中，可以查看 ET200S 的信号模块的输入/输出地址。在用户程序中，可以对这些地址直接读写访问。

实际应用时，用以太网电缆连接好 I/O 控制器、I/O 设备和编程计算机后，如果 I/O 设备中的设备名称与组态的设备名称不一致，它们的故障 LED 指示灯会亮。此时，需要进行设备名称分配。在图 8-2 的网络视图中，右键单击 I/O 设备 1，选择菜单命令"分配设备名称"，在打开的"分配 PROFINET 设备名称"对话框中分配设备名称。

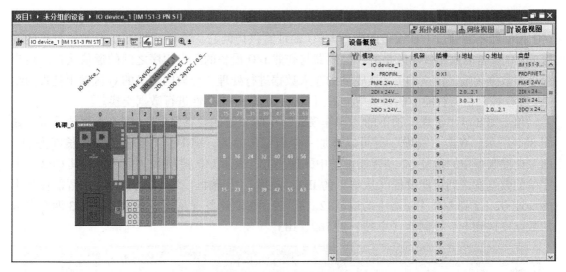

图 8-3　ET200S 设备组态

8.2.2　S7-1200 PLC 作智能 I/O 设备

S7-1200 PLC 还可以作为智能 I/O 设备，与作为 PROFINET I/O 控制器的 S7-1500、S7-1200 PLC 等进行数据交换。下面演示一台 S7-1200 PLC 作为智能 I/O 设备，与另一台 S7-1200 PLC 作为 PROFINET I/O 控制器通信的例子。

在 TIA Portal 软件中创建一个新项目，添加一个 CPU1215C PLC，名称为 PLC_1。在网络视图中，右键单击 CPU 的 PN 口选择"添加 I/O 系统"，则生成 PROFINET I/O 系统。从右侧硬件目录中选择"控制器"→"SIMATIC S7-1200"→"CPU"→"CPU1215C DC/DC/DC"下的一个 S7-1200，拖放到网络视图中，名称为 PLC_2。选中 PLC_2 的 PROFINET 接口，在图 8-4 的属性窗口"常规"项下的"操作模式"中勾选"I/O 设备"，"已分配的 I/O 控制器"选择为"PLC_1"的 PROFINET 接口。

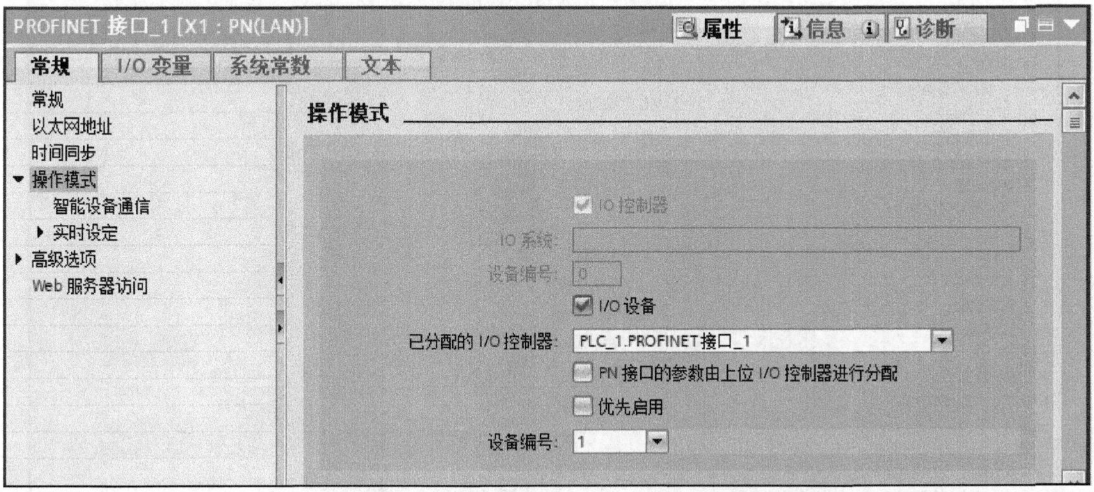

图 8-4　组态 PLC_2 的 PROFINET 接口的操作模式

本例中 I/O 控制器和智能 I/O 设备都是 S7-1200 PLC，它们都有各自的系统存储区，I/O 控制器不能通过 I/O 设备的硬件 I、Q 地址直接访问它，需要定义 I/O 设备的数据传输区。I/O 设备的数据传输区是 I/O 控制器与智能 I/O 设备的用户程序之间的通信接口。用户程序对数据传输区定义的 I 区接收到的输入数据进行处理，传输区定义的 Q 区输出处理的结果。I/O 控制器与智能 I/O 设备之间通过传输区自动地周期性进行数据交换。

单击图 8-4 "常规" 项下的 "操作模式" 中的 "智能设备通信"，定义数据传输区，如图 8-5 所示。双击 "新增" 行可以添加一个数据传输区。图中，"传输区_1" 长度为 1B，由 I/O 控制器中的地址 Q2 到智能设备中的地址 I2，表示 I/O 控制器（主站）将其 QB2 一个字节的数据发送到智能设备（从站）的 IB2；同理，"传输区_2" 长度为 2B，由智能设备中的地址 Q2...3 到 I/O 控制器中的地址 I2...3，表示智能设备（从站）的 QB2、QB3 两个字节的数据发送到 I/O 控制器（主站）的 IB2、IB3。

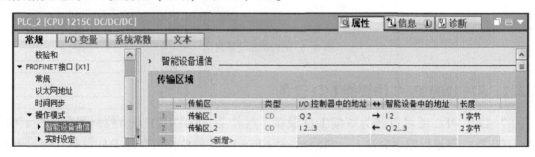

图 8-5　定义数据传输区

在图 8-6 所示的智能 I/O 设备的传输区详细信息中，可以设置访问该智能 I/O 设备的 I/O 控制器个数、刷新方式（自动或者手动）、刷新时间和看门狗时间等。

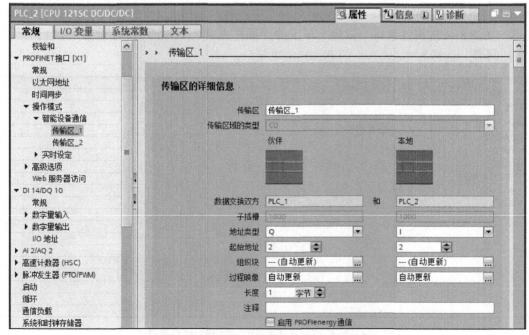

图 8-6　智能 I/O 设备的传输区详细信息

S7-1200 PLC 作为智能 I/O 设备与 S7-1200 PLC 或者 S7-300/400 PLC 组成 PROFINET I/O 系统时，当智能 I/O 设备和 I/O 控制器需要在不同的项目中进行组态时，需要以 GSD 文件（XML）导出智能 I/O 设备，且在 I/O 控制器的组态项目中导入 GSD 文件（XML），作为 I/O 设备插入 PROFINET I/O 系统。如果接口改变，必须重新导出/导入 GSD 文件（XML）。

8.3　S7-1200 PLC 的开放式用户通信

S7-1200 CPU 本体上集成了一个 PROFINET 通信接口，支持以太网和基于 TCP/IP 的通信标准。使用这个通信口可以实现 S7-1200 CPU 与编程设备的通信、与 HMI 触摸屏的通信，以及与其他 CPU 之间的通信。这个 PROFINET 物理接口支持 10 Mbit/s/100 Mbit/s 的 RJ45 口，支持电缆交叉自适应。因此一个标准的或者交叉的以太网线都可以用于该接口。

8.3.1　支持的协议

S7-1200 PLC 的 PROFINET 接口支持开放式用户通信、Web 服务器、Modbus TCP 协议和 S7 通信（服务器和客户机）。开放式用户通信支持以下通信协议及服务：TCP（传输控制协议）、ISO on TCP（RCF1006）、UDP（用户数据报协议）、DHCP（动态主机配置协议）、SNMP（简单网络管理协议）、DCP（发现和基本配置协议）和 LLDP（链路层发现协议）。下面先简要介绍几个协议。

（1）TCP

TCP 是由 RFC793 描述的标准协议，可以在通信对象之间建立稳定、安全的服务连接。如果数据用 TCP 协议来传输，传输的形式是数据流，没有传输长度及信息帧的起始、结束信息。在以数据流的方式传输时，接收方不知道一条信息的结束和下一条信息的开始。因此，发送方必须确定信息的结构让接收方能够识别。因此，建议为要接收的字节数（参数 LEN，指令 TRCV/TRCV_C）和要发送的字节数（参数 LEN，指令 TSEND/TSEND_C）分配相同的值。在多数情况下，TCP 应用了 TCP/IP 协议，它位于 ISO-OSI 参考模型的第 4 层。

TCP 协议具有如下特点。

1）与硬件绑定的高效通信协议。

2）适合传输中等量或大量的数据。

3）为大多数设备应用提供错误恢复和流控制功能，具有较高的可靠性。

4）一个基于连接的协议。

5）可以灵活地与支持 TCP 协议的第三方设备通信。

6）具有路由兼容性。

7）只可使用静态数据长度。

8）有确认机制。

9）使用端口号进行应用寻址。

10）支持大多数应用协议，如 TELNET、FTP 都使用 TCP。

（2）ISO on TCP

ISO 传输协议最大的优势是通过数据包来进行数据传递。然而，由于网络的增加，它不支持路由功能的劣势会逐渐显现。TCP/IP 协议兼容了路由功能后，对以太网产生了重要的影响。为了集合两个协议的优点，在扩展的 RFC1006 "ISO on top of TCP" 作了注释，也称为 "ISO on TCP"，即在 TCP/IP 协议中定义了 ISO 传输的属性。ISO on TCP 是面向消息的协议，它在接收端检测消息的结束，并向用户指出属于该消息的数据。这不取决于消息的指定接收长度。这意味着在通过 ISO on TCP 连接传送数据时传送关于消息长度和结束的信息。ISO on TCP 也是位于 ISO-OSI 参考模型的第 4 层，并且默认的数据传输端口是 102。

ISO on TCP CRFC1006 协议具有如下特点。

1) 高速通信。

2) 适合中等量或大量数据的传输。

3) 与 TCP 相比，可以在每一包的数据传输结束后进行检验，是面向包的数据传输。

4) 路由兼容性。

5) 数据长度可变。

6) 使用 SEND/RECEIVE 编程接口进行数据管理，增加了编程的工作量。

（3）UDP

UDP 是面向消息的协议，它在接收端检测消息的结束，并向用户指出属于该消息的数据。这意味着在通过 UDP 连接传送数据时传送关于消息长度和结束的信息。UDP 位于 ISO-OSI 参考模型的第 4 层。UDP 协议有如下特点。

1) 可用的子网类型：工业以太网（TCP/IP 协议）。

2) 在两个节点之间进行非安全性的相关数据域传输。

3) S7 用户程序中的接口：SEND/RECEIVE。

（4）S7 通信

所有 SIMATIC S7 控制器都集成了用户程序可以读写数据的 S7 通信服务。不管使用哪种总线系统都可以支持 S7 通信服务，即以太网、PROFIBUS 和 MPI 网络中都可使用 S7 通信。此外，使用适当的硬件和软件的 PC 系统也可支持通过 S7 协议的通信。

S7 通信协议具有如下特点。

1) 独立的总线介质。

2) 可用于所有 S7 数据区。

3) 一个任务最多传送达 64 KB 数据。

4) 第 7 层协议可确保数据记录的自动确认。

5) 因为对 SIMATIC 通信的最优化处理，所以在传送大量数据时对处理器和总线产生低负荷。

对于 PROFINET 和 PROFIBUS，CPU 系统已事先定义了可分配给每个类别的连接资源最大数量，这些值无法修改。S7-1200 PLC 的开放式通信的通信连接、S7 连接、HMI、编程设备和 Web 服务器（HTTP）将根据具体功能使用不同数量的连接资源。根据所分配的连接资源，每个设备可支持的连接数量见表 8-1。

表 8-1　每个设备可支持的连接数量

设　　备	编程设备（PG）	HMI 设备	GET/PUT 客户端/服务器	开放式用户通信	Web 浏览器
CPU1217C 的最大连接资源数量/个	4（确保编程设备的连接）	12（确保 4 个 HMI 连接）	8	8	30（确保 3 个 HTTP 连接）

S7-1200 CPU 的 PROFIENT 接口有两种网络连接方法：直接连接和网络连接。

1）直接连接。当一个 S7-1200 CPU 与一个编程设备，或一个 HMI，或一个 PLC 通信时，也就是说，只有两个通信设备时，实现的是直接通信。直接连接不需要使用交换机，用网线直接连接两个设备即可，如图 8-7 所示。

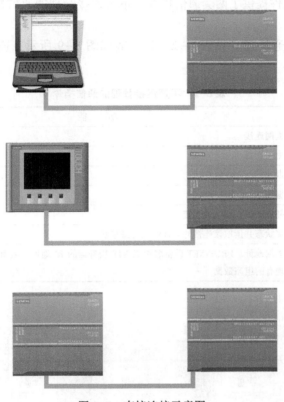

图 8-7　直接连接示意图

2）网络连接。当多个通信设备进行通信时，也就是说，通信设备数量为两个以上时，实现的是网络连接，如图 8-8 所示。多个通信设备的网络连接需要使用以太网交换机来实现。可以使用导轨安装的西门子 CSM1277 的 4 口交换机连接其他 CPU 及 HM1 设备。CSM1277 交换机是即插即用的，使用前不用进行任何设置。

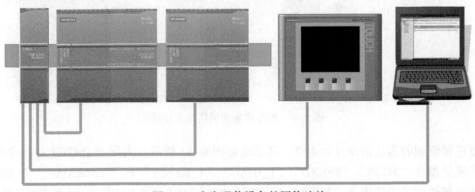

图 8-8　多个通信设备的网络连接

8.3.2 通信指令

S7-1200 CPU 中所有需要编程的以太网通信都使用开放式以太网通信指令块 T-block 来实现。调用 T-block 通信指令并配置两个 CPU 之间的连接参数，定义数据发送或接收信息的参数。TIA Portal 软件提供了两套通信指令：不带连接管理的通信指令和带连接管理的通信指令。

不带连接管理的通信指令见表 8-2，其功能如图 8-9 所示，连接参数的对应关系如图 8-10 所示。

表 8-2　不带连接管理的通信指令

指　令	功　能
TCON	建立以太网连接
TDISCON	断开以太网连接
TSEND	发送数据
TRCV	接收数据
T_RESET	可终止并重新建立现有的连接
T_DIAG	检查连接状态并读取该连接的本地端点详细信息
T_CONFIG	更改以太网地址、PROFINET 设备名称或 NTP 服务器的 IP 地址，从而在用户程序中进行时间同步，同时覆盖现有的组态数据

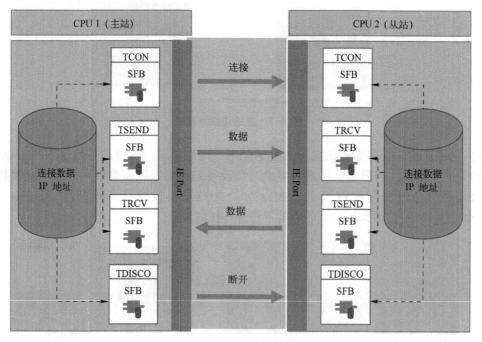

图 8-9　不带连接的通信指令功能

带连接管理的通信指令见表 8-3，其功能如图 8-11 所示。实际上 TSEND_C 指令在内部使用了通信指令"TCON""TSEND""T_DIAG""T_RESET"和"TDISCON"。而 TRCV_C 指令在内部使用了通信指令"TCON""TRCV""T_DIAG""T_RESET"和"TDISCON"。

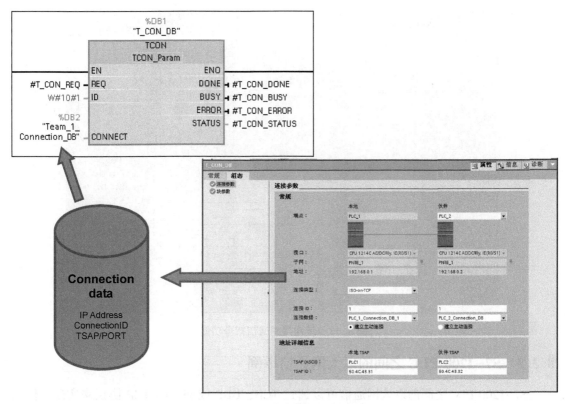

图 8-10　连接参数的对应关系

表 8-3　带连接管理的通信指令

指　　令	功　　能
TSEND_C	建立以太网连接并发送数据
TRCV_C	建立以太网连接并接收数据
TMAIL_C	可通过通信模块（CM）或通信处理器（CP）的以太网接口发送电子邮件

TSEND_C 建立与另一个通信伙伴站的 TCP、UDP 或 ISO on TCP 连接，发送数据并可以控制结束连接。TSEND_C 功能如下。

1）要建立连接，设置 TSEND_C 的参数 CONT = 1。成功建立连接后，TSEND_C 置位 DONE 参数一个扫描周期为 1。

2）如果需要结束连接，那么设置 TSEND_C 的参数 CONT = 0。连接会立即自动中断。这也会影响接收站的连接，造成接收缓存区的内容丢失，但如果对"TSEND_C"使用了组态连接，将不会终止连接，在发送作业完成前不允许编辑要发送的数据。

3）要建立连接并发送数据，将 TSEND_C 的参数设为 CONT = 1，并需要给参数 REQ 一个上升沿，成功执行完一个发送操作后，TSEND_C 会置位 DONE 参数一个扫描周期为 1。

TRCV_C 建立于另一个通信伙伴站的 TCP、UDP 或 ISO on TCP 连接，接收数据并可以控制结束连接。

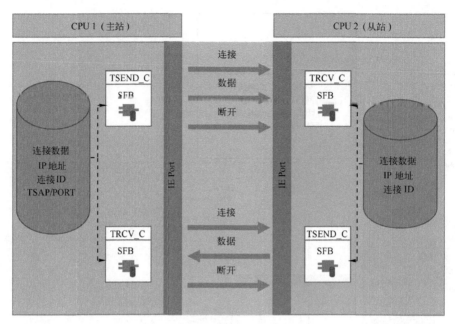

图 8-11　带连接的通信指令功能

8.3.3　S7-1200 PLC 之间的以太网通信举例

S7-1200 PLC 之间的以太网通信可以通过 TCP、UDP 或 ISO on TCP 协议来实现，使用的通信指令是由双方 CPU 调用 T-block 指令来实现。通信方式为双边通信，因此发送指令和接收指令必须成对出现。

下面通过一个简单例子演示 S7-1200 PLC 之间以太网通信的组态步骤。要求：将 PLC_1 的通信数据区 DB 块中的 100B 数据发送到 PLC_2 的接收数据区 DB 块中，PLC_1 的 QB0 接收 PLC_2 发送的数据 IB0 的数据。

1. 组态网络

创建一个新项目，添加两个 PLC，分别命名为 PLC_1 和 PLC_2。为了编程方便，使用 CPU 属性中定义的时钟位，设置 PLC_1 和 PLC_2 的系统存储器位 MB1 和时钟存储器位 MB0。时钟存储器位主要使用 M0.3，它是以 2 Hz 的频率在 0 和 1 之间切换，可以使用它去自动激活发送任务。

在项目视图 PLC 的"设备配置"中，单击 CPU 属性的"PROFINET 接口"项，可以设置 IP 地址，设置 PLC_1 和 PLC_2 的 IP 地址分别为 192.168.0.1 和 192.168.0.2。切换到网络视图，要创建 PROFINET 的逻辑连接，先选中第一台 PLC 的 PROFIENT 接口的绿色小方框，拖动连接到另外一台 PLC 的 PROFIENT 接口上，松开鼠标，连接就建立起来了，如图 8-12 所示。

2. PLC_1 编程通信

要实现前述通信要求，需要在 PLC_1 中调用并配置 TSEND_C、T_RCV 通信指令。

（1）在 PLC_1 的 OB1 中调用 TSEND_C 通信指令

拖动指令树中的 TSEND_C 指令到程序段 1，自动生成背景数据块。

1）定义 PLC_1 的 TSEND_C 连接参数。要设置 PLC_1 的 TSEND_C 指令的连接参数，先选中指令，单击其属性对话框的"连接参数"项，如图 8-13 所示。其中，"端点"选择通信

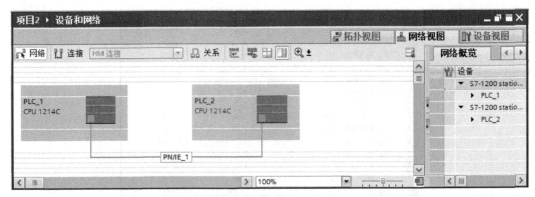

图 8-12　建立连接

伙伴为"PLC_2"，则接口、子网及地址等自动更新。"连接类型"选择为"TCP"。"连接 ID"输入连接的地址 ID 号"1"，这个 ID 号在后面的编程将会用到。"连接数据"项中，创建连接时，系统会自动生成本地的连接 DB 块，所有的连接数据都会存在于该 DB 块中。通信伙伴的连接 DB 块只有在对方（PLC_2）建立连接后才能生成，新建通信伙伴的连接 DB 并选择。选择本地 PLC_1"主动建立连接"。"地址详细信息"项定义通信伙伴方的端口号为 2000。

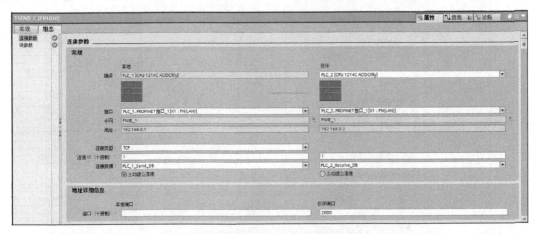

图 8-13　定义 TSEND_C 连接参数

如果"连接类型"选用的是 ISO on TCP 协议，则需要设定 TSAP 地址，此时本地 PLC_1可以设置成"PLC1"，伙伴方 PLC_2 可以设置成"PLC2"。使用 ISO on TCP 协议通信，除了连接参数的定义不同，其他组态编程与 TCP 协议通信完全相同。

2）定义 PLC_1 的 TSEND_C 发送通信块接口参数。根据所使用的接口参数定义变量符号表，如图 8-14 所示。

创建并定义 PLC_1 的发送数据区 DB2 块。注意：在数据块的属性中，不勾选"优化的块访问"项，勾选"保持"。

对于双边编程通信的 CPU，如果通信数据区使用数据块，既可以将 DB 块定义成符号寻址，也可以定义成绝对寻址。使用指针寻址方式时，必须创建绝对寻址的数据块。

设置 TSEND_C 指令的发送参数，选中指令，单击其属性对话框的"块参数"项，如图 8-15 所示。其中，"输入"参数中"启动请求（REQ）"使用 2 Hz 的时钟脉冲，上升沿

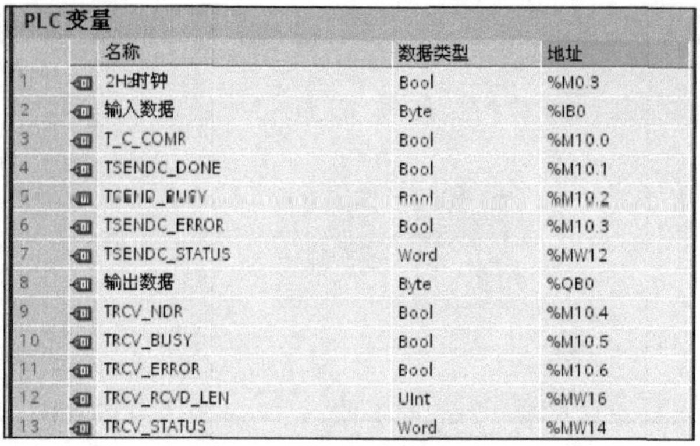

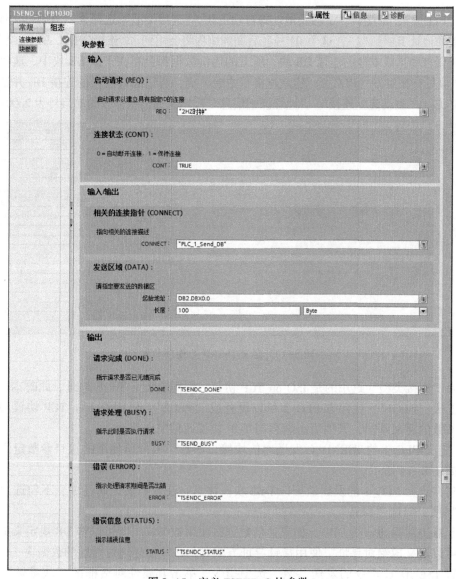

图 8-14 定义变量符号表

图 8-15 定义 TSEND_C 块参数

激活发送任务，"连接状态"设置为常数 1，表示建立连接并一直保持连接；"输入/输出"参数中，"相关的连接指针"为前面建立的连接数据块 DB2 块；"发送区域"使用指针寻址，"起始地址"为发送数据块的开始地址；"长度"设置为 100B，DB 块要设置绝对寻址，"p#db2.dbx0.0 byte 100"的含义是发送数据块 DB2 中第 0.0 位开始的 100B 数据；"输出"参数中，任务执行完成并且没有错误，"请求完成"位置 1；"请求处理"位为 1 代表任务未完成，不激活新任务；若通信过程中有错误发生，"错误"位置 1，"错误信息"字给出错误信息号。

设置 TSEND_C 指令块的"块参数"，程序编辑器中的指令参数将随之更新，也可以直接编辑指令块，如图 8-16 所示。

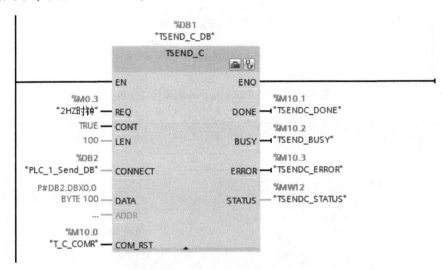

图 8-16 定义 TSEND_C 接口参数

（2）在 PLC_1 的 OB1 中调用接收指令 T_RCV 并配置基本参数

为了实现 PLC_1 接收来自 PLC_2 的数据，需在 PLC_1 中调用接收指令 T_RCV 并配置基本参数。

接收数据与发送数据使用同一连接，所以使用不带连接管理的 T_RCV 指令。根据所使用的接口参数定义符号表（图 8-14），配置接口参数如图 8-17 所示。其中，"EN_R"参数为 1 表示准备好接收数据；ID 号为 1，使用的是 TSEND_C 的连接参数中的"连接 ID"的参数地址；"DATA"表示指向接收区的指针；"RCVD_LEN"表示实际接收数据的字节数。

3. PLC_2 编程通信

要实现前述通信要求，还需要在 PLC_2 中调用并配置 TRCV_C、T_SEND 通信指令。

（1）在 PLC_2 中调用并配置 TRCV_C 通信指令

拖动指令树中的 TRCV_C 指令到 OB1 的程序段 1，自动生成背景数据块。定义连接参数如图 8-18 所示。连接参数的配置与 TSEND_C 的连接参数配置基本相似，各参数要与通信伙伴 CPU 对应设置。

定义接收通信块参数。首先，创建并定义接收数据区"数据块_1"，在数据块的属性中勾选"优化的块访问"项，在数据块中定义接收数据区为 100B 的数组 tag2，勾选"保持"。然后，定义所使用参数的符号地址，如图 8-19 所示。最后，定义接收通信块接口参数，如图 8-20 所示。此处接收数据区"DATA"使用的是符号寻址。

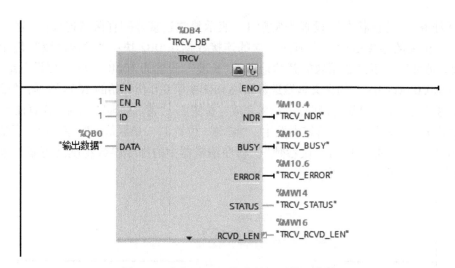

图 8-17　调用 TRCV 指令并配置接口参数

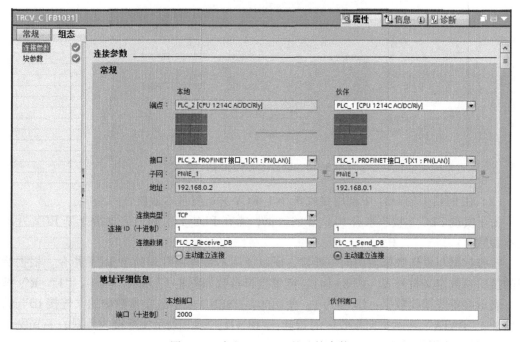

图 8-18　定义 TRCV_C 的连接参数

（2）在 PLC_2 中调用并配置 TSEND 通信指令

PLC_2 将 I/O 输入数据 IB0 发送到 PLC_1 的输出 QB0 中，则在 PLC_2 中调用发送指令并配置块参数，发送指令与接收指令使用同一个连接，所以使用不带连接的发送指令 T_SEND，如图 8-21 所示。

4. 下载并监控

下载两个 CPU 中的所有硬件组件及程序，从监控表中看到，PLC_1 的 TSEND_C 指令发送数据 "11" "22" "33"，PLC_1 接收到数据 "11" "22" "33"。而 PLC_2 发送数据 IB0 为 "0001_0001"，PLC_1 接收到 QB0 也是 "0001_0001"。

PLC 变量				
	名称	变量表	数据类型	地址
1	T_C_COMR	默认变量表	Bool	%M10.0
2	TRCVC_DONE	默认变量表	Bool	%M10.1
3	TRCVC_BUSY	默认变量表	Bool	%M10.2
4	TRCVC_ERROR	默认变量表	Bool	%M10.3
5	TRCVC_STATUS	默认变量表	Word	%MW12
6	TRCVC_RCLEN	默认变量表	UInt	%MW14
7	输入字节0	默认变量表	Byte	%IB0
8	TSEND_DONE	默认变量表	Bool	%M10.4
9	TSEND_BUSY	默认变量表	Bool	%M10.5
10	TSEND_ERROR	默认变量表	Bool	%M10.6
11	TSEND_STATUS	默认变量表	Word	%MW16
12	2HZ时钟	默认变量表	Bool	%M0.3

图 8-19 变量表

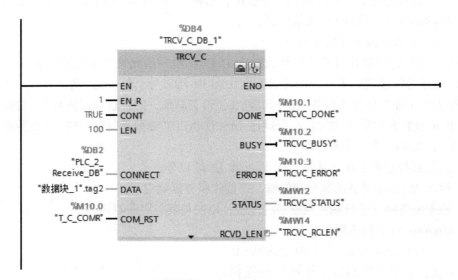

图 8-20 TRCV_C 接口参数配置

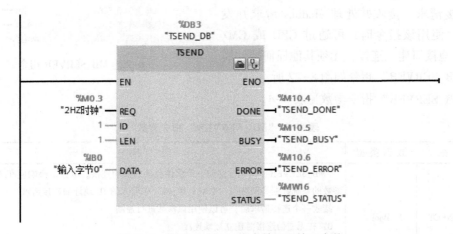

图 8-21 调用 T_SEND 指令并配置接口参数

227

8.3.4 S7–1200 PLC 的 Modbus TCP 通信

Modbus TCP（传输控制协议）是一个标准的网络通信协议，通过编程实现网络通信，可通过 CPU 或 CM/CP 的本地接口建立连接，不需要额外的通信硬件模块。Modbus TCP 使用开放式用户通信（Open User Communication，OUC）连接作为 Modbus 通信路径。除了 STEP 7 和 CPU 之间的连接外，还可能存在多个客户端-服务器连接。

Modbus TCP 通信具有以下特点。

1）Modbus TCP 是开放的协议。

2）Modbus TCP 是 7 层协议。

3）Modbus TCP 通信可以通过编程建立 PROFINET（通过本机或 CM）和 ETHERNET（通过本机或 CP）。

4）连接参数在预定义的结构 SDT 中分配；结构"TCON_IP_v4"用于编程的连接。

5）Modbus TCP 占用 OUC 通信资源。

6）Modbus TCP 服务器使用端口 502。

支持的混合客户端和服务器连接数最大为 CPU 型号所允许的最大连接数。每个 MB_SERVER 连接必须使用一个唯一的背景数据块和 IP 端口号。每个 IP 端口只能用于 1 个连接。必须为每个连接单独执行各 MB_SERVER（带有其唯一的背景数据块和 IP 端口）。

Modbus TCP 客户端（主站）必须通过 DISCONNECT 参数控制客户端-服务器连接。

基本的 Modbus 客户端操作如下。

1）连接到特定服务器（从站）IP 地址和 IP 端口号。

2）启动 Modbus 消息的客户端传输，并接收服务器响应。

3）根据需要断开客户端和服务器的连接，以便与其他服务器连接。

1. Modbus TCP 服务器

Modbus TCP 服务器通过"MB_SERVER"通信块配置，通过 PROFINET 连接进行通信。"MB_SERVER"指令将处理 Modbus TCP 客户端的连接请求、接收并处理 Modbus 请求并发送响应。使用该指令时，可通过 CPU 或 CM/CP 的本地接口建立连接，无须其他任何硬件模块。"MB_SERVER"指令如图 8-22 所示。

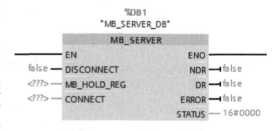

图 8-22　MB_SERVER 指令

"MB_SERVER"指令参数见表 8-4。

表 8-4　"MB_SERVER"指令参数

参　数	数据类型	说　明
DISCONNECT	Bool	"MB_SERVER"指令建立与一个伙伴模块的被动连接。服务器会响应在 CONNECT 参数的系统数据类型 SDT "TCON_IP_v4" 中输入的 IP 地址的连接请求 接收一个连接请求后，可以使用该参数进行控制 0：在无通信连接时建立被动连接 1：终止连接初始化。如果已置位该输入，那么不会执行其他操作。成功终止连接后，STATUS 参数将输出值 0003

参　　数	数据类型	说　　明
MB_HOLD_REG	Variant	指向"MB_SERVER"指令中 Modbus 保持性寄存器的指针 MB_HOLD_REG 引用的存储区必须大于两个字节 保持性寄存器中包含 Modbus 客户端通过 Modbus 功能 3（读取）、6（写入）、16（多次写入）和 23（在一个作业中读写）可访问的值 作为保持性寄存器，可以使用具有优化访问权限的全局数据块，也可以使用位存储器的存储区
CONNECT	Variant	指向连接描述结构的指针 可以使用下列结构（SDT） TCON_IP_v4：包括建立指定连接时所需的所有地址参数默认地址为 0.0.0.0（任何 IP 地址），但也可输入具体 IP 地址，以便服务器仅响应来自该地址的请求。使用 TCON_IP_v4 时，可通过调用指令"MB_SERVER"建立连接
NDR	Bool	0：无新数据 1：从 Modbus 客户端写入的新数据
DR	Bool	0：未读取数据 1：从 Modbus 客户端读取的数据
ERROR	Bool	如果在调用"MB_SERVER"指令过程中出错，则将 ERROR 参数的输出设置为"1"
STATUS	Word	指令的详细状态信息

"MB_SERVER"指令支持的功能见表 8-5。

表 8-5　"MB_SERVER"指令支持的功能

功能代码	说　　明
01	读取输出位。地址范围：0~65535
02	读取输入位。地址范围：0~65535
03	读取保持性寄存器
04	读取输入字。地址范围：0~65535
05	写入输出位。地址范围：0~65535
06	写入保持性寄存器
08	诊断功能 回送测试（子功能 0x0000）："MB_SERVER"指令接收数据字并按原样返回 Modbus 客户端 复位事件计数器（子功能 0x000A）：使用指令"MB_SERVER"，可复位"Success_Count""Xmt_Rcv_Count""Exception_Count""Server_Message_Count"和"Request_Count"事件计数器
11	诊断功能 获取通信的事件计数器 "MB_SERVER"指令使用一个通信的内部事件计数器，记录发送到 Modbus 服务器上成功执行的读写请求数 执行功能 8 或 11 时，事件计数器不会递增。这种情况同样适用于会导致通信错误的请求。例如，发生协议错误（如不支持所接收 Modbus 请求中的功能代码）
15	写入多个输出位。地址范围：0~65535
16	写入保持性寄存器。地址范围：0~65535
23	通过请求写入和读取保持性寄存器

"MB_SERVER"指令支持多个服务器连接，允许一个单独 CPU 能够同时接收来自多个 Modbus TCP 客户端的连接，连接的最大数目取决于所使用的 CPU。一个 CPU 的总连接数，包括 Modbus TCP 客户端和服务器的连接数，不能超过所支持的最大连接数。Modbus TCP 连接还可由"MB_CLIENT"和/或"MB_SERVER"实例共用。

连接服务器时，请记住以下规则。

1）每个"MB_SERVER"连接都必须使用唯一的背景数据块。

2）每个"MB_SERVER"连接都必须使用唯一的连接 ID。

3）该指令的各背景数据块都必须使用各自相应的连接 ID。连接 ID 与背景数据块组合成对，对每个连接，组合对都必须唯一。对于每个连接，都必须单独调用"MB_SERVER"指令。

2. Modbus TCP 客户端

"MB_CLIENT"指令作为 Modbus TCP 客户端通过 S7-1200 CPU 的 PROFINET 连接进行通信。使用该指令，无须其他任何硬件模块。通过"MB_CLIENT"指令，可以在客户端和服务器之间建立连接、发送请求、接收响应并控制 Modbus TCP 服务器的连接终端。"MB_CLIENT"指令如图 8-23 所示。

"MB_CLIENT"指令参数见表 8-6。

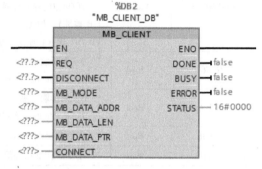

图 8-23　"MB_CLIENT"指令

表 8-6　"MB_CLIENT"指令参数

参　数	数据类型	说　明
REQ	Bool	与 Modbus TCP 服务器之间的通信请求 REQ 参数受到等级控制。这意味着只要设置了输入（REQ=true），指令就会发送通信请求 1）其他客户端背景数据块的通信请求被阻止 2）在服务器进行响应或输出错误消息之前，对输入参数的更改不会生效 3）如果在 Modbus 请求期间再次设置了参数 REQ，此后将不会进行任何其他传输
DISCONNECT	Bool	通过该参数，可以控制与 Modbus 服务器建立和终止连接 0：建立与指定 IP 地址和端口号的通信连接 1：断开通信连接。在终止连接的过程中，不执行任何其他功能。成功终止连接后，STATUS 参数将输出值 7003 而如果在建立连接的过程中设置了参数 REQ，将立即发送请求
CONNECT_ID	UInt	确定连接的唯一 ID。指令"MB_CLIENT"和"MB_SERVER"的每个实例都必须指定一个唯一的连接 ID
IP_OCTET_1	USInt	Modbus TCP 服务器 IP 地址＊中的第 1 个 8 位字节
IP_OCTET_2	USInt	Modbus TCP 服务器 IP 地址＊中的第 2 个 8 位字节
IP_OCTET_3	USInt	Modbus TCP 服务器 IP 地址＊中的第 3 个 8 位字节
IP_OCTET_4	USInt	Modbus TCP 服务器 IP 地址＊中的第 4 个 8 位字节
IP_PORT	UInt	服务器上使用 TCP/IP 协议与客户端建立连接和通信的 IP 端口号（默认值：502）
MB_MODE	USInt	选择请求模式（读取、写入或诊断）
MB_DATA_ADDR	UDInt	由"MB_CLIENT"指令所访问数据的起始地址

参　数	数 据 类 型	说　明
DATA_LEN	UInt	数据长度：数据访问的位数或字数
MB_DATA_PTR	Variant	指向 Modbus 数据寄存器的指针：寄存器是用于缓存从 Modbus 服务器接收的数据或将发送到 Modbus 服务器的数据。指针必须引用具有标准访问权限的全局数据块。寻址到的位数必须可被 8 除尽
DONE	Bool	只要最后一个作业成功完成，立即将输出参数 DONE 的位置位为"1"
BUSY	Bool	0：当前没有正在处理的"MB_CLIENT"作业 1："MB_CLIENT"作业正在处理中
ERROR	Bool	0：无错误 1：出错。出错原因由参数 STATUS 指示
STATUS	Word	指令的错误代码

使用 Modbus 客户端调用 Modbus 指令时，调用过程中统一输入数据，输入参数的状态将存储在内部，并在下一次调用时比较。这种比较用于确定这一特定调用是否初始化当前请求。如果使用一个通用背景数据块，那么可以执行多个"MB_CLIENT"调用。在执行"MB_CLIENT"实例的过程中，不得更改输入参数的值。如果在执行过程中更改了输入参数，那么将无法使用"MB_CLIENT"检查实例当前是否正在执行。

Modbus TCP 客户端可以支持多个 TCP 连接，连接的最大数目取决于所使用的 CPU。一个 CPU 的总连接数，包括 Modbus TCP 客户端和服务器的连接数，不能超过所支持的最大连接数。Modbus TCP 连接也可以由客户端和/或服务器连接共享。

使用各客户端连接时，请记住以下规则。

1）每个"MB_CLIENT"连接都必须使用唯一的背景数据块。

2）对于每个"MB_CLIENT"连接，必须指定唯一的服务器 IP 地址。

3）每个"MB_CLIENT"连接都需要一个唯一的连接 ID。

4）该指令的各背景数据块都必须使用各自相应的连接 ID。连接 ID 与背景数据块组合成对，对每个连接，组合对都必须唯一。根据服务器组态，可能需要或不需要 IP 端口的唯一编号。

3. 应用举例

实现两台 S7-1200 之间的 Modbus TCP 通信，实现从客户端读取服务器中的数据，假设将服务器 MW2 和 MW4 中的数据读入客户端的数据块 DB2 中。

（1）硬件组态

添加设备 PLC1（Modbus 客户端）、PLC2（Modbus 服务器）。网络连接如图 8-24 所示。

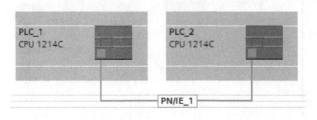

图 8-24　网络连接

硬件属性设置见表 8-7。

表 8-7　硬件属性设置

设　　备	CPU 类型	IP 地址	端　口　号	硬件标识符
客户端	CPU 1214C	192.168.0.1	0	64
服务器	CPU 1214C	192.168.0.2	502	64

（2）在服务器 PLC2 中调用"MB_SERVER"指令

在 PLC2 中新建全局数据块 MYDB2，新建"TCON_IP_v4"数据类型的变量 ss，如图 8-25 所示。

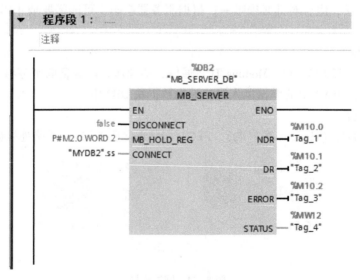

图 8-25　服务器端 ss 变量的定义

结构"TCON_IP_v4"用于编程的连接，参数在预定义的结构中分配。

在服务器端的主程序中新建程序段 1，如图 8-26 所示。

图 8-26　服务器端主程序

232

"MB_HOLD_REG"指定的数据缓冲区可以设为 DB 块或 M 存储区地址，DB 块可以为优化的数据块，也可以为标准的数据块结构。

可以创建多个服务器连接，即允许一个单独 CPU 能够同时接收来自多个 Modbus TCP 客户端的连接。每个"MB_SERVER"连接都必须使用唯一的背景数据块，必须使用唯一的连接 ID。

（3）在客户端 PLC1 中调用"MB_CLIENT"指令

在 PLC1 中新建全局数据块 MYDB2，新建"TCON_IP_v4"数据类型的变量 ss，如图 8-27 所示。

	名称	数据类型	起始值
1	▼ Static		
2	▼ ss	TCON_IP_v4	
3	InterfaceId	HW_ANY	16#40
4	ID	CONN_OUC	16#1
5	ConnectionType	Byte	16#0B
6	ActiveEstablished	Bool	false
7	▼ RemoteAddress	IP_V4	
8	▼ ADDR	Array[1..4] of Byte	
9	ADDR[1]	Byte	16#C0
10	ADDR[2]	Byte	16#AB
11	ADDR[3]	Byte	16#0
12	ADDR[4]	Byte	16#1
13	RemotePort	UInt	0
14	LocalPort	UInt	502

图 8-27 客户端 ss 变量的定义

结构"TCON_IP_v4"用于编程的连接，参数在预定义的结构中分配。

在客户端的主程序中新建程序段 1，如图 8-28 所示。

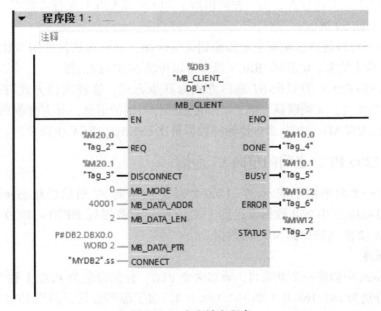

图 8-28 客户端主程序

233

"MB_DATA_PTR" 指定的数据缓冲区可以设为 DB 块或 M 存储区地址，DB 块可以为优化的数据块，也可以为标准的数据块结构。

"MB_CLIENT" 指令的背景数据块 MB_CLIENT_DB_1 中，在静态变量 Static 下可以找到 MB_Unit_ID（默认起始值 16#FF），相当于 Modbus RTU 协议中的从站地址。

8.4 S7-1200 PLC 的 S7 协议通信

S7 协议是专门为西门子产品优化设计的通信协议，主要用于 S7 CPU 之间、CPU 与 HMI 和编程设备之间的通信。S7 通信协议是面向连接的协议，在进行数据交换之前，必须与通信伙伴建立连接。面向连接的协议具有较高的安全性。S7 连接可以用于工业以太网和 PRO-FIBUS。连接是指两个通信伙伴之间为了执行通信服务建立的逻辑链路，不是指两个站之间用物理介质（电缆）实现的连接。连接相当于通信伙伴之间一条虚拟的"专线"，它们随时可以用这条"专线"进行通信。一条物理线路可以建立多个连接。S7 连接属于需要用网络视图组态的静态连接。静态连接要占用参与通信的模块（CPU、通信处理器 CP 和通信模块 CM）的连接资源，同时可以使用的连接的个数与它们的型号有关。

S7 连接分为单向连接和双向连接，S7 PLC CPU 集成的以太网接口都支持 S7 单向连接。单向连接中的客户机（Client）是向服务器（Server）请求服务的设备，客户机是主动的，它调用 GET/PUT 指令来读写服务器的存储区，通信服务经客户机要求而启动。服务器是通信中的被动方，用户不用编写服务器的 S7 通信程序，S7 通信是由服务器的操作系统完成的。单向连接只需要客户机组态连接、下载组态信息和编写通信程序。

V2.0 及以上版本的 S7-1200 CPU 的 PROFINET 通信接口可以做 S7 通信的服务器或客户机。因为客户机可以读写服务器的存储区，单向连接实际上可以双向传输数据。

双向连接（在两端组态的连接）的通信双方都需要下载连接组态，一方调用指令 BSEND 或 USEND 来发送数据，另一方调用指令 BRCV 或 URCV 来接收数据。S7-1200 CPU 不支持双向连接的 S7 通信。

BSEND 指令可以将数据块安全地传输到通信伙伴，直到通信伙伴用 BRCV 指令接收完数据，数据传输才结束。BSEND/BRCV 最多可以传输 64 KB 的数据。

使用 USEND/URCV 的双向 S7 通信方式为异步方式。这种通信方式与接收方的指令 URCV 执行序列无关，无须确认。例如可以传送操作与维护消息，对方接收到的数据可能被新的数据覆盖。USEND/URCV 指令传输的数据量比 BSEND/BRCV 少得多。

8.4.1 S7-1200 PLC 之间的单向 S7 通信

下面通过一个简单例子演示 S7-1200 PLC 之间单向 S7 通信的组态步骤。要求：将 PLC_1 的 MB0 ~ MB19 中 20B 数据发送到 PLC_2 的接收数据区 MB20 ~ MB39 中，PLC_1 的 MB20 接收 PLC_2 发送的数据 MB0 的数据。

1. 组态网络

在 TIA Portal 中创建一个新项目，添加两个 PLC，分别命名为 PLC_1 和 PLC_2。其 PN 口的 IP 地址分别为 192.168.0.1 和 192.168.0.2。为了编程方便，使用 CPU 属性中定义的时钟位，设置时钟存储器位 MB0。时钟存储器位主要使用 M0.3，它是以 2 Hz 的频率在 0 和

1 之间切换，可以使用它去自动激活发送任务。

　　在网络视图中，单击左上角的"连接"按钮，选择"S7 连接"类型，拖放第一个 S7-1200 PLC 的 PN 口到第二个 S7-1200 PLC 的 PN 口，则建立了一个"S7_连接_1"的连接，如图 8-29 所示。在网络视图中单击选中"S7_连接_1"连接，其常规属性如图 8-29 下半部分所示。本地 ID 属性如图 8-30 所示，可以看到建立的连接 ID 为 100。特殊连接属性如图 8-31 所示，可以看到复选框"主动建立连接"被勾选。地址详细信息如图 8-32 所示，可以看到通信双方默认的 TSAP（传输服务访问点）。

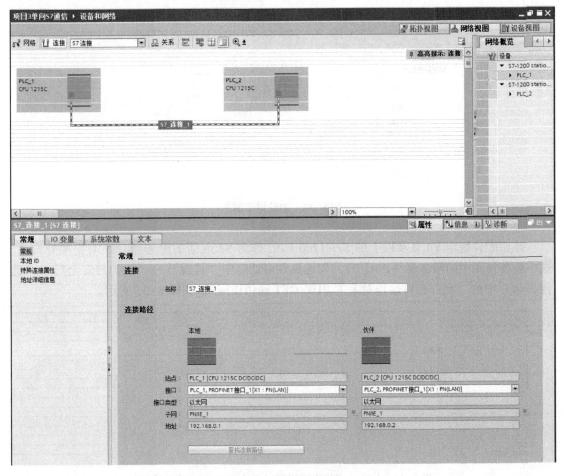

图 8-29　建立 S7 连接

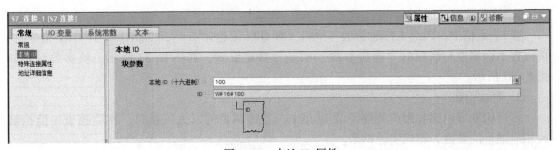

图 8-30　本地 ID 属性

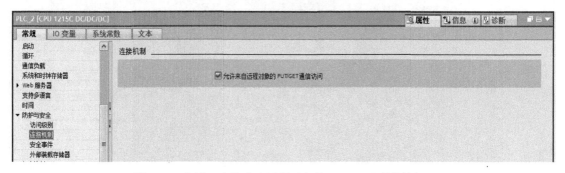

图 8-31 特殊连接属性

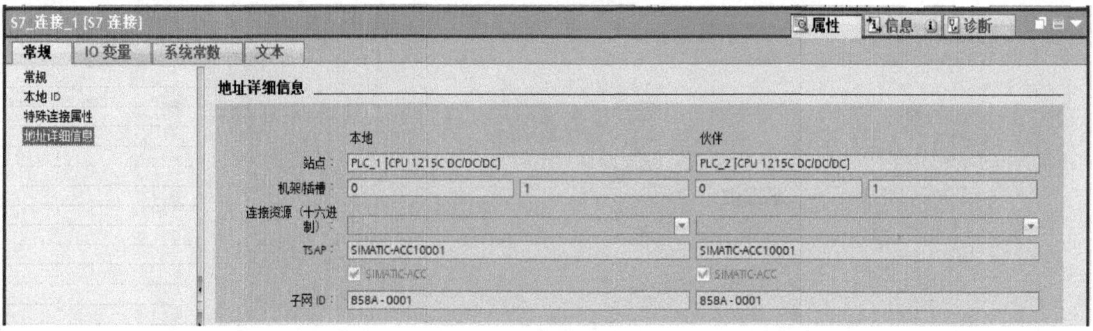

图 8-32 地址详细信息

使用固件版本 V4.0 及以上的 S7-1200 CPU 作为 S7 通信的服务器，还需要额外设置。选中设备视图中的服务器（PLC_2），勾选属性对话框中"常规"→"防护与安全"→"连接机制"中的"允许来自远程对象的 PUT/GET 通信访问"，如图 8-33 所示。

图 8-33 勾选"允许来自远程对象的 PUT/GET 通信访问"

2. 编写程序

在 S7 通信中，PLC_1 作通信的客户机。其 OB1 编程如图 8-34 所示。调用 GET 指令时，可以在下面属性对话框的"连接参数"项进行参数设置，如图 8-35 所示。块参数设置如图 8-36 所示。

3. 测试验证

将通信双方组态和用户程序下载到 CPU，连接两者的以太网接口。在监控表中监控修改相应地址的数值，测试实验结果。

本例还可以分别启动 PLC_1 和 PLC_2 的仿真软件，验证实验。

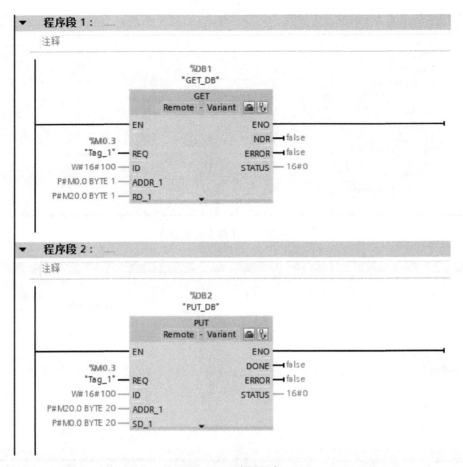

图 8-34 编写程序

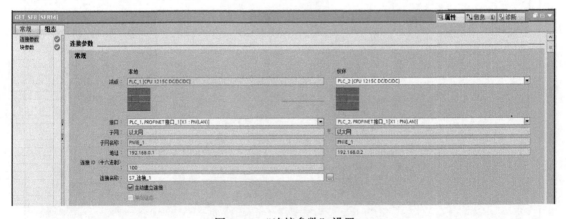

图 8-35 "连接参数"设置

需要说明的是,如果 PLC_1 与 PLC_2 不在同一项目中,PLC_1 创建 S7 连接回到自身,输入连接伙伴 IP 地址即可,如图 8-37 所示。

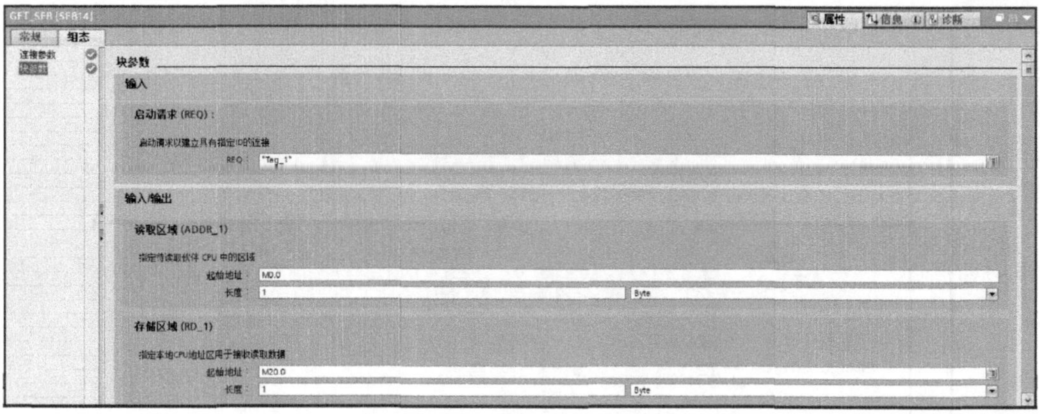

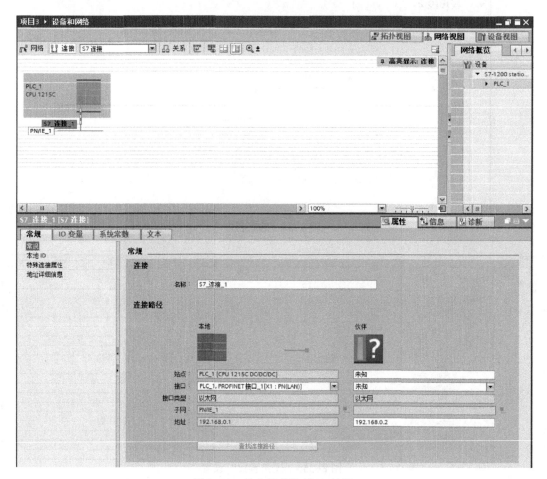

图 8-36　GET 指令的块参数

图 8-37　输入连接伙伴 IP 地址

8.4.2　S7-1200 PLC 与 S7-200 PLC 的通信

S7-1200 PLC 与 S7-200 PLC 之间的通信只能通过 S7 通信来实现，因为 S7-200 PLC 的以太网模块只支持 S7 通信。由于 S7-1200 PLC 的 PROFINET 通信接口支持 S7 通信的服务器端，所以在编程方面，S7-1200 PLC 不用做任何工作，只需为 S7-1200 PLC 配置好以太网地址并下载。主要编程工作都在 S7-200 PLC 一侧完成，需要将 S7-200 PLC 的以太网模块设置成客户端，并用 ETHx_XFR 指令编程通信。

下面通过简单的例子演示 S7-1200 PLC 与 S7-200 PLC 的以太网通信。要求：S7-200 PLC 将通信数据区 VB 中的 2 个字节发送到 S7-1200 PLC 的 DB2 数据区，S7-200 PLC 读取 S7-1200 PLC 中的输入数据 IB0 到 S7-200 PLC 的输出区 QB0。

组态步骤如下。

1）打开 STEP 7 Micro/WIN 软件，创建一个新项目，选择所使用 CPU 的型号。

2）通过菜单命令"工具"→"以太网向导"进入 S7-200 PLC 以太网模块 CP243-1 的向导配置，如图 8-38 所示。可以直接输入模板位置，也可以通过单击"读取模块"按钮读出模板位置。

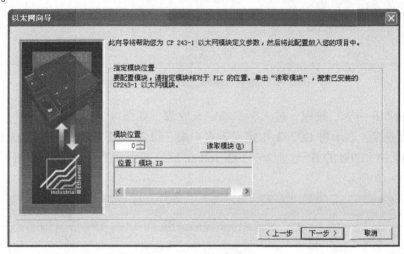

图 8-38　以太网向导

3）单击"下一步"按钮，设置 IP 地址为 192.168.0.2，选择"自动检测通信"连接功能，如图 8-39 所示。

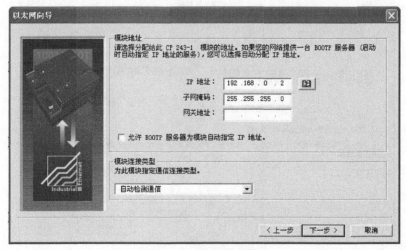

图 8-39　设置 IP 地址

4）单击"下一步"按钮进入连接数设置界面，如图8-40所示，根据CP243-1模块位置确定所占用的Q地址字节，并设置连接数为1。

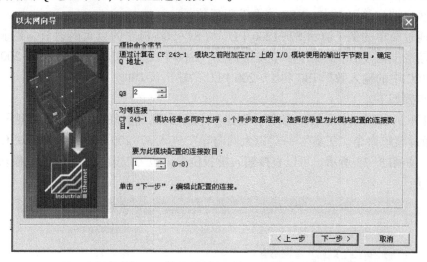

图8-40 设置占用输出地址及网络连接数

5）单击"下一步"按钮，进入客户端定义界面，如图8-41所示。其中，设置"连接0"为客户机连接，表示将CP243-1定义为客户端；设置远程TSAP地址为03.01或03.00；输入通信伙伴S7-1200的IP地址为"192.168.0.2"。单击"数据传输"按钮可以定义数据传输，如图8-42所示。

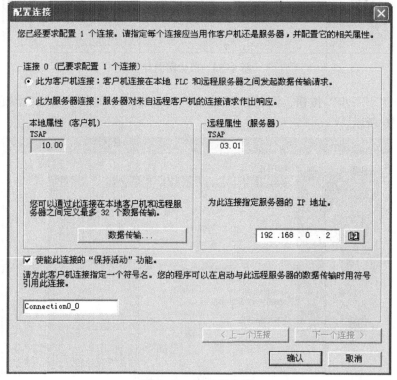

图8-41 定义客户端

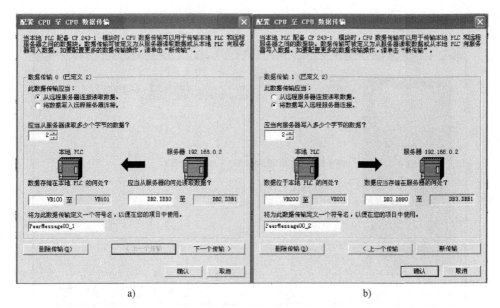

a)   b)

图 8-42 定义数据传输

a) 设置读取数据操作   b) 设置写数据操作

6）图 8-42a 中，选择读取数据操作，定义通信的字节长度为 2，设置将 S7-1200 PLC 的 DB2. DBB0~DB2. DBB1 的数据读取到本地 S7-200 PLC 的 VB100~VB101 中；图 8-42b 选择写数据操作，定义通信的字节长度为 2，设置将本地 S7-200 PLC 的 VB200~VB201 的数据写到对方 S7-1200 PLC 的 DB3. DBB0~DB3. DBB1 中。

7）接下来选择 CRC 校验，如图 8-43 所示。

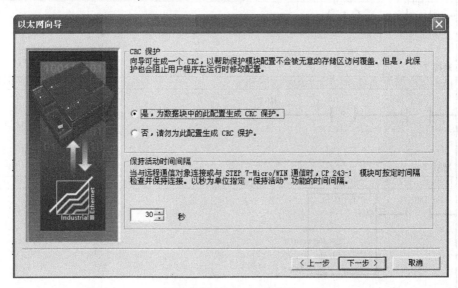

图 8-43 选择 CRC 校验

8）单击"下一步"按钮进入分配存储区界面，如图 8-44 所示。根据以太网的配置，需要一个 V 存储区，可以指定一个未用过的 V 存储区的起始地址，此处可以使用建议地址。

单击"下一步"按钮，生成以太网用户子程序。

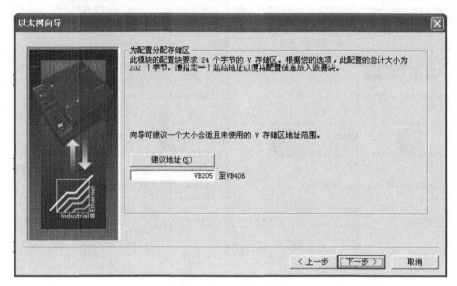

图 8-44　分配存储区

9）调用向导生成的子程序，实现数据传输。对于 S7-200 PLC 的同一个连接的多个数据传输，不能同时激活，必须分时调用。图 8-45 所示程序就是用前一个数据传输的完成位去激活下一个数据传输，其含义见注释。

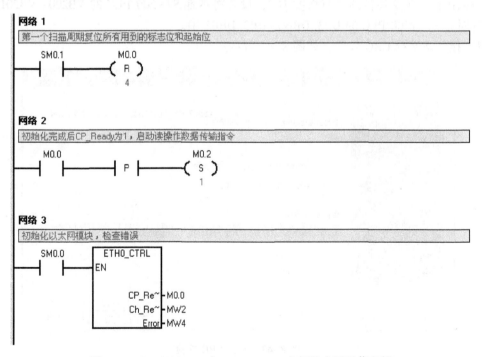

图 8-45　S7-1200 PLC 与 S7-200 PLC 之间以太网通信实例

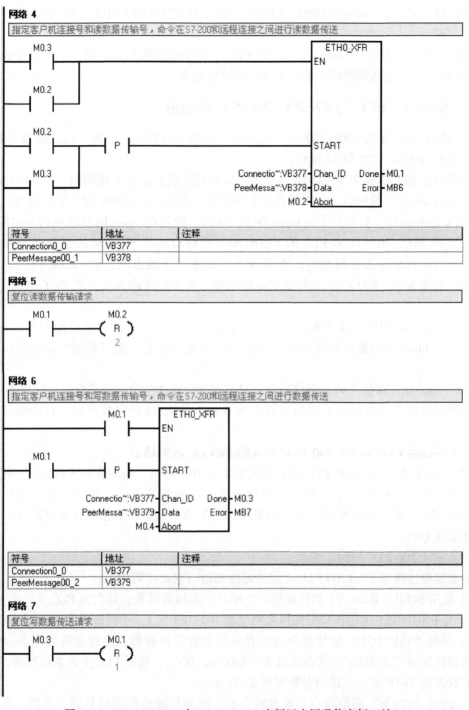

网络 4

指定客户机连接号和读数据传输号，命令在S7-200和远程连接之间进行读数据传送

符号	地址	注释
Connection0_0	VB377	
PeerMessage00_1	VB378	

网络 5

复位读数据传输请求

网络 6

指定客户机连接号和写数据传输号，命令在S7-200和远程连接之间进行数据传送

符号	地址	注释
Connection0_0	VB377	
PeerMessage00_2	VB379	

网络 7

复位写数据传送请求

图 8-45 S7-1200 PLC 与 S7-200 PLC 之间以太网通信实例（续）

10）监控通信数据结果。配置 S7-1200 PLC 的硬件组态，创建通信数据区 DB2、DB3（必须选择绝对寻址，即取消 "优化的块访问" 项）。下载 S7-200 CPU 及 S7-1200 CPU 的所有组态及程序，并监控通信结果。可以看到，在 S7-1200 CPU 中向 DB2 中写入数据 "3" "4"，则在 S7-200 CPU 中的 VB100、VB101 中读取到的数据也为 "3" "4"。在 S7-200

CPU 中，将"5""6"写入 VB200、VB201，则在 S7-1200 CPU 中的 DB3 中收到的数据也为"5""6"。

注意：使用单边的 S7 通信，S7-1200 PLC 不需要做任何组态编程，但在创建通信数据区 DB 块时，一定要选择绝对寻址，才能保证通信成功。

8.4.3　S7-1200 PLC 与 S7-300/400 PLC 的通信

S7-1200 PLC 与 S7-300/400 PLC 之间的以太网通信方式有多种，可以采用下列方式：TCP、UDP、ISO on TCP 和 S7 通信。

采用 TCP 和 ISO on TCP 这两种协议进行通信所使用的指令是相同的，在 S7-1200 CPU 中使用 T-block 指令编程通信。如果是以太网模块，在 S7-300/400 CPU 中使用 AG_SEND、AG_RECV 编程通信。如果是支持 Open IE 的 PN 口，则使用 Open IE 的通信指令实现。

对于 S7 通信，S7-1200 PLC 的 PROFINET 通信口支持 S7 通信的服务器端和客户机端。S7-1200 PLC 作服务器端时，在编程组态和建立连接方面，S7-1200 PLC 不用做任何工作，只需在 S7-300 PLC 一侧建立单边连接，并使用单边编程方式 PUT、GET 指令进行通信。

S7-1200 PLC 中所有需要编程的以太网通信都使用开放式用户通信指令 T-block 来实现。调用 T-block 通信指令并配置两个 CPU 之间的连接参数，定义数据发送或接收信息的参数。

TIA Portal 软件提供了两套通信指令：没有连接管理的功能块和带有连接管理的功能块。带连接管理的功能块执行时自动激活以太网连接，发送/接收完数据后，自动断开以太网连接。

1. S7-1200 PLC 与 S7-300 PLC 之间的 ISO on TCP 通信

S7-1200 PLC 与 S7-300 PLC 之间通过 ISO on TCP 通信，需要在双方都建立连接，连接对象选择"Unspecified"。下面通过简单例子演示这种组态方法。要求：S7-1200 PLC 将 DB2 里的 100 个字节发送到 S7-300 的 DB2 中，S7-300 将输入数据 IB0 发送给 S7-1200 的输出数据区 QB0。

（1）S7-1200 PLC 的组态编程

组态编程过程与 S7-1200 PLC 之间的通信相似，主要步骤如下。

1）使用 STEP 7 Basic V1 软件新建一个项目，添加新设备，命名为 PLC_3。

2）为 PROFINET 通信接口分配以太网地址 192.168.0.1，子网掩码为 255.255.255.0。

3）调用"TSEND_C"通信指令并配置连接参数和块参数。连接参数如图 8-46 所示。选择通信伙伴为"未指定"，通信协议为"ISO-on-TCP"，选择 PLC_3 为主动连接方，要设置通信双方的 TSAP 地址。接口参数如图 8-47 所示。

4）调用"TRCV"通信指令并配置块参数。因为与发送使用的是同一连接，所以使用的是不带连接的发送指令"TRCV"，连接"ID"使用的也是"TSEND_C"中的"连接 ID"号，如图 8-48 所示。

（2）S7-300 PLC 的组态编程

组态步骤如下。

1）使用 STEP 7 编程软件新建一个项目，插入一个 S7-300 站进行硬件组态。为编程方

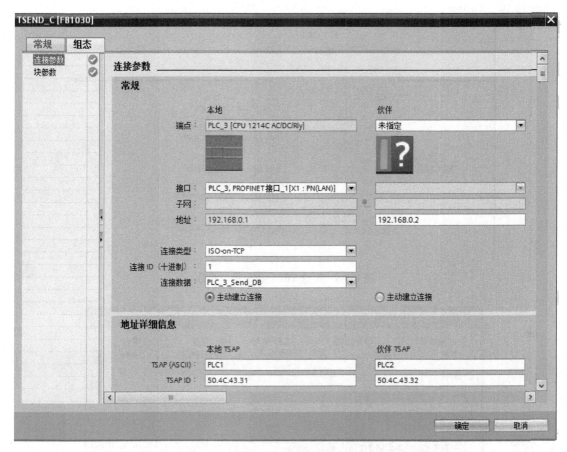

图 8-46 连接参数

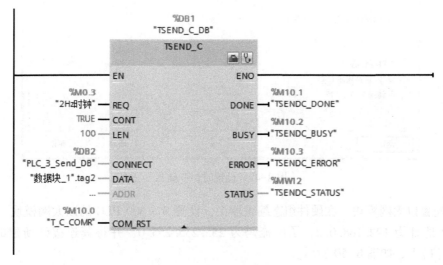

图 8-47 TSEND_C 指令接口参数

便，使用时钟脉冲激活通信任务，在硬件组态编辑器中 CPU 的属性对话框"周期/时钟存储器"选项卡中设置，如图 8-49 所示，将时钟信号存储在 MB0 中。

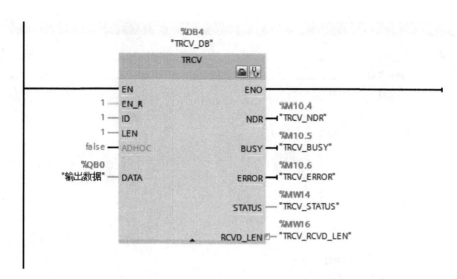

图 8-48　配置 TRCV 指令接口参数

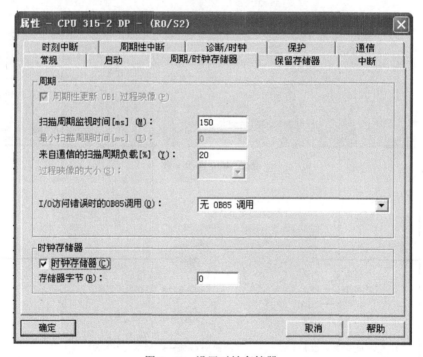

图 8-49　设置时钟存储器

2）配置以太网模块。在硬件组态编辑器中，设置 S7-300 PLC 的以太网模块 "CP343-1" 的 IP 地址为 192.168.0.2，子网掩码为 255.255.255.0，并将其连接到新建的以太网 Ethernet（1）上，如图 8-50 所示。

3）网络组态。打开网络组态编辑器，选中 S7-300 CPU，双击连接列表打开建立新的连接对话框，如图 8-51 所示，选择连接伙伴为 "未指定"，通信协议为 "ISO-on-TCP 连接"。确定后，在连接的属性对话框 "地址" 选项卡中设置通信双方的 TSAP 地址和 IP 地址，需要与通信伙伴对应，如图 8-52 所示。

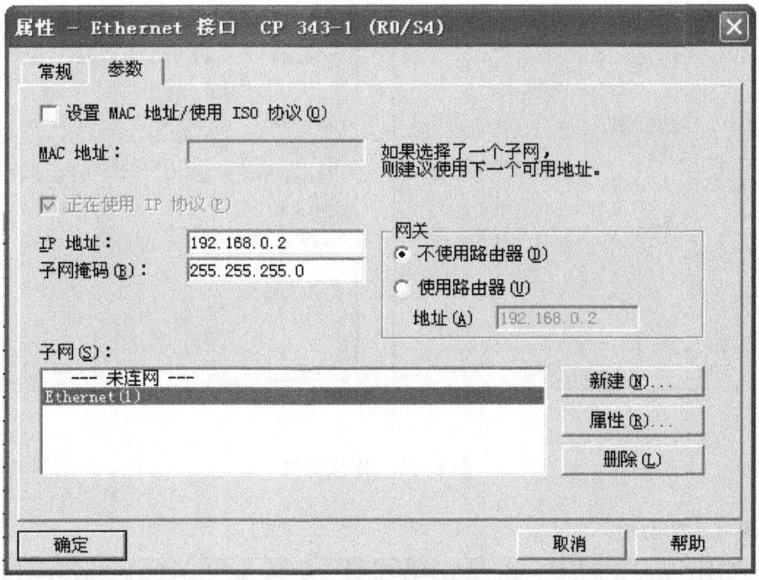

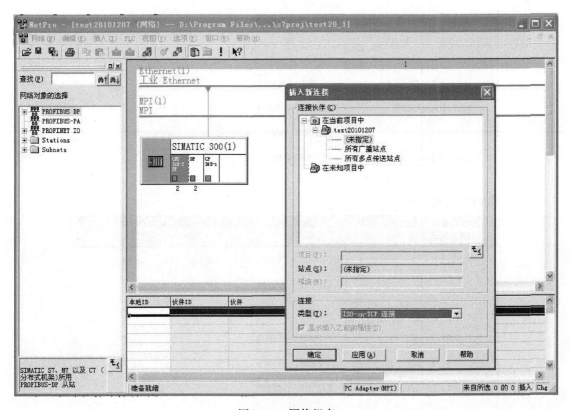

图 8-50　连接到以太网上

图 8-51　网络组态

4）编写程序。在 S7-300 PLC 中，新建接收数据区为 DB2，定义成 100 个字节的数组。在 OB1 中，调用库中通信块 FC5（AG_SEND）、FC6（AG_RECV）通信指令，如图 8-53 所示，其含义见注释。

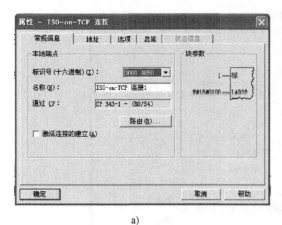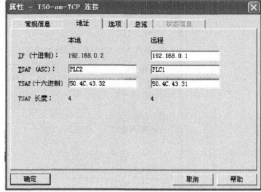

| a) | b) |

图 8-52　连接属性

程序段 1：调用FC6

ID为连接号，要与连接配置一致；CP的地址如图8-52所示；RECV=P#DB2.DBX 0.0 BYTE 100
为接收数据区，表示接收数据存在DB2第0.0位开始的100个字节

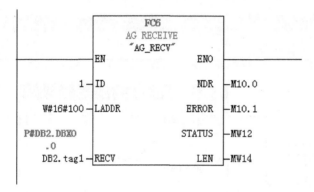

程序段 2：调用FC5

M0.2为1时激活发送任务；连接号ID要与配置一致，CP地址如图8-52所示；SEND为发送数据
区，LEN为发送数据长度

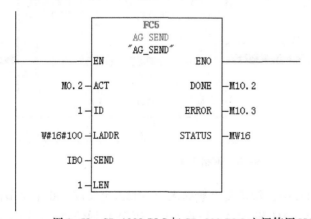

图 8-53　S7-1200 PLC 与 S7-300 PLC 之间使用 ISO on TCP 通信实例

5）监控通信结果。下载 S7-1200 和 S7-300 中的所有组态及程序，监控通信结果。在 S7-1200 CPU 中向 DB2 中写入数据"11""22""33"，则在 S7-300 CPU 中的 DB2 块收到数据也为"11""22""33"。在 S7-300 CPU 中，将"2#1111_1111"写入 IB0，则在 S7-1200 CPU 中 QB0 中收到的数据也为"2#1111_1111"。

2. TCP 通信

使用 TCP 协议通信，除了连接参数的定义不同，通信双方的其他组态及编程与前面的 ISO on TCP 协议通信完全相同。

S7-1200 PLC 中，使用 TCP 协议与 S7-300 PLC 通信时，PLC_3 的连接参数如图 8-54 所示。通信伙伴 S7-300 PLC 的 TCP 连接参数设置如图 8-55 所示。

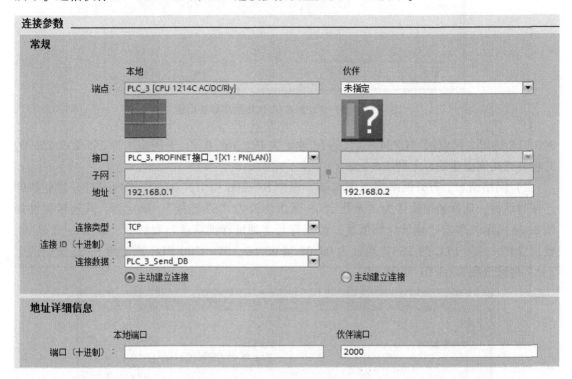

图 8-54　使用 TCP 协议时的连接参数

3. S7 通信

对于 S7 通信，S7-1200 PLC 的 PROFINET 通信口支持 S7 通信的服务器端和客户机端。此处以 S7-1200 PLC 作服务器端为例，作客户机端时可以举一反三。

注意：如果在 S7-1200 PLC 一侧使用 DB 块作为通信数据区，必须将 DB 块定义成绝对寻址，否则会造成通信失败。

下面通过简单例子演示这种方法的组态。要求：S7-300 CPU 读取 S7-1200 CPU 中 DB2 的数据到 S7-300 PLC 的 DB11 中，S7-300 CPU 将本地 DB12 中的数据写到 S7-1200 CPU 的 DB3 中。

只需要在 S7-300 PLC 一侧配置编程，步骤如下。

1）使用 STEP 7 软件新建一个项目，插入 S7-300 站。在硬件组态编辑器中，设置 S7-

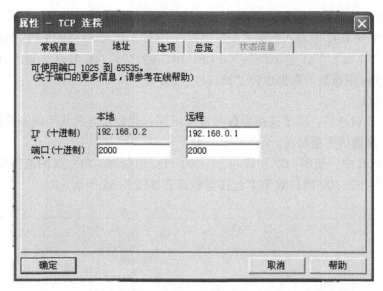

图 8-55　S7-300 PLC 的 TCP 连接参数设置

300 PLC 的以太网模块 "CP343-1" 的 IP 地址为 192.168.0.2，子网掩码为 255.255.255.0，并将其连接到新建的以太网 Ethernet（1）上。

2）网络组态。打开网络组态编辑器，选中 S7-300 CPU，双击连接列表打开建立新的连接对话框，选择通信伙伴为 "未指定"，通信协议为 "S7 连接"。确定后，其连接属性如图 8-56 所示。单击 "地址详细信息" 按钮打开 "地址详细信息" 对话框，如图 8-57 所示，要设置 S7-1200 PLC 的 TSAP 地址为 03.01 或 03.00。S7-1200 PLC 预留给 S7 连接的两个 TSAP 地址分别为 03.01 和 03.00。

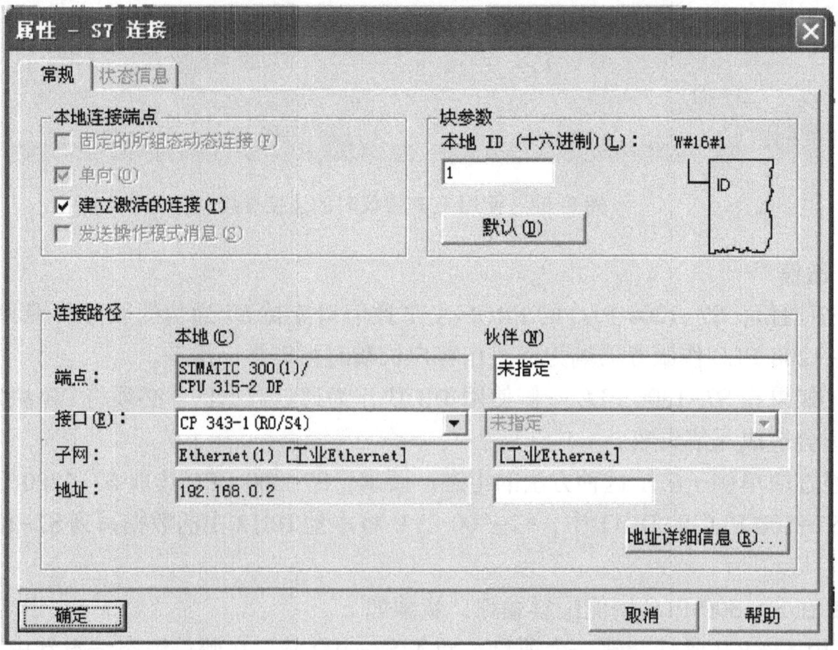

图 8-56　连接属性对话框

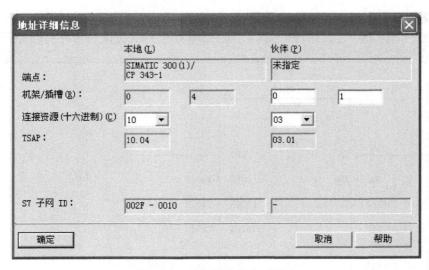

图 8-57　地址详细信息对话框

3）编写程序。在 S7-300 PLC 中，新建接收数据区为 DB2，定义成 100 个字节的数组。在 OB1 中，调用库中通信块 FB14（GET）、FB15（PUT）通信指令，如图 8-58 所示，其含义见注释。对于 S7-400 PLC，调用的是 SFB14（GET）、SFB15（PUT）通信指令。

4）监控通信结果。配置 S7-1200 PLC 的硬件组态并设置 IP 地址为 192.168.0.1，创建通信数据区 DB2、DB3，然后下载 S7-300 及 S7-1200 CPU 的所有组态及程序，并监控通信结果。可以看出，在 S7-1200 CPU 中的 DB2 写入数据 "1" "2"，则在 S7-300 CPU 的 DB11 中收到数据也为 "1" "2"。在 S7-300 CPU 中，将 "11" "22" 写入 DB12，则在 S7-1200 CPU 的 DB3 中收到的数据也为 "11" "22"。

程序段 1：调用FB14，使用背景数据块DB14

REQ为时钟脉冲，上升沿激活通信任务；连接号ID要与配置一致，ADDR_1表示从通信伙伴数据区读取数据的地址；RD_1表示本地接收数据地址

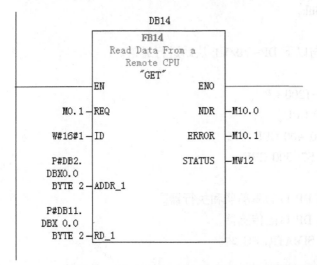

图 8-58　S7-1200 PLC 与 S7-300 PLC 之间使用 S7 通信实例程序

程序段 2：调用FB15，使用背景数据块DB15

REQ为时钟脉冲，上升沿激活通信任务；连接号ID要与配置一致，ADDR_1表示发送到通信伙伴数据区的地址；SD_1表示本地发送数据区

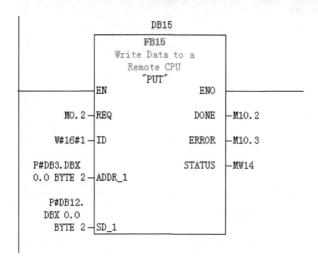

图 8-58　S7-1200 PLC 与 S7-300 PLC 之间使用 S7 通信实例程序（续）

8.5　S7-1200 PLC 的 PROFIBUS-DP 通信

S7-1200 CPU 从固件版本 V2.0 开始支持 PROFIBUS-DP 通信。S7-1200 PLC 的 DP 主站模块为 CM1243-5，DP 从站模块为 CM 1242-5。

CM 1242-5 从站模块，可以成为以下 DP V0/V1 主站的通信伙伴。

1）SIMATIC S7-1200、S7-300、S7-400、WinCC。

2）带有 DP 主站模块的 ET200。

3）SIMATIC PC 站。

4）SIMATIC NET IE/PB Link。

5）第三方 PLC。

CM 1243-5 主站模块，可与以下 DP-V0/V1 从站进行通信。

1）SIMATIC ET200。

2）配有 CM 1242-5 的 S7-1200 CPU。

3）配有 EM 277 的 S7-200 CPU。

4）带集成 DP 口的 S7-300/400 CPU。

5）配有 CP 342-5 模块的 S7-300 CPU。

6）SINAMICS 变频器。

7）其他供应商提供的带有 DP 口的驱动器和执行器。

8）其他供应商提供的带有 DP 口的传感器。

9）配有 PROFIBUS CP 的 SIMATIC PC 站。

8.5.1 S7-1200 PLC 作 DP 主站

S7-1200 PLC 作为 PROFIBUS-DP 网络的主站，仅需做简单的网络组态，就可以实现对 DP 从站的周期性数据交换。下面通过一个简单的例子演示 S7-1200 PLC 作为 PROFIBUS-DP 网络主站的组态步骤。

在 TIA Portal 软件中创建一个新项目，添加一个 CPU 1215C PLC，名称为 PLC_1。在设备视图中，添加通信模块 CM1243-5 到 101 插槽。切换到网络视图，右键单击 CM1243-5 模块的 DP 口选择"添加主站系统"，则生成 PROFIBUS-DP 主站系统。从右侧硬件目录中选择"分布式 IO"→"ET200S"→"接口模块"→"PROFIBUS"→"IM153-1"下相应订货号的设备，拖放到 PROFIBUS-DP 主站系统上。同样的方式，添加第二个从站设备。本例的 PROFIBUS-DP 网络就建立了，如图 8-59 所示。

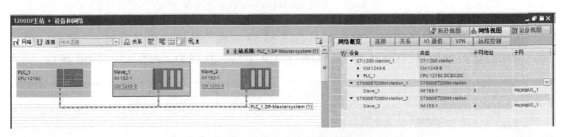

图 8-59　建立 PROFIBUS-DP 网络

选中从站设备 Slave_1，切换到设备视图，对其进行硬件组态，如图 8-60 所示。图中，在右侧的设备概览中，可以查看从站设备的信号模块的输入/输出地址。在用户程序中，可以对这些地址直接读写访问。

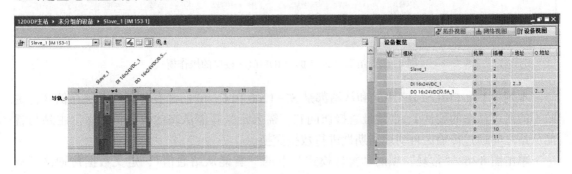

图 8-60　从站设备组态

8.5.2 S7-1200 PLC 作 DP 从站

S7-1200 PLC 还可以作为 PROFIBUS-DP 网络的智能从站设备，与作为主站的 S7-1500、S7-1200 及 S7-300/400 PLC 等进行数据交换。下面演示一台 S7-1200 PLC 作为智能从站设备，与另一台 S7-1200 PLC 作为主站进行通信的例子。

在 TIA Portal 软件中创建一个新项目，添加一个 CPU 1215C PLC，名称为 PLC_1。在设备视图中，添加通信模块 CM1243-5 到 101 插槽。再添加一个 CPU 1215C PLC，名称为 PLC_2，在设备视图中，添加通信模块 CM1242-5 到 101 插槽。在网络视图中，右键单击

PLC_1 的 DP 接口选择"添加主站系统",则生成 PROFIBUS-DP 主站系统。单击 PLC_2 框中的蓝色"未分配",将 PLC_2 连接到 PROFIBUS-DP 主站系统上,如图 8-61 所示。

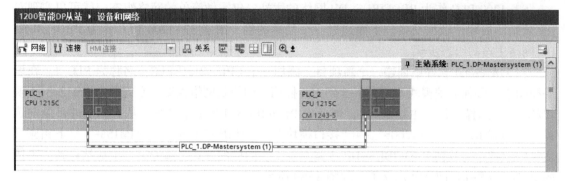

图 8-61　生成 PROFIBUS-DP 主站系统

选中 PLC_2 的 PROFIBUS-DP 接口,在图 8-62 的属性窗口中可以看到,"常规"项下的"操作模式"中勾选"DP 从站","分配的 DP 主站"选择为"PLC_1"的 DP 接口。

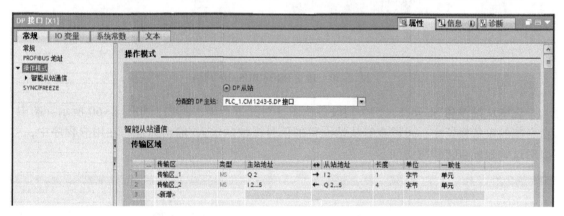

图 8-62　组态 PLC_2 的 PROFIBUS 接口的操作模式

本例中 PROFIBUS-DP 主站和从站都是 S7-1200 PLC,它们都有各自的系统存储区,主站不能通过从站的硬件 I、Q 地址直接访问它,需要定义智能从站的数据传输区。主站与智能从站之间通过传输区自动地周期性进行数据交换。

单击图 8-62"常规"项的"操作模式"下的"智能从站通信",定义数据传输区。双击"新增"行可以添加一个数据传输区。图中,"传输区_1"长度为 1B,由主站中的地址 Q2 到从站设备中的地址 I2,表示主站将其 QB2 一个字节的数据发送到从站的 IB2;同理,"传输区_2"长度为 4B,由从站中的地址 Q2...5 到主站中的地址 I2...5,表示从站的 QB2~QB5 四个字节的数据发送到主站的 IB2~IB5。

在图 8-63 所示的智能从站传输区的详细信息中,可以设置访问该智能从站的刷新方式(自动或者手动)、刷新时间和一致性等。

S7-1200 PLC 作为智能从站与 S7-1200 PLC 或者 S7-300/400 PLC 组成 PROFIBUS-DP 网络时,当智能从站和主站需要在不同的项目中进行组态时,需要安装 CP1242-5 的 GSD 文件。

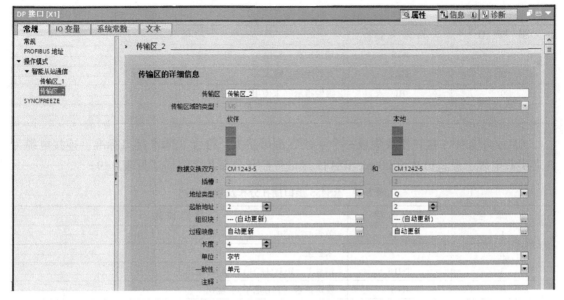

图 8-63 智能从站传输区的详细信息

8.6 S7-1200 PLC 的串口通信

S7-1200 PLC 的串口通信模块有两种型号，分别为 CM1241 RS232 接口模块和 CM1241 RS485 接口模块。CM1241 RS232 接口模块支持基于字符的自由口协议和 Modbus RTU 主从协议。CM1241 RS485 接口模块支持基于字符的自由口协议、Modbus RTU 主从协议及 USS 协议。两种串口通信模块有如下共同特点。

1）通信模块安装于 CPU 模块的左侧，且数量之和不能超过 3 块。

2）串行接口与内部电路隔离。

3）由 CPU 模块供电，无须外部供电。

4）模块上有一个 DIAG（诊断）LED 灯，可根据此 LED 灯的状态判断模块状态。模块上部盖板下有 Tx（发送）和 Rx（接收）两个 LED 灯指示数据的收发。

5）可使用扩展指令或库函数对串口进行配置和编程。

CM1241 RS232 接口模块集成一个 9 针 D 型公接头，符合 RS232 接口标准。连接电缆为屏蔽电缆，最多可达 10 m。RS232 接口各引脚分布及功能描述见表 8-8。

表 8-8   RS232 接口各引脚分布及功能描述

引 脚 号	引 脚 名 称	功 能 描 述
1	DCD	数据载波检测
2	RxD	接收数据：输入
3	TxD	发送数据：输出
4	DTR	数据终端准备好：输出
5	GND	逻辑地
6	DSR	数据设备准备好：输入

引 脚 号	引 脚 名 称	功 能 描 述
7	RTS	请求发送：输出
8	CTS	允许发送：输入
9	RI	振铃指示（未使用）
外壳		外壳地

CM1241 RS485 接口模块集成一个 9 针 D 型母接头，符合 RS485 接口标准，连接电缆为 3 芯屏蔽电缆，最长可达 1000 m。RS485 接口各插孔分布及功能描述见表 8-9。

表 8-9　RS485 接口插孔分布及功能描述

引 脚 号	引 脚 名 称	功 能 描 述
1	GND	逻辑或通信地
2		未连接
3	TxD+	信号 B（RxD/TxD+）：输入/输出
4	RTS	发送请求（TTL 电平）：输出
5	GND	逻辑或通信地
6	PWR	+5 V，串接 100 Ω 电阻：输出
7		未连接
8	RxD−	信号 A（RxD/TxD−）：输入/输出
9		未连接
外壳		外壳地

8.6.1　自由口协议通信

S7-1200 PLC 支持使用自由口协议进行基于字符的串行通信。该数据传输协议使用自由口通信，完全可通过用户程序进行组态。

西门子提供了以下具有自由口通信功能的库，可供用户在用户程序中使用。

1）USS 驱动协议。

2）Modbus RTU 主站协议。

3）Modbus RTU 从站协议。

CM1241 RS232 和 CM1241 RS485 接口模块都支持基于字符的自由口协议，下面以 RS232 模块为例介绍串口通信模块的端口参数设置、发送参数设置、接收参数设置以及硬件标识符。最后通过一个简单的例子介绍串口通信模块自由口通信的组态方法。

1. 串口通信模块的端口参数设置

在项目视图项目树中双击"设备配置"项打开设备视图，拖动 RS232 模块到 CPU 左侧的 101 槽，在 RS232 模块的属性对话框中，可以设置串口通信模块的参数。

端口组态属性如图 8-64 所示，其中"波特率"项指定通信的波特率，默认值为 9.6 kbit/s，可选值为 300 bit/s、600 bit/s、1.2 kbit/s、2.4 kbit/s、4.8 kbit/s、9.6 kbit/s、19.2 kbit/s、38.4 kbit/s、57.6 kbit/s、76.8 kbit/s、115.2 kbit/s。"奇偶校验"项设置校验，默认为无校验，可选项为无校验、偶校验、奇校验、Mark 校验（奇偶校验位为 1）和 Space 校验（奇偶校验位为 0），任意奇偶校验（将奇偶校验位设置为 0 进行传输，在接收时忽略奇偶校验错误）。"数据位"默认为 8 位/字符，可选项为 8 位/字符和 7 位/字符。"停止位"
设置停止位长度，默认为 1，可选项为 1、2。"流量控制"项默认为无，可选项为"XON/
XOFF""硬件 RTS 始终启用""硬件 RTS 始终打开""硬件 RTS 始终开启，忽略 DRS"。如
果选择软流控"XON/XOFF"，则可设置 XON 和 XOFF 分别对应的字符，默认为 0x11 和
0x13。"等待时间"以 ms 为单位，默认为 1 ms，可选值为 1~65535 ms。等待时间指在模块
发出 RTS 请求发送信号后等待接收来自通信伙伴的 CTS 允许发送信号的时间。流量控制是
用来协调数据的发送和接收的机制，以此确保传输过程中无数据丢失。RS485 通信模块没有
流量控制功能。4 种流量控制选项详细说明如下。

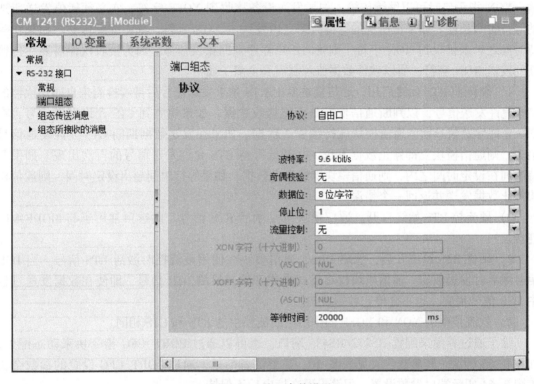

图 8-64　端口参数设置

　　数据流控制是一种确保发送和接收行为保持平衡的方法。在理想情况下，智能控制可确
保不会丢失数据。它确保设备发送的信息不会多于接收伙伴所能处理的信息。
　　有两种数据流控制方法：硬件控制的数据流控制；软件控制的数据流控制。
　　对于这两种方法，在传输开始时都必须激活通信伙伴的 DSR 信号。如果未激活 DSR 信
号，则传输不会开始。
　　硬件控制的数据流控制：采用请求发送（Request To Send，RTS）信号和允许发送
（Clear To Send，CTS）信号。对于 RS232 通信模块，RTS 信号通过输出引脚 7 进行传输，而
CTS 信号通过引脚 8 进行接收。如果启用了硬件控制的数据流控制，则在发送数据时 RTS
信号总是设置为激活状态。同时，对 CTS 信号进行监视，以检查接收设备是否能接收数据。
如果激活了 CTS 信号，则模块可以一直传输数据，直到 CTS 信号变为非激活状态。如果未
激活 CTS 信号，则数据传输必须暂停所设置的等待时间。如果 CTS 信号在经过了所设置的

等待时间后仍未激活，则数据传输将被中止，并向用户程序发送错误信号。

使用硬件握手的数据流控制：如果数据流控制由硬件握手进行控制，则默认情况下，发送设备将 RTS 信号设置为激活状态。这样，诸如调制解调器等设备便可随时传输数据。它不会等待接收方的 CTS 信号。发送设备通过只发送有限数量的帧（字符）来监视自身的传输，例如，防止接收缓冲区溢出。如果仍然出现溢出，则传送设备必须阻止消息并向用户程序发回错误信号。

软件控制的数据流控制：软件控制的数据流控制采用消息中的特定字符并通过这些字符来控制传输。这些字符是为 XON 和 XOFF 选择的 ASCII 字符。XOFF 指示何时必须暂停传输。XON 指示何时可以继续传输。如果发送设备接收到 XOFF 字符，它必须暂停发送所选的等待时间长度。如果在所选的等待时间之后发送了 XON 字符，则将继续传输。如果在等待时间之后未接收到 XON 字符，则将向用户程序发回错误信号。因为接收伙伴需要在传输期间发送 XON 字符，所以软件数据流控制需要全双工通信。

1）硬流控 RTS 始终启用。通信模块发出 RTS 请求发送信号后持续检测来自通信伙伴的 CTS 允许发送信号，以判断通信伙伴是否能接收数据。如果检测到 CTS 允许发送信号，在 CTS 允许发送信号期间通信模块就持续发送数据。如果在发送数据期间 CTS 允许发送信号消失，则通信模块立即停止数据发送，并开始等待 CTS 允许发送信号的再次出现。如果等待时间在设定时间之内，则通信模块继续发送数据，如果等待时间超出设定时间，则通信模块停止数据发送并返回一个错误。

2）硬流控 RTS 始终打开。通信模块总是激活 RTS 信号。此选项常用于与 MODEM 的连接。

3）硬件 RTS 始终开启，忽略 DRS。通信模块在使用硬流控时激活 RTS 信号，当 DSR 信号激活时发送数据。通信模块仅在发送操作开始时检测 DSR 信号，即使在数据发送过程中 DSR 信号消失，也不会停止数据发送。

4）软流控中的 XON 和 XOFF 的作用与硬流控中的 RTS 和 CTS 相同。

除了通过界面来配置 RS232/RS485 端口，也可以通过 PORT_CFG 指令块来动态配置，如图 8-65 所示，其参数含义见表 8-10。需要注意的是，通过 PORT_CFG 设置的参数会覆盖图 8-64 所示端口参数设置，但该设置在掉电后不保持。

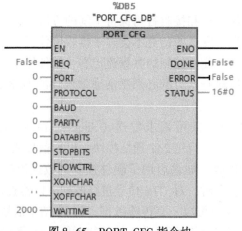

图 8-65　PORT_CFG 指令块

表 8-10 PORT_CFG 参数含义

参　　数	数据类型	含　　义
REQ	Bool	在上升沿激活组态更改
PORT	Port（UInt）	通信端口的 ID（模块 ID）
PROTOCOL	UInt	传输协议，0 表示点对点通信协议
BAUD	UInt	端口的波特率
PARITY	UInt	端口的奇偶校验
DATABITS	UInt	每个字符的位数
STOPBITS	UInt	停止位的数目
FLOWCTRL	UInt	数据流控制
XONCHAR	Char	指示用作 XON 字符的字符，默认设置是字符 DC1（11H）
XOFFCHAR	Char	指示用作 XOFF 字符的字符，默认设置是字符 DC3（13H）
WAITTIME	UInt	指定开始传输后 XON 或 CTS 的等待时间，所指定的值必须大于 0，默认设置是 2000 ms
DONE	Bool	状态参数，为 1 表示任务已完成且未出错
ERROR	Bool	状态参数，为 1 表示出现错误
STATUS	Word	指令状态

2. 串口通信模块的发送参数设置

在串口通信模块发送数据之前，必须对模块的发送参数进行设置。在设备视图单击通信模块属性对话框"组态传送消息"项可以设置发送参数，如图 8-66 所示。其中，"RTS 接通延时"参数仅在"端口组态"中选择硬流控时有效，表示在发出"RTS 请求发送"信号之后和发送初始化之前需要等待时间，即在发出"RTS 请求发送"信号之后经过"RTS 接通延时"设定的时间后才开始检测"CTS 允许发送"信号，以此给予接收端足够的准备时间。

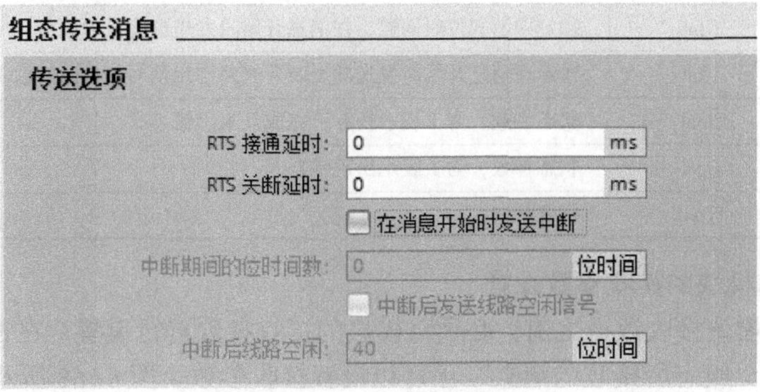

图 8-66　发送参数设置

"RTS 关断延时"参数仅在"端口组态"中选择硬流控时有效，表示在完成传送后和撤销"RTS 请求发送"信号之前需要等待时间，即在数据发送完后延时"RTS 关断延时"设定的时间后才撤销"RTS 请求发送"信号，以此给予接收端足够时间来接收消息帧的全部最新字符。

勾选"在消息开始时发送中断"项，设定"中断期间的位时间数"表示在延时"RTS 接通延时"设定的时间并检测"CTS 允许发送"信号后，在消息帧的开始位置发送 BREAK

（逻辑0、高电平）持续时间为多少个位时间，上限时间为8s。

勾选"中断后发送线路空闲信号"项，设定"中断后线路空闲"表示在BREAK之后再发送多少个位时间的IDLE（逻辑1、低电平）信号，上限时间为8s。此设置仅在勾选"在消息开始时发送中断"项后才有效。

除了通过界面来设置RS232/RS485端口的发送参数，也可以通过SEND_CFG指令块来设置，如图8-67所示，其参数含义见表8-11。需要注意的是，通过SEND_CFG设置的参数会覆盖图8-66所示发送参数设置，但该设置在掉电后不保持。

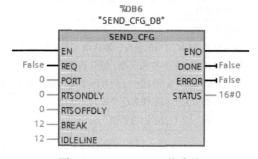

图8-67　SEND_CFG指令块

表8-11　SEND_CFG参数含义

参　数	数据类型	含　义
REQ	Bool	在上升沿激活组态更改
PORT	Port（UInt）	通信端口的ID（HW ID）
RTSONDLY	UInt	激活RTS后到开始传输要经过的时间，该参数不适用于RS485模块
RTSOFFDLY	UInt	传输结束后到禁用RTS要经过的时间，该参数不适用于RS485模块
BREAK	UInt	指定中断的位时间数，在消息开始时发送这些位时间数
IDLELINE	UInt	指定在消息开始时发送的中断后线路空闲信号的位时间数
DONE	Bool	状态参数，为1表示任务已完成且未出错
ERROR	Bool	状态参数，为1表示出现错误
STATUS	Word	指令状态

3. 串口通信模块的接收参数设置

在串口通信模块接收数据之前，必须对模块的接收参数进行设置。在设备视图单击通信模块属性对话框"组态所接收的消息"项可以设置接收参数。图8-68所示为消息帧起始条件设置，图8-71为消息帧结束条件设置。

图8-68中，消息帧起始条件可设置为"以任意字符开始"或"以特殊条件开始"。"以任意字符开始"表示任何字符都可作为消息帧的起始字符；"以特殊条件开始"表示以特定字符作为消息帧的起始字符，具体设置有以下4种，可任选其中的一种或几种的组合，选择组合条件时按列表先后次序来判断是否符合消息帧起始条件。

1）通过换行识别消息开始。当接收端的数据线检测到逻辑0信号（高电平）并持续超过一个完整字符传输时间（包括起始位、数据位、校验位和停止位），并以此作为消息帧的开始。

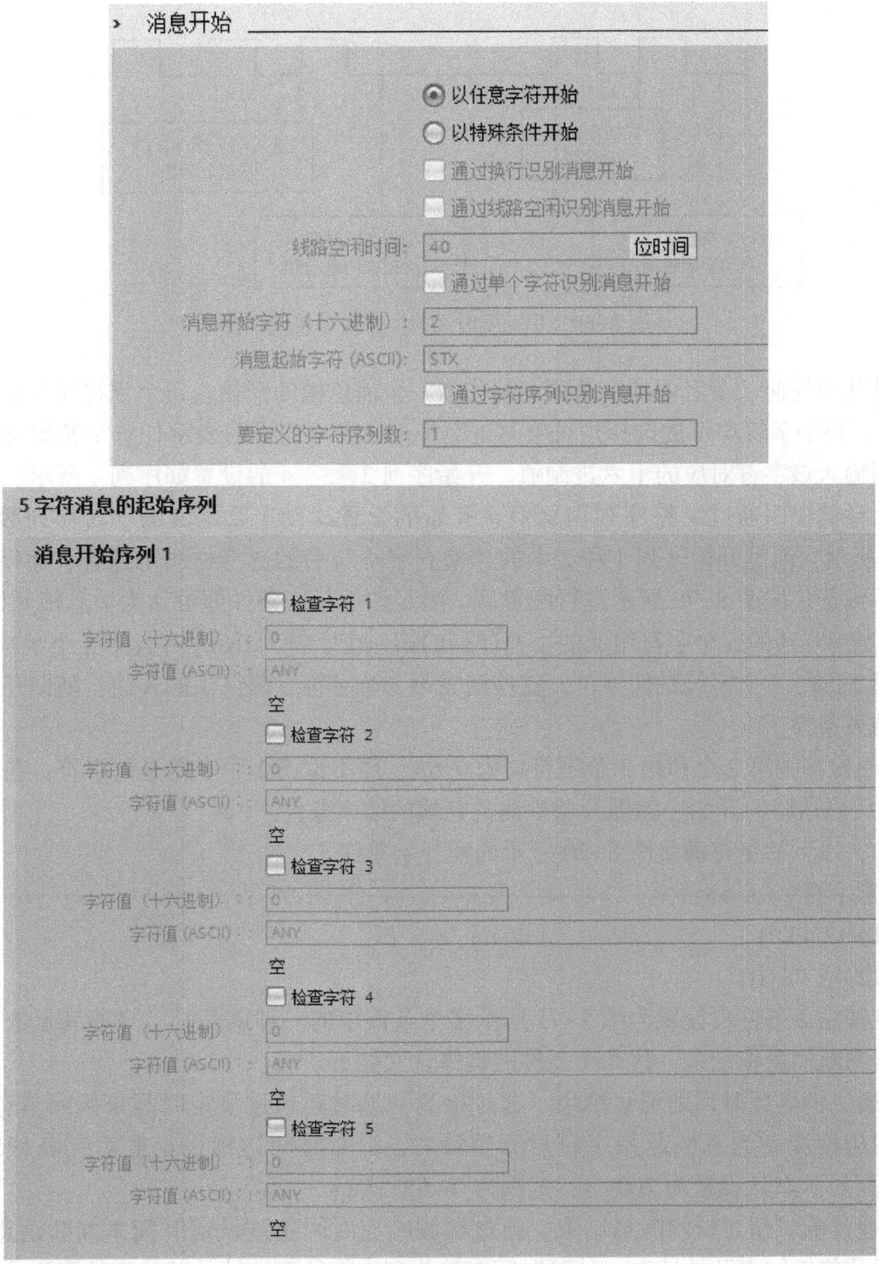

图 8-68 消息帧起始条件设置

2) 通过空行识别消息开始。如果发送传输线路在空闲一段时间（该时间以位时间为单位）后发生诸如接收字符之类的事件，将识别到消息开始，如图 8-69 所示。默认设置为 40 个位时间，最大值为 65535，但不能超过 8 s 的时间。

3) 通过单个字符识别消息开始。以单个特定字符作为消息帧的开始。默认设置为 0x02，即 STX。

4) 通过字符序列识别消息开始。以某个字符序列作为消息帧的开始，在此设定多少个字符序列。默认设置为 1，最多可设置 4 个字符序列。每个字符序列均可选择启用或不启

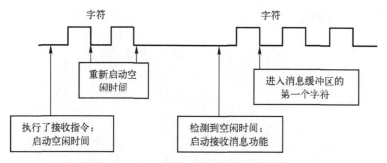

图 8-69　用空闲时间检测来启动接收指令

用，满足其中任何一个启用的字符序列均作为一个消息帧的开始。每个字符序列最多可包含5 个字符。每个字符均可被选择是否检测该字符。如果不选择则表示任意字符均可，如果选择该项则输入该字符对应的十六进制值。开始序列 2、3、4 的设置如序列 1 所示。

下面举例说明通过字符序列识别消息开始的设置。设定要定义的字符序列数为 2，如图 8-70 所示，消息开始序列 1 和 2 中的"检查字符"后的选择框均可选，而字符序列 3 和 4 均不可选。按图 8-70 所示进行配置后，满足如下任一条件即可认为消息帧开始。

1）当接收到的 5 个字符组成的字符序列的第一个字符为 0x6A 并且第 5 个字符为 0x1C，而不论第 2、3、4 个字符是何字符，在检测完第 5 个字符后确认帧的开始，随即开始检测消息帧的结束条件。

2）当检测到第 2 个和第 3 个字符均为 0x6A，而不论第 1 个字符是何字符，在检测完第3 个字符后确认帧的开始，随即开始检测消息帧的结束条件。

例如，以下的字符满足图 8-70 所示的帧开始条件。

<任意字符> 6A 6A

6A 14 12 13 1C

6A 12 0A 5E 1C

消息帧结束条件可设置为图 8-71 所示多个条件中的一种或几种，只要满足选中的一个条件，即判断消息帧结束。这几个条件的具体含义如下。

1）通过消息超时识别消息结束。通过检测消息时间超过设定时间来判断消息帧结束。消息时间从检测到消息帧起始字符后开始计时，计时时间达到设定值后判断帧结束，如图 8-72 所示。默认设置为 200 ms，范围为 0~65535 ms。

2）通过响应超时识别消息结束。通过检测响应时间超过设定时间来判断消息帧结束。响应时间从传输结束开始计时，计时时间在接收到有效的信息帧的起始字符序列前达到设定值时判断帧结束。默认设置为 200 ms，范围为 0~65535 ms。

3）通过字符间超时识别消息结束。通过检测接收到相邻字符的时间间隔，超过设定时间来判断消息帧结束。默认设置为 12 个位信号的时间长度，范围为 0~65535 个信号长度，最大不超过 8 s。

4）通过最大长度识别消息结束。通过检测消息长度达到设定的字节数来判断消息帧结束。默认设置为 1B，最大值为 1024B。

5）从消息读取消息长度。消息内容本身包含消息的长度，通过从消息帧中获取的消息长度来判断消息帧结束。图 8-71 中，"消息中长度域的偏移量（n）"指存取消息长度值的

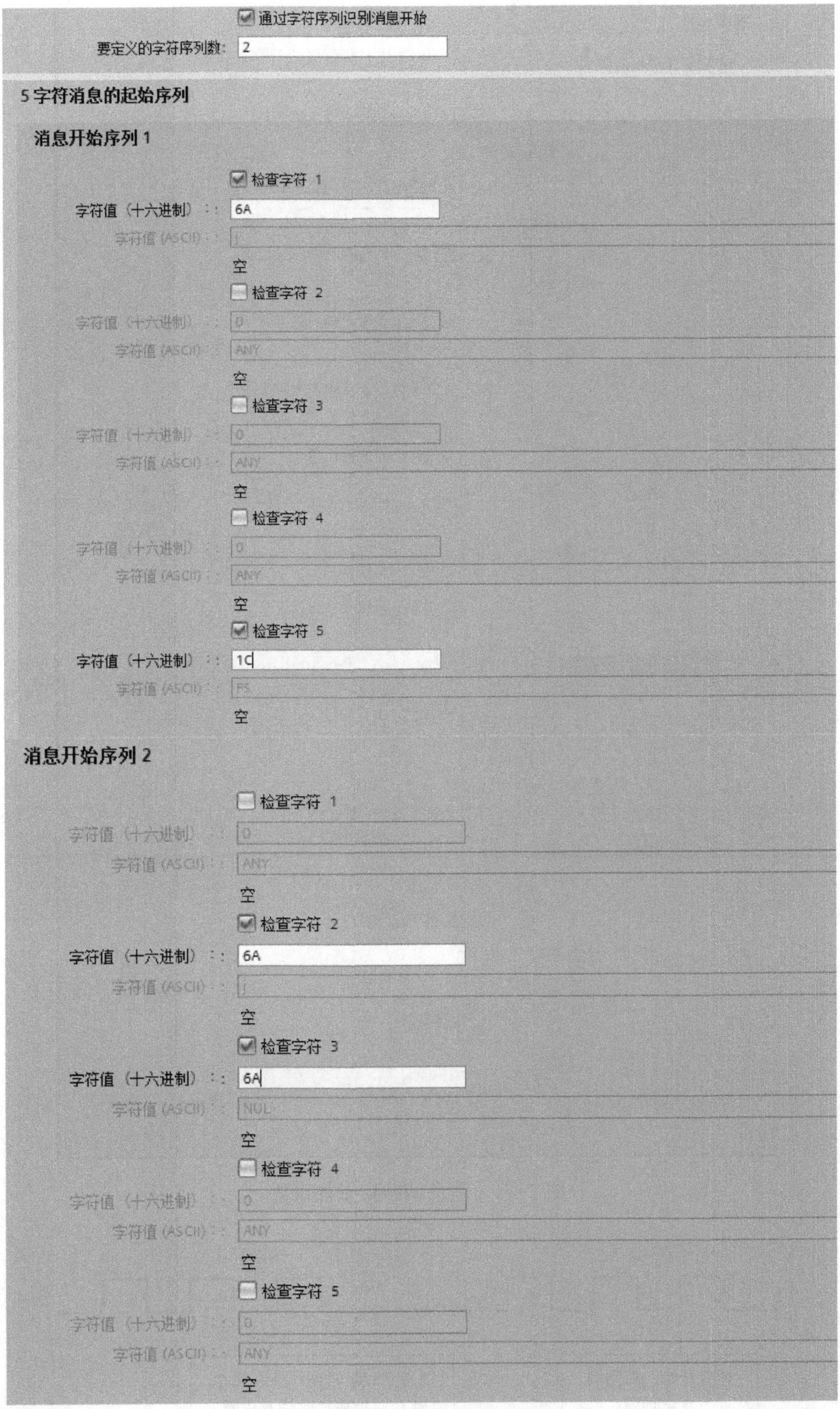

图 8-70　以某个字符序列作为消息帧的开始

字符的位置；"长度域大小"指消息长度字符的长度（为 1、2 和 4）；"数据后面的长度域未计入该消息长度（m）"指在消息长度字符后面不计入消息长度的字符数。

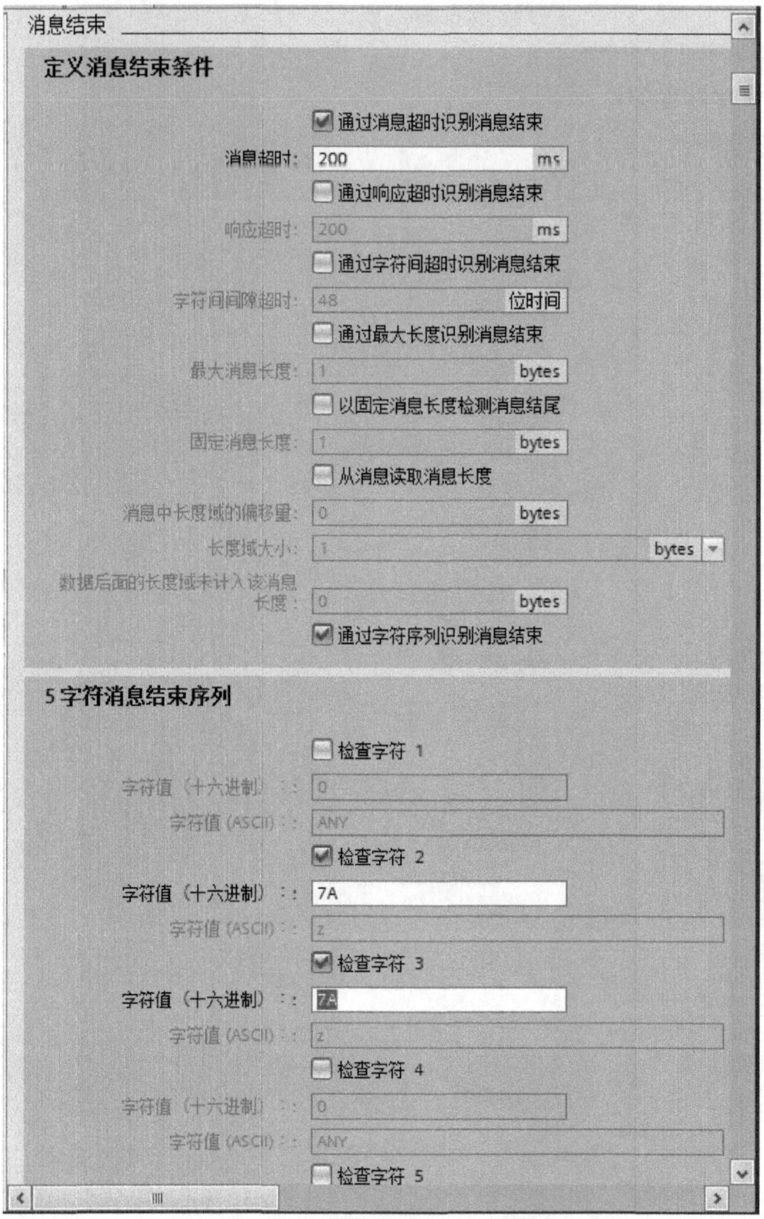

消息结束

定义消息结束条件

☑ 通过消息超时识别消息结束

消息超时： 200 ms

☐ 通过响应超时识别消息结束

响应超时： 200 ms

☐ 通过字符间超时识别消息结束

字符间间隙超时： 48 位时间

☐ 通过最大长度识别消息结束

最大消息长度： 1 bytes

☐ 以固定消息长度检测消息结尾

固定消息长度： 1 bytes

☐ 从消息读取消息长度

消息中长度域的偏移量： 0 bytes

长度域大小： 1 bytes ▼

数据后面的长度域未计入该消息
长度： 0 bytes

☑ 通过字符序列识别消息结束

5 字符消息结束序列

☐ 检查字符 1

字符值（十六进制）： 0

字符值 (ASCII)： ANY

☑ 检查字符 2

字符值（十六进制）：： 7A

字符值 (ASCII)：： z

☑ 检查字符 3

字符值（十六进制）：： 7A

字符值 (ASCII)：： z

☐ 检查字符 4

字符值（十六进制）：： 0

字符值 (ASCII)： ANY

☐ 检查字符 5

图 8-71　消息帧结束条件设置

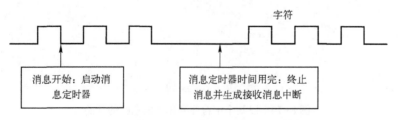

图 8-72　使用消息定时器来检测消息帧结束

264

例如，针对图8-73a所示的消息帧结构，应该设置如下。

n=2（即存放消息长度值的字符的位置为消息帧第2个字节）。

长度域大小=1（用1B来指示消息长度）。

m=0（在消息长度字符后没有不计入消息长度的字符）。

而针对如图8-73b所示的信息帧结构，应该设置如下。

n=3（即存放消息长度值的字符的位置为消息帧第3个字节）。

长度域大小=1（用1B来指示消息长度）。

m=3（在消息长度字符后有3个不计入消息长度的字符，本例中字符SD2、FCS和ED未计入信息长度，而第5~10个字符计入消息长度）。

STX	Len(n)	字符3~14计入消息长度										
		ADR	PKE		INDEX		PWD		STW		HSW		BCC
1	2	3	4	5	6	7	8	9	10	11	12	13	14
STX	0x0C	xx	xxxx		xxxx		xxxx		xxxx		xxxx		

a)

SD1	Len(n)	Len(n)	SD2	字符5~10计入消息长度						FCS	ED
				DA	SA	FA	数据单元=3B				
1	2	3	4	5	6	7	8	9	10	11	12
xx	0x06	0x06	xx	xx	xx	xx	xx	xx	xx	xx	xx

b)

图8-73　消息帧结构举例

6）以固定消息长度检测消息结尾。以一个字符序列作为消息帧的结束。每个字符序列最多可包含5个字符。每个字符均可被选择是否检测该字符，如果不选择该项表示任意字符均可，如果选择该项则输入该字符对应的十六进制数。在这个字符序列中第一个被选择的字符前面的字符不作为消息帧结束的检测条件。在最后一个被勾选的字符后面的字符仍作为消息帧结束的检测条件。例如图8-71中设置，如果检测到两个连续的0x7A，并接着检测两个字符，则判断消息帧结束，在0x7A 0x7A前的字符不计入字符序列，在0x7A 0x7A后的两个字符计入字符序列，而不论其是什么字符，且一定要收到两个字符。

7）通过字符序列识别消息结束。在接收到指定的字符序列后，视为消息结束。可以指定最多由5个字符组成的序列。对于每个字符位置，可以指定一个具体的十六进制字符，或者指定在序列匹配时忽略该字符。结束条件不包括被忽略的前导字符，但包括被忽略的尾随字符。

除了通过界面来设置RS232/RS485端口的发送参数，也可以通过RCV_CFG指令块来设置，如图8-74所示，其参数含义见表8-12。需要注意的是，通过RCV_CFG设置的参数会覆盖图8-68所示发送参数设置，但该设置在掉电后不保持。

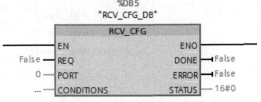

图8-74　RCV_CFG指令块

表 8-12 RCV_CFG 参数含义

参　　数	数 据 类 型	含　　义
REQ	Bool	在上升沿激活组态更改
PORT	Port（UInt）	通信端口 ID（HW ID）
CONDITIONS	Conditions	用户自定义的数据结构，定义开始和结束条件
DONE	Bool	状态参数，为 1 表示任务已完成且未出错
ERROR	Bool	状态参数，为 1 表示出现错误
STATUS	Word	指令的状态

4. 串口通信模块自由口通信协议举例

在完成通信端口设置、发送参数设置及接收参数设置后，需要在 CPU 中调用通信功能块发送和接收数据。下面以 CM1241 RS232C 与 Windows 操作系统的集成软件"超级终端"的通信为例介绍 S7-1200 PLC 串口通信模块使用自由口协议的数据发送和接收。

通过标准的 RS232 串口电缆连接计算机和 CM1241。RS232 端口的通信端口设置、发送参数设置及接收参数设置均可使用默认设置。

具体组态步骤如下。

1）通过菜单命令"开始"→"所有程序"→"附件"→"通信"→"超级终端"打开"超级终端"软件。首先给连接分配一个名称"CM1241_RS232_TO_PC"，确定后选择连接接口 COM3，再设置 COM3 参数与 CM1241 RS232 模块一致，此处使用默认设置，如图 8-75 所示。

图 8-75　COM3 属性设置与 RS232 一致

2）组态 ASCII 码参数。超级终端中选择菜单命令"文件"→"属性"选项，打开属性对话框，单击"设置"选项卡的"ASCII 码设置"按钮，打开"ASCII 码设置"对话框，如图 8-76 所示，勾选"本地回显键入的字符"项。

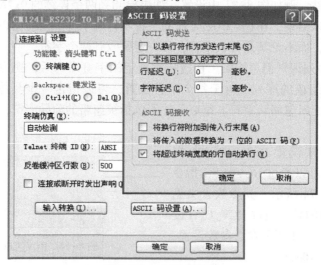

图 8-76　ASCII 码设置

3）S7-1200 PLC 中的发送程序。S7-1200 PLC 的主程序 OB1 中调用 SEND_PTP 指令块，如图 8-77 所示，其含义见注释。

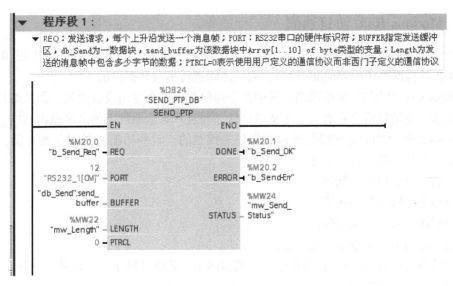

图 8-77 调用 SEND_PTP 指令块

下载项目并运行，当 M20.0 由 0 变为 1 时发送数据块 db_Send（DB24）内 db_Send. send_buffer 数组中的 10B 数据"How are u?"，可以看到超级终端中已收到来自串口通信模块 CM1421 RS232 的字符。

4）S7-1200 PLC 中的接收程序。S7-1200 PLC 的主程序 OB1 中调用 RCV_PTP 指令块，如图 8-78 所示，其含义见注释。

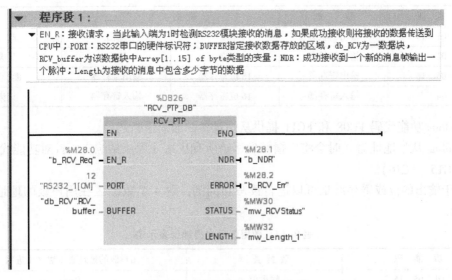

图 8-78 调用 RCV_PTP 指令块

下载项目并运行，当 M28.0 为 1 时检测 RS232 模块接收的信息，并将成功接收到得数据存放到 db_RCV（DB2）中 db_RCV. RCV_buffer 数组中的 15B 数组内。通过超级终端的菜单命令"传送"→"发送文本文件"给 RS232 模块发送一个文本文件。发送时可观察到 RS232 模块上的接收指示灯 Rx 会闪烁，可以在监视表格中查看数据块 db_RCV 中的内容。

8.6.2 Modbus RTU 协议通信

Modbus RTU（Remote Terminal Unit）是用于网络中通信的标准协议，使用 RS232 或 RS422/485 连接网络中的 Modbus 设备，使其之间进行串行数据传输。

Modbus RTU 使用主/从站网络，其中整个通信仅由一个主站设备触发，而从站只能响应主站的请求。主站将请求发送到一个从站地址，并且只有该地址上的从站做出响应。

Modbus 系统间的数据交换是通过功能码来控制的。有些功能码是对位操作的，通信的用户数据是以位为单位的，例如：

1）FC01 读输出位的状态。

2）FC02 读输入位的状态。

3）FC05 写入一个输出位。

4）FC15 写入一个或多个输出位。

有些功能码是对 16 位寄存器操作的，通信的用户数据是以字为单位的，例如：

1）FC03 读取保持寄存器。

2）FC04 读取输入字。

3）FC06 写入一个保持寄存器。

4）FC16 写入一个或多个保持寄存器。

这些功能代码是对 4 个数据区（位输入、位输出、输入/输出寄存器）进行访问的。访问的数据区见表 8-13。

表 8-13　访问的数据区

功　能　码	数　据	数　据　类　型		访　　问
01、05、15	输出的状态	位	输出	读、写
02	输入的状态	位	输入	只读
03、06、16	输出寄存器	16 位寄存器	输出寄存器	读、写
04	输入寄存器	16 位寄存器	输入寄存器	只读

Modbus 功能代码 FC08 和 FC11 提供从站设备的通信诊断选项。

Modbus 从站地址为 0 时会将广播帧发送给所有从站（无从站响应；针对功能代码 FC5、FC6、FC15、FC16）。

对于输出的位或寄存器是可以进行读写访问的，这 4 个数据区在用户级的地址表示见表 8-14。

表 8-14　数据区用户级地址表示法

功　能　码	数　据　类　型	用户级的地址表示法（十进制）
01、05、15	输出位	0xxxx
02	输入位	1xxxx
03、06、16	输出寄存器	4xxxx
04	输入寄存器	3xxxx

1. S7-1200 PLC 的 Modbus RTU 通信

串口通信模块 CM1241 RS232 和 CM1241 RS485 均支持 Modbus RTU 协议，可作为 Modbus 主站或从站与支持 Modbus RTU 的第三方设备通信。作为 Modbus RTU 主站运行的 CPU 能够在 Modbus RTU 从站中通过通信连接读取和写入数据和 I/O 状态。作为 Modbus RTU 从站运行的 CPU 允许通信连接的 Modbus RTU 主站读取并写入数据和 I/O 状态。

使用 S7-1200 PLC 串口通信模块进行 Modbus RTU 协议的通信通常非常简单，先调用 MB_COMM_LOAD 指令来设置通信端口参数，然后调用 MB_MASTER 或 MB_SLAVE 指令作为主站和从站与支持 Modbus RTU 的第三方设备通信。

S7-1200 PLC 串口通信模块的 Modbus RTU 协议通信的注意事项如下。

1）在调用 MB_MASTER 或 MB_SLAVE 之前，必须调用 MB_COMM_LOAD 来设置通信端口的参数。

2）如果一个通信端口作为从站与另一主站通信，则其不能调用 MB_MASTER 作为主站，同时 MB_SLAVE 只能调用一次。

3）如果一个通信端口作为主站与另一从站通信，则其不能调用 MB_SLAVE 作为从站。同时 MB_MASTER 可调用多次，并要使用相同背景数据块。

4）Modbus 指令不使用通信中断时间来控制通信过程，所以必须在程序中循环调用 MB_MASTER 或 MB_SLAVE 指令来检查通信状态。

5）如果一个通信端口作为从站，则调用 MB_SLAVE 指令的循环时间必须短到足以及时响应来自主站的请求。

6）如果一个通信接口作为主站，则必须循环调用 MB_MASTER 指令直到收到从站的响应。

7）要在一个组织块中执行多个 MB_MASTER 指令。

2. Modbus 通信指令

Modbus 指令可从项目视图全局库的 Modbus 选项下找到。

（1）Modbus_Comm_Load

Modbus_Comm_Load 指令块用来配置串口以进行 Modbus RTU 通信，如图 8-79 所示，其参数含义见表 8-15。

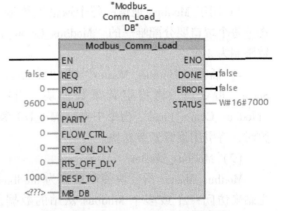

图 8-79　Modbus_Comm_Load 指令块

表 8-15　Modbus_Comm_Load 参数含义

参　　数	含　　义
REQ	在上升沿执行指令
PORT	通信端口硬件标识号
BAUD	通信端口的波特率
PARITY	奇偶校验设置
FLOW_CTRL	流量控制选择，只对 RS232 通信模块有效

参　数	含　义
RTS_ON_DLY	RTS 延时选择 0：（默认值）到传送消息的第一个字符之前，激活 RTS 无延时 1~65535：在传送该消息的第一个字符前"RTS"激活的延时时间（单位为 ms，不适用于 RS485 端口）。根据所选的 FLOW_CTRL，必须使用 RTS 延时
RTS_OFF_DLY	RTS 关断延时选择 0：（默认值）传送最后一个字符到"取消激活 RTS"之间没有延时 1~65535：从发送消息的最后一个字符到"RTS 未激活"之间的延时时间（单位为 ms，不适用于 RS485 端口）。必须使用 RTS 延时，而与 FLOW_CTRL 的选择无关
RESP_TO	设定从站对主站的响应超出时间，取值范围为 5~65535 ms
MB_DB	在同一程序中调用 Modbus_Master 或 Modbus_Slave 指令时的背景数据块的地址
ERROR	错误状态
STATUS	端口组态错误代码

使用 Modbus_Comm_Load 指令块时，应注意以下问题。

1）要组态 Modbus RTU 的端口，必须调用"Modbus_Comm_Load"一次。完成组态后，"Modbus_Master"和"Modbus_Slave"指令可以使用该端口。

2）如果要修改其中一个通信参数，则只需再次调用"Modbus_Comm_Load"。每次"Modbus_Comm_Load"调用将删除通信缓冲区中的内容。为避免通信期间数据丢失，应避免不必要地调用该指令。

3）用于 Modbus 通信的每个通信模块端口必须执行一次"Modbus_Comm_Load"来组态。每个端口要分配唯一的"Modbus_Comm_Load"背景数据块。S7-1200 CPU 的通信模块数限制为 3 个。

4）插入"Modbus_Master"或"Modbus_Slave"指令时，将指定背景数据块。当在"Modbus_Comm_Load"指令中指定 MB_DB 参数时，将引用该背景数据块。

（2）Modbus_Master

Modbus_Master 指令块使串口作为 Modbus 主站来访问一个或多个 Modbus 从站的数据，如图 8-80 所示，其参数含义见表 8-16。

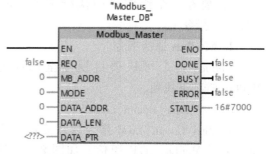

图 8-80　Modbus_Master 指令块

表 8-16　Modbus_Master 参数含义

参　数	含　义
REQ	数据发送请求信号，边沿信号触发
MB_ADR	通信对象 Modbus 从站的地址
MODE	模式选择：读、写、诊断
DATA_ADDR	Modbus 从站中通信访问数据的起始地址，可使用 DATA_ADDR 和 MODE 的组合来选择 Modbus 功能码，见表 8-17
DATA_LEN	请求访问数据的长度为位数或字节数

参　数	含　义
DATA_PTR	用来存取 Modbus 通信数据的本地数据块的地址。多次调用 Modbus_Master 时，可使用不同的数据块，也可以各自使用同一个数据块的不同地址区域
NDR	新的数据准备好
BUSY	通信忙
ERROR	错误状态
STATUS	故障代码

表 8-17　使用 DATA_ADDR 和 MODE 的组合来选择 Modbus 功能码

模式	Modbus_Master 的 Modbus 功能描述				
	读/写操作	Modbus 地址参数 DATA_ADDR	地址类型	Modbus 数据长度参数 DATA_LEN	Modbus 功能码
模式 0	读	00001~09999	输出位	1~2000	01H
		10001~19999	输入位	1~2000	02H
		30001~39999	输入寄存器	1~125	04H
		40001~49999 400001~465535（扩展）	读取保持寄存器	1~125	03H
模式 1	写	00001~09999	写入一个输出位	1（单个位）	05H
		40001~49999 400001~465535（扩展）	写入一个保持寄存器	1（单字）	06H
		00001~09999	写入多个输出位	2~1968	15H
		40001~49999 400001~465534（扩展）	写入多个保持寄存器	2~123	16H
模式 2	写	某些 Modbus 从站不支持使用 Modbus 功能码 05H 和 06H 写单个位或单个字，此时选择模式 2 来使用 Modbus 功能码 15H 和 16H 强制写单个位或单个字			
		00001~09999	写入一个或多个输出位	1~1968	15H
		40001~49999 400001~465535（扩展）	写入一个或多个保持寄存器	1~123	16H
模式 11	1）读取从站通信的状态字和事件计数器 2）如果 Modbus 从站是 S7-1200 CPU，此事件计数器的值在接收到 Modbus 主站的读/写（非广播）请求后会增加 3）返回值存放在参数 DATA_PTR 指定的地址开始的字中 4）忽略 Modbus_Master 的 DATA_ADDR 和 DATA_LEN 操作数				11H
模式 80	1）检查参数 MB_ADDR 指定的 Modbus 从站的通信状态 2）输出参数 NDR 的值为 1 时说明从指定的 Modbus 从站接收到请求的数据 3）功能块无返回值 4）在此模式下无须指定 DATA_LEN 的值				08H

模式	Modbus_Master 的 Modbus 功能描述				
	读/写操作	Modbus 地址参数 DATA_ADDR	地 址 类 型	Modbus 数据长度参数 DATA_LEN	Modbus 功能码
模式 81	1）复位模式 11 所指的事件计数器 2）输出参数 NDR 的值为 1 时说明从指定的 Modbus 从站接收到请求的数据 3）功能块无返回值 4）在此模式下无须指定 DATA_LEN 的值				08H

Modbus-Master 的通信规则如下。

1）必须运行 Modbus_Comm_Load 来组态端口，以便 Modbus_Master 指令可以使用该端口进行通信。

2）要用来作为 Modbus 主站的端口不可作为 Modbus_Slave 使用。对于该端口，可以使用一个或多个 Modbus_Master 的实例。但是，所有的 Modbus_Master 都必须为该端口使用相同的背景数据块。

3）Modbus 指令不使用通信报警事件来控制通信过程。程序必须轮询 Modbus_Master 指令来了解传递和接收的完成情况。

4）建议对于给定的端口，从程序循环 OB 中调用所有 MB_MASTER 执行。Modbus 主站指令只能在一个程序循环或循环/延时处理级别中执行。它们不能同时在两种优先级中执行。如果一个 Modbus 主站指令被另一个处理优先级别更高的 Modbus 主站指令取代，将导致不正确的操作。Modbus 主站指令不能在启动、诊断或时间错误优先级别中执行。

（3）Modbus_Slave

Modbus_Slave 指令块使串口作为 Modbus 从站响应 Modbus RTU 主站的数据请求，如图 8-81 所示，其参数含义见表 8-18。

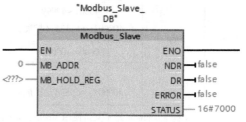

图 8-81　Modbus_Slave 指令块

表 8-18　Modbus_Slave 参数含义

参　　数	含　　义
MB_ADDR	此通信口作为 Modbus RTU 从站的地址
MB_HOLD_REG	保持寄存器数据块的地址，见表 8-19
NDR	新数据准备好
DR	读数据标志
ERROR	故障标志
STATUS	故障代码

表 8-19　Modbus 功能码中的地址与 S7-1200 PLC 的地址对应关系

| | Modbus_Slave Modbus 功能码 | | | S7-1200 PLC | |
功能码	功　能	数据区域	地址范围	数据区域	CPU 地址
01	读取位	输出	1~8192	输出过程映像区	Q0. 0~Q1023. 7
02	读取位	输入	10001~18192	输入过程映像区	I0. 0~I1023. 7
04	读取字	输入	30001~30512	输入过程映像区	IW0~IW1022
05	写入位	输出	1~8192	输出过程映像区	Q0. 0~Q1023. 7
15	写入位	输出	1~8192	输出过程映像区	Q0. 0~Q1023. 7
03	读取字	保持寄存器	40001~49999	数据块 MB_HOLD_REG	字 1~9999
			400001~465535		字 1~65534
06	写入字	保持寄存器	40001~49999	数据块 MB_HOLD_REG	字 1~9999
			400001~465535		字 1~65534
16	写多个字	保持寄存器	40001~49999	数据块 MB_HOLD_REG	字 1~9999
			400001~465535		字 1~65534
08	0000H	返回请求数据回送测试：Modbus 从站将返回其收到的 Modbus 主站的一个字的数据			
08	000AH	清除通信事件计数器的值：Modbus 从站清除 Modbus 功能码 11 所使用的通信事件计数器的值			
11		读取通信事件计数器的值：Modbus 从站使用内部的通信事件计数器来记录成功发送到 Modbus 从站的读和写请求的数量。计数器的值在遇到功能码 8、11 及广播请求时不增加。对于任何产生通信错误的请求，计数器的值也不增加			

Modbus 从站通信规则如下。

1）在 "Modbus_Slave" 指令与端口进行通信前，必须执行 "Modbus_Comm_Load" 对该端口进行组态。

2）如果端口作为从站响应 Modbus 主站，则 "Modbus_Master" 不能使用该端口。只能有一个 "Modbus_Slave" 实例与给定端口一起使用。

3）Modbus 指令不使用通信中断事件来控制通信过程。程序必须针对已完成的发送和接收操作轮询 "Modbus_Slave" 指令，以控制通信过程。

4）"Modbus_Slave" 指令必须以某个频率周期性执行，以便能够及时响应来自 Modbus 主站的入站请求。因此，建议在程序循环组织块中调用该指令。虽然可以在中断组织块中调用 "Modbus_Slave" 指令，但不建议如此，这是因为该操作将延长执行的延时时间。

3. Modbus 通信举例

本例中通过实现两台安装 CM1241 RS232 通信模块的 S7-1200 PLC 之间的 Modbus RTU 协议通信演示 Modbus 通信的组态方法。通过标准的 RS232C 电缆连接两台 CM1241 RS232 通信模块。

（1）S7-1200 CPU 的参数设置

在 S7-1200 CPU 的属性对话框中设置 MB1 作为系统存储区字节，则 M1. 0 值只在启动运行第 1 个扫描周期为 1。

（2）Modbus RTU 从站端 S7-1200 PLC 的通信程序

在 Modbus RTU 从站端 S7-1200 PLC 的 OB1 中编写程序如图 8-82 所示，程序段 1 的功能为在程序初次启动时将 Modbus 通信的 RS232 端口参数初始化为：波特率 9600 bit/s，8 位数据位，1 位停止位，无校验，无流控，响应超时时间为 1000 ms。

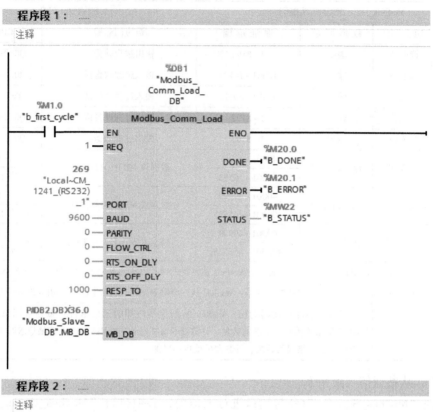

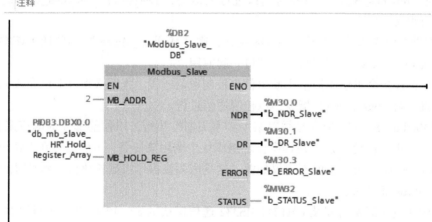

图 8-82　Modbus 从站程序

程序段 2 的功能为将 Modbus 从站地址设置为 2，db_mb_slave_HR 为从站的保持寄存器数据块，Hold_Register_Array 为数据块中 Array[1..20] of Word 类型的变量。

（3）Modbus RTU 主站端 S7-1200 PLC 的通信程序

在 Modbus RTU 主站端 S7-1200 PLC 的 OB1 中编写程序如图 8-83 所示，程序段 1 的功能为在程序初次启动时将 Modbus 通信的 RS232 端口参数初始化为：波特率 9600 bit/s，8 位数据位，1 位停止位，无校验，无流控，响应超时时间为 1000 ms。

程序段 1 : ___

注释

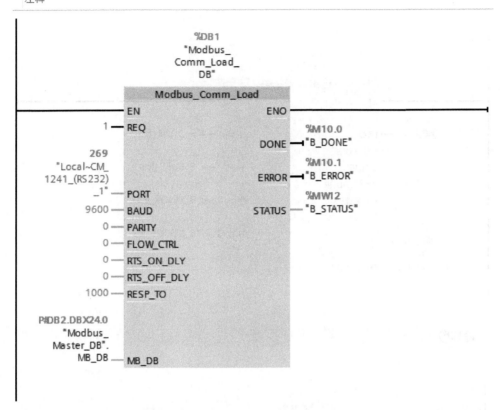

程序段 2 : ___

注释

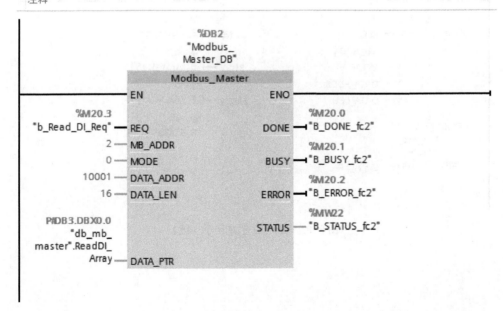

图 8-83　Modbus 主站程序

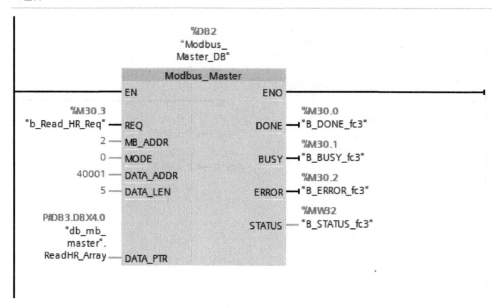

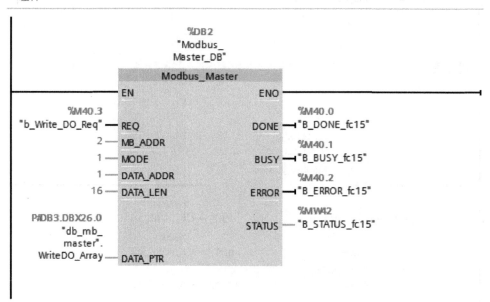

图 8-83　Modbus 主站程序（续）

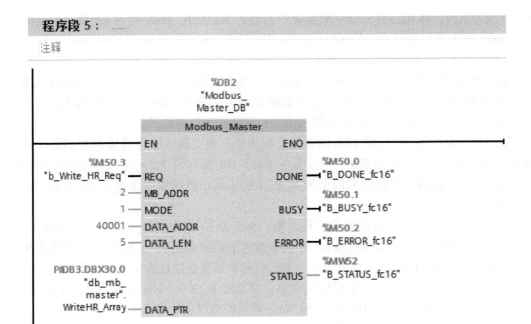

图 8-83　Modbus 主站程序（续）

程序段 2 的功能为 Modbus 主站实现 Modbus 功能码 02H 的通信程序，即在 b_Read_DI_Req 变量为 1 时读取另一 Modbus 从站地址为 2 的 S7-1200 CPU 的 DI 通道 I0.0 开始的 16 位的值，并将读取的值存放到 db_mb_master 数据块中的名为 ReadDI_Array 的 Bool 型数组中。db_mb_master 数据块结构如图 8-84 所示。

		名称	数据类型	偏移量
		db_mb_master		
1		▼ Static		
2		▶ ReadDI_Array	Array[0..20] of Bool	0.0
3		▶ ReadHR_Array	Array[0..10] of Word	4.0
4		▶ WriteDO_Array	Array[0..20] of Bool	26.0
5		▶ WriteHR_Array	Array[0..10] of Word	30.0

图 8-84　db_mb_master 数据块结构

程序段 3 的功能为 Modbus 主站实现 Modbus 功能码 03H 的通信程序，即在 b_Read_HR_Req 变量值为 1 时读取另一 Modbus 从站地址为 2 的 S7-1200 CPU 的保持寄存器数据块前 5 个字的值，并将读取的值存放到 db_mb_master 数据块中的名为 ReadHR_Array 的 Word 数组中。

程序段 4 的功能为 Modbus 主站实现 Modbus 功能码 15H 的通信程序，即在 b_Write_DO_Req 变量值为 1 时，将 db_mb_master 数据块中的名为 WriteDO_Array 的 Bool 数组的值赋值给另一 Modbus 从站地址为 2 的 S7-1200 CPU 的 Q0.0 开始的 16 个 DO 通道。

程序段 5 的功能为 Modbus 主站实现 Modbus 功能码 16H 的通信程序，即在 b_Write_HR_

Req 变量为 1 时，将 db_mb_master 数据块中的名为 WriteHR_Array 的 Word 数组的值赋给另一 Modbus RTU 从站地址为 2 的 S7-1200 CPU 的前 5 个保持寄存器。

（4）S7-1200 PLC 的 Modbus RTU 通信程序测试

打开主站 S7-1200 PLC 的变量监视表格，将变量 b_Read_DI_Req 置 1，可读取从站 I0.0 开始的 16 位的值并存放到 db_mb_master 数据块中的名为 ReadDI_Array 的 Bool 数组中。改变作为从站的 S7-1200 PLC 的 DI 通道的值并打开监视表格查看其值。

打开作为从站的 S7-1200 PLC 的变量监视表格，改变前 5 个保持寄存器的值。打开主站 S7-1200 PLC 的变量监视表格，将变量 b_Read_HR_Req 置 1，可读取从站的保持寄存器数据块前 5 个字的值，并将读取的值放到 db_mb_master 数据块中的名为 ReadHR_Array 的 Word 数组中。

打开主站 S7-1200 PLC 的变量监视表格，将变量 b_Write_DO_Req 置 1，可将 db_mb_master 数据块中的名为 WriteDO_Array 的 Bool 数组的值赋值给另一 Modbus 从站地址为 2 的 S7-1200 PLC 的 Q0.0 开始的 16 个 DO 通道。打开从站变量监视表格查看其值。

打开主站 S7-1200 PLC 的变量监视表格，将变量 b_Write_HR_Req 置 1，可将 db_mb_master 数据块中的名为 WriteHR_Array 的 Word 数组的值赋值给另一 Modbus 从站地址为 2 的 S7-1200 PLC 的前 5 个保持寄存器。打开从站的 S7-1200 PLC 的变量监视表格查看其值。

8.6.3 USS 协议通信

S7-1200 PLC 串口通信模块可使用 USS 协议库来控制支持 USS 通信协议的西门子变频器。USS（Universal Serial Interface，通用串行通信接口）是西门子专为驱动装置开发的通信协议。USS 协议的基本特点：支持多点通信；采用单主站的主从访问机制；每个网络上最多可以有 32 个节点；报文格式简单可靠，数据传输灵活高效；容易实现，成本较低。

USS 的工作机制：通信总是由主站发起，USS 主站不断循环轮询各个从站，从站根据收到的指令，决定是否以及如何响应，从站不会主动发送数据。从站在接收到的主站报文没有错误且本从站在接收到主站报文中被寻址时应答，否则从站不会做任何响应。对于主站来说，从站必须在接收到主站报文之后的一定时间内发回响应，否则主站将视为出错。

USS 的字符传输格式符合 UART 规范，即使用串行异步传输方式。USS 在串行数据总线上的字符传输帧为 11 位长度，见表 8-20。

表 8-20　USS 字符帧

起始位	数据位								校验位	停止位
1	0 LSB	1	2	3	4	5	6	7 MSB	偶×1	1

USS 协议的报文简洁可靠，高效灵活。报文由一连串的字符组成，协议中定义了它们的特定功能，见表 8-21。其中，每小格代表一个字符（字节）；STX 表示起始字符，总是 02H；LGE 表示报文长度；ADR 表示从站地址及报文类型；BCC 表示 BCC 校验符。

表 8-21　USS 报文结构

STX	LGE	ADR	净数据区					BCC
			1.	2.	3.	…	n	

净数据区由 PKW 区和 PZD 区组成，见表 8-22。PKW 区域是用于读写参数值、参数定义或参数描述文本，并可修改和报告参数的改变。其中，PKE 为参数 ID，包括代表主站指令和从站响应的信息以及参数号等；IND 为参数索引，主要用于与 PKE 配合定位参数；PWEm 为参数值数据。PZD 区域用于在主站和从站之间传递控制和过程数据，控制参数按设定好的固定格式在主从站之间对应往返。如 PZD1 为主站发给从站的控制字/从站返回给主站的状态字，而 PZD2 为主站发给从站的给定值/从站返回给主站的实际反馈值。

表 8-22　USS 净数据区

PKW 区						PZD 区			
PKE	IND	PWE1	PWE2	...	PWEm	PZD1	PZD2	...	PZDn

根据传输的数据类型和驱动装置的不同，PKW 和 PZD 区的数据长度都不是固定的，它们可以灵活改变以适应具体的需要。但是，在用于与控制器通信的自动控制任务时，网络上的所有节点都要按相同的设定工作，并且在整个工作过程中不能随意改变。PKW 可以访问所有对 USS 通信开放的参数，而 PZD 仅能访问特定的控制和过程数据。PKW 在许多驱动装置中是作为后台任务处理的，因此 PZD 的实时性要比 PKW 好。

1. USS 指令

S7-1200 PLC 提供的 USS 协议库包含于变频器通信的指令 USS_DRV、USS_PORT、USS_RPM 和 USS_WPM，可以通过这些指令来控制变频器、读写变频器的参数。USS 协议只能用于 CM1241 RS485 通信模块，不能用于 CM1241 R232 通信模块。每个 CM1241 RS485 通信模块最多只能与 16 个变频器通信。

（1）USS_DRV 指令

通过创建消息请求和解释从变频器的响应信息来与变频器交换数据。每个变频器要使用一个单独的功能块，但在同一 USS 网络中必须使用同一个背景数据块，在编程第一条"USS_DRIVE"指令时必须创建 DB 名称。背景数据块中包含一个 USS 网络中所有变频器的临时存储区和缓冲区。USS_DRV 功能块的输入对应变频器的状态，输出对应对变频器的控制。USS_DRV 指令块如图 8-85 所示，其参数含义见表 8-23。

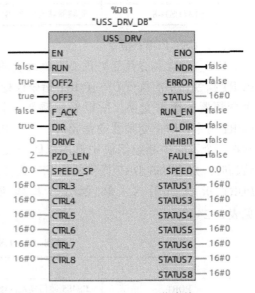

图 8-85　USS_DRV 指令块

表 8-23　USS_DRV 参数含义

参　　数	含　　义
RUN	变频器起动位，为 1 时变频器起动并以预设速度运行
OFF2	停车信号 2，为 0 时电动机自由停车
OFF3	停车信号 3，为 0 时电动机快速停车

参　　数	含　　义
F_ACK	故障确认，可以清除驱动装置的报警状态
DIR	电动机运转方向控制
DRIVE	驱动装置在 USS 网络上的站地址
PZD_LEN	字长度，PZD 数据有多少个字的长度
SPEED_SP	速度设定值，变频器频率范围的百分比
CTRL3~8	控制字 3~8
NDR	新数据到达
ERROR	出现故障
STATUS	请求的状态值。它指示循环结果。这不是从驱动器返回的状态字
RUN_EN	变频器运行标志位
D_DIR	变频器方向位
INHIBIT	变频器禁止标志位
FAULT	变频器故障
SPEED	变频器当前速度
STATUS1	变频器状态字 1，此值包含变频器的固定状态位
STATUS3~8	变频器状态字 3~8，此值包含用户定义的变频器状态字

（2）USS_PORT 指令

USS_PORT 指令用于处理 USS 网络上的通信。在程序中每个 USS 网络仅使用一个 USS_PORT 指令。每次执行 USS_PORT 指令仅处理与一个变频器的数据交换，所以必须频繁执行 USS_PORT 指令以防止变频器通信超时。USS_PORT 通常在一个延时中断组织块中调用以防止变频器通信超时，并给 USS_DRV 提供新的 USS 数据。USS_PORT 指令如图 8－86 所示，其参数含义见表 8-24。

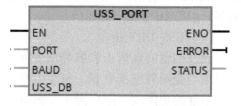

图 8-86　USS_PORT 指令块

表 8-24　USS_PORT 参数含义

参　　数	含　　义
PORT	RS485 通信模块的硬件标识符
BAUD	USS 通信的波特率
USS_DB	USS_DRV 指令块对应的背景数据块
ERROR	故障标志位
STATUS	请求状态值

（3）USS_RPM 指令

USS_RPM 指令从变频器读取一个参数的值，必须在 OB1 中调用。USS_RPM 指令如图 8-87所示，其参数含义见表 8-25。

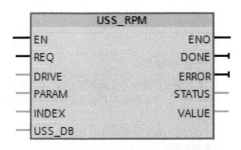

图 8-87 USS_RPM 指令块

表 8-25 USS_RPM 参数含义

参　数	含　义
REQ	发送请求，为 1 时表示要发送一个新的读请求
DRIVE	驱动装置在 USS 网络中的站地址
PARAM	要读取的参数号
INDEX	参数索引，有些参数由多个带下标的参数组成一个参数组，下标用来指出具体的某个参数，对于没有下标的参数可设为 0
USS_DB	USS_DRV 指令对应的背景数据块
VALUE	读取参数的值，仅在 DONE 位的值为 TRUE 时才有效
DONE	为 1 时表示 USS_DRV 接收到变频器对读请求的响应
ERROR	出现故障
STATUS	读请求的状态值

（4）USS_WPM 指令

USS_WPM 指令用于更改变频器某一个参数的值，必须在 OB1 中调用。USS_WPM 指令如图 8-88 所示，其参数含义见表 8-26。

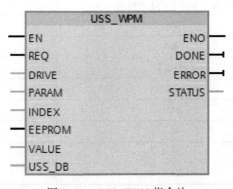

图 8-88 USS_WPM 指令块

表 8-26 USS_WPM 参数含义

参　数	含　义
REQ	发送请求，为 1 时表示要发送一个新的写请求
DRIVE	驱动装置在 USS 网络中的站地址

参　数	含　义
PARAM	要修改的参数号
INDEX	参数索引，此输入指定要写入哪个驱动器参数索引。有些参数由多个带下标的参数组成一个参数组，下标用来指出具体的某个参数，对于没有下标的参数可设为 0
EEPROM	保存到变频器的 EEPROM 中，为 1 时写入，为 0 则将参数值保存在 RAM 中，掉电不保持
VALUE	要写的参数的值
USS_DB	USS_DRV 指令对应的背景数据块
DONE	为 1 时表示 VALUE 的值已写入对应参数
ERROR	出现故障
STATUS	写请求的状态值

USS_RPM 指令和 USS_WPM 指令在程序中可多次调用，但同一个时间只能激活一个与同一变频器的读写请求。另外要注意与变频器通信所需时间的计算：USS 库与变频器的通信异步于 S7-1200 PLC 的扫描。在一次与变频器的通信时间内，S7-1200 PLC 通常可完成几次扫描。对于主站来说，从站必须在接收到主站报文之后的一定时间内发回响应，否则主站将视为出错。

USS_PORT 时间间隔为与每台变频器通信所需要的时间。表 8-27 给出了通信波特率与最小 USS_PORT 时间间隔的对应关系。以小于 USS_PORT 时间间隔的周期来调用 USS_PORT 功能块并不会增加通信次数。变频器超时间隔是指当通信错误导致 3 次重试来完成通信时所需要的时间。默认情况下，USS 协议库在每次通信中自动重试最多 2 次。

表 8-27　通信波特率与最小 USS_PORT 时间间隔的对应关系

波特率/(bit/s)	计算的最小 USS_PORT 调用间隔/ms	每台变频器的消息间隔超时/ms
1200	790	2370
2400	405	1215
4800	212. 5	638
9600	116. 3	349
19200	68. 2	205
38400	44. 1	133
57600	36. 1	109
115200	28. 1	85

2. 应用举例

本例通过 USS 电缆连接 MM440 变频器和 S7-1200 PLC，实现 S7-1200 PLC 与 MM440 变频器的 USS 通信。

（1）MM440 参数设置

假定已完成了变频器的基本参数设置和调试（如电动机参数辨识等），下面只涉及与 USS 通信相关参数。与 S7-1200 PLC 实现 USS 通信时，需要设置的主要有"控制源"和

"设定源"两组参数。要设置此类参数，需要"专家"级参数访问级别，即要将 P0003 参数设置为 3。

控制源参数 P0700 设置为 5，表示变频器从端子（COM Link）的 USS 接口接收控制信号。此参数有分组，此处仅设置第一组，即 P0700.0 = 5。

设定源参数 P1000.0 = 5，表示变频器从端子（COM Link）的 USS 接口接收设定值。

P2009 参数决定是否对 COM Link 上的 USS 通信设定值规格化，即设定值将是运转频率的百分比形式还是绝对频率值。当 P2009 = 0 时，不规格化 USS 通信设定值，即设定为 MM440 中的频率设定范围的百分比形式；当 P2009 = 1 时，对 USS 通信设定值进行规格化，即设定值为绝对的频率数值。

P2010 参数设置 COM Link 上的 USS 通信速率。P2010 = 6 表示波特率为 9600 bit/s。

P2011 参数设置变频器 COM Link 上的 USS 通信口在网络上从站地址。

P2012 设置为 2，即 USS PZD 区长度为 2 个字长。

P2013 设置为 127，即 USS PKW 区的长度可变。

P2014 参数设置 COM Link 上的 USS 通信控制信号中断超时时间，单位为 ms，如设置为 0，则不进行此端口上的超时检查。

P0971 = 1 将上述参数保存在 MM440 的 EEPROM 中。

（2）编写程序

在 S7-1200 PLC 的 OB1 中编写程序如图 8-89 所示。其中，程序段 1 用来与 MM440 进行交换数据，从而读取 MM440 的状态以及控制 MM440 的运行。程序段 2 用于通过 USS 通信从 MM440 读取参数，程序段 3 用于通过 USS 通信设置 MM440 的参数。需要注意的是，对读、写参数指令块编程时，各个数据的数据类型一定要正确对应。

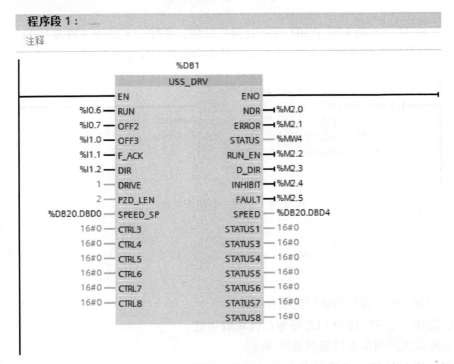

图 8-89　OB1 程序

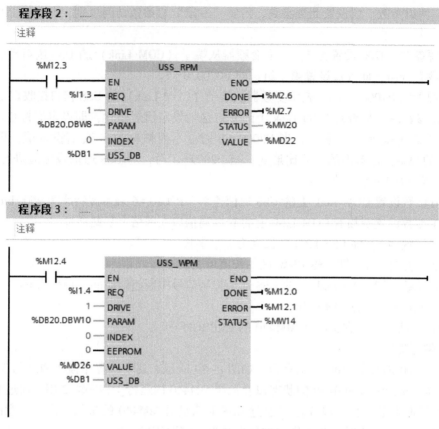

程序段 2 : ____

注释

%M12.3

USS_RPM

EN   ENO
%I1.3 — REQ   DONE — %M2.6
1 — DRIVE   ERROR — %M2.7
%DB20.DBW8 — PARAM   STATUS — %MW20
0 — INDEX   VALUE — %MD22
%DB1 — USS_DB

程序段 3 : ____

注释

%M12.4

USS_WPM

EN   ENO
%I1.4 — REQ   DONE — %M12.0
1 — DRIVE   ERROR — %M12.1
%DB20.DBW10 — PARAM   STATUS — %MW14
0 — INDEX
0 — EEPROM
%MD26 — VALUE
%DB1 — USS_DB

图 8-89　OB1 程序（续）

　　根据表 8-27 所示的 USS_PORT 通信时间的处理，新建一个循环时间为 150 ms 的循环中断组织块，在其中编写程序如图 8-90 所示，从而保证防止变频器超时。

%M12.3

USS_PORT

EN   ENO
11 — PORT   ERROR — %M12.2
9600 — BAUD   STATUS — %MW16
%DB1 — USS_DB

图 8-90　循环中断组织块程序

习题

1. S7-1200 PLC 提供的通信选项有哪些？
2. 请简述一下 S7-1200 PLC 各通信模块的功能。
3. 开放式用户通信支持哪些通信协议？
4. 如何建立 Modbus TCP 通信？

5. S7-1200 PLC 中 S7 协议的特点是什么？

6. S7-1200 PLC 和 S7-200 PLC 如何实现通信？

7. S7-1200 PLC 与 S7-300/400 PLC 如何建立通信？

8. S7-1200 PLC 如何实现 PROFIBUS-DP 通信？

9. 请举例说明 S7-1200 PLC 的 PROFINET 通信。

10. S7-1200 PLC 串口通信的特点有哪些？

11. S7-1200 PLC 如何使用 Modbus RTU 进行通信？

12. S7-1200 PLC 如何使用 USS 进行通信？

第9章 工艺功能

9.1 模拟量处理及 PID 功能

典型的 PLC 模拟量单闭环控制系统如图 9-1 所示。其中，被控量 $c(t)$ 是连续变化的模拟量信号（如压力、温度、流量及转速等），多数执行机构（如电动调节阀和变频器等）要求 PLC 输出模拟量信号，而 PLC 的 CPU 只能处理数字量信号，故 $c(t)$ 首先被测量元件（传感器）和变送器转换为标准量程的直流电流信号或直流电压信号 $pv(t)$，如 $4 \sim 20$ mA、$1 \sim 5$ V、$0 \sim 10$ V 等，PLC 通过 A/D 转换器将它们转换为数字量 $pv(n)$。图中点画线框的部分都是由 PLC 实现的。

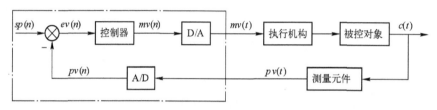

图 9-1 PLC 模拟量闭环控制系统框图

图 9-1 所示的 $sp(n)$ 是给定值，$pv(n)$ 为 A/D 转换后的实际值，通过控制器中对给定值与实际值的误差 $ev(n)$ 的 PID 运算，经 D/A 转换后去控制执行机构，进而使实际值趋近给定值。

例如在压力闭环控制系统中，由压力传感器检测罐内压力，压力变送器将传感器输出的微弱电压信号转换为标准量程的电流或电压，然后送给模拟量输入模块，经 A/D 转换后得到与压力成比例的数字量，CPU 将它与压力给定值进行比较并按某种控制规律（如 PID 控制算法或其他智能控制算法等）对误差值进行运算，将运算结果（数字量）送给模拟量输出模块，经 D/A 转换后变为电流信号或电压信号，用来控制变频器的输出频率，进而控制电动机的转速，实现对压力的闭环控制。

PID 控制器中的 P、I、D 分别指的是比例、积分、微分，是一种闭环控制算法。S7-1200 PLC 提供了多达 16 个 PID 控制器，可同时进行回路控制，用户可手动调试参数，也可使用自整定功能，即由 PID 控制器自动调试参数。另外 STEP 7 还提供了调试面板，用户可直观地了解控制器及被控对象的状态。

下面首先介绍 S7-1200 PLC 中模拟量处理的思路和 PID 控制器的相关基础知识，再通过一个应用实例演示其组态及编程方法。

9.1.1 模拟量处理

在工业生产过程中，存在着大量连续变化的信号（模拟量信号），例如温度、压力、流量、位移、速度、旋转速度、pH 值、黏度等。通常先用各种传感器将这些连续变化的物理量变换成电压或电流信号，然后再将这些信号接到适当的模拟量输入模块的接线端上，经过块内的模/数（A/D）转换器，最后将数据传入 PLC 内部。同时，也存在着各种各样的由模拟信号控制的执行设备，如变频器、阀门等，通常先在 PLC 内部计算出相应的运算结果，然后通过模拟量输出模块内部的数/模转换器（D/A）将数字转换为现场执行设备可以使用的连续信号，从而使现场执行设备按照要求的动作运动。模拟量输入/输出示意图如图 9-2 所示。

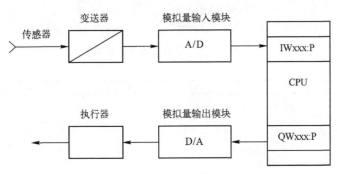

图 9-2　模拟量输入/输出示意图

图 9-2 中，传感器利用线性膨胀、角度扭转或电导率变化等原理来测量物理量的变化。变送器将传感器检测到的变化量转换为标准的模拟信号，如 ±500 mV、±10 V、±20 mA、4～20 mA 等，这些标准的模拟信号将接到模拟量输入模块上。PLC 为数字控制器，必须把模拟值转换为数字量，才能被 CPU 处理，模拟输入模块中的 A/D 转换器用来实现转换功能。A/D 转换是顺序执行的，即每个模拟通道上的输入信号是轮流被转换的。A/D 转换的结果存在结果存储器 IW 中，并一直保持到被一个新的转换值所覆盖。

用户程序计算出的模拟量的数值存储在存储器 QW 中，该数值由模拟量输出模块中的 D/A 转换器变换为标准的模拟信号，控制连接到模拟量输出模块上的采用标准模拟输入信号的模拟执行器。

1. 模拟量模块的配置

S7-1200 PLC 自带模拟量，另外还有模拟量模块可供选用。下面介绍模拟量的硬件组态。

通常每个模拟量模块或通道可以测量不同的信号类型和范围，要参考硬件手册正确地进行接线，以免损坏模块。

硬件接线方面设定了模拟量模块的测量类型和范围后，还需要在 TIA Portal 软件中对模块进行参数设定。必须在 CPU 为"停止"模式下才能设置参数，且需要将参数进行下载。当 CPU 由"停止"模式转换为"运行"模式后，CPU 即将设定的参数传送到每个模拟量模块中。

在项目视图中打开"设备配置"，单击选中模拟量模块，此处以模拟量输入/输出模块 SM1234 AI4×13/AO2×14Bit 为例，模拟量模块的属性对话框如图 9-3 所示。

其中，包含"常规""模拟量输入""模拟量输出""I/O 地址"几个选项。"常规"项给出了该模块的描述、名称、订货号和注释等，"I/O 地址"项给出了输入/输出通道的地址，可以自定义通道地址，如图 9-4 所示。

"模拟量输入"项中，根据模块类型及控制要求可以设置用于降低噪声的积分时间、滤

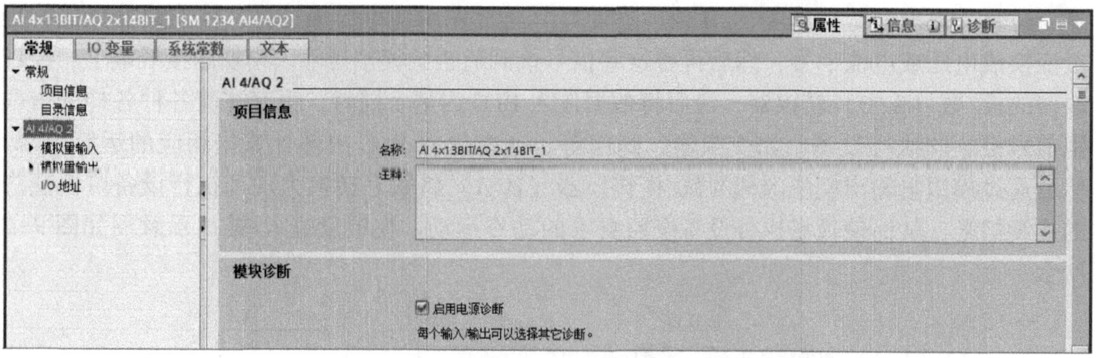

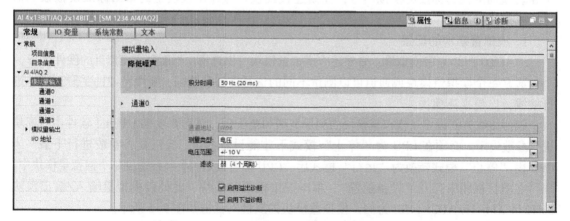

图 9-3 模拟量模块的属性对话框

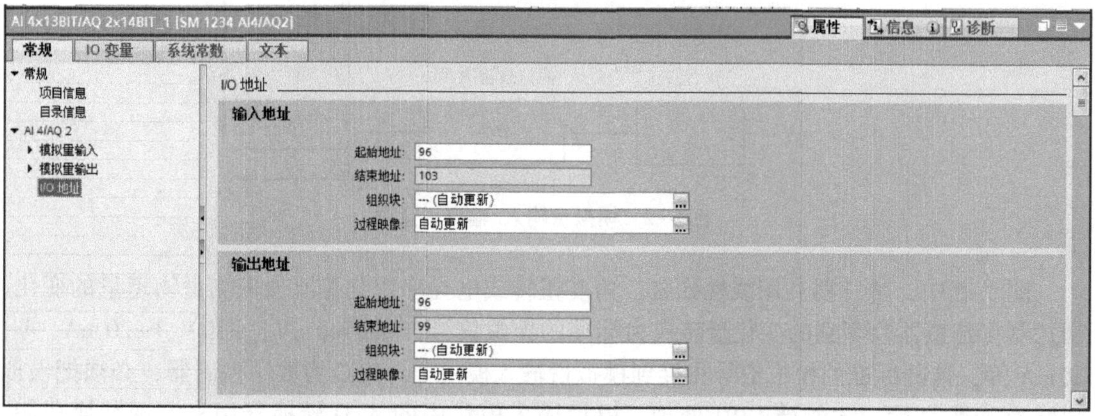

图 9-4 模拟量模块的"I/O 地址"属性对话框

波时间以及"启用溢出诊断"和"启用下溢诊断"等。更重要的是在此设置模拟量的测量类型和范围，如图 9-5 所示 SM1234 模块所能测量的各种模拟量输入类型，此处设置要与实际变送器量程相符。

图 9-5 SM1234 模块属性对话框的"模拟量输入"项

2. 模拟量模块的分辨率

由前面可以看出，模拟量模块的分辨率是不同的，从 8 位到 16 位都有可能。如果模拟量模块的分辨率小于 15 位，则模拟量写入累加器时向左对齐，不用的位用"0"填充，如图 9-6 所示。这种表达方式使得当更换同类型模块时，不会因为分辨率的不同导致转换值的不同，无须调整程序。

位的序号	单位		15	14	13	12	11	10	9	8	7	6	5	4	3	2	1	0
位值	十进制	十六进制	VZ	2^{14}	2^{13}	2^{12}	2^{11}	2^{10}	2^9	2^8	2^7	2^6	2^5	2^4	2^3	2^2	2^1	2^0
位的分辨率 + 符号	8 · 128	80	*	*	*	*	*	*	*	*	1	0	0	0	0	0	0	0
	9 · 64	40	*	*	*	*	*	*	*	*	*	1	0	0	0	0	0	0
	10 · 32	20	*	*	*	*	*	*	*	*	*	*	1	0	0	0	0	0
	11 · 16	10	*	*	*	*	*	*	*	*	*	*	*	1	0	0	0	0
	12 · 8	8	*	*	*	*	*	*	*	*	*	*	*	*	1	0	0	0
	13 · 4	4	*	*	*	*	*	*	*	*	*	*	*	*	*	1	0	0
	14 · 2	2	*	*	*	*	*	*	*	*	*	*	*	*	*	*	1	0
	15 · 1	1	*	*	*	*	*	*	*	*	*	*	*	*	*	*	*	1

图 9-6　模拟量的表达方式和测量值的分辨率

3. 模拟量规格化

一个模拟量输入信号在 PLC 内部已经转换为一个数，通常希望得到该模拟量输入对应的具体的物理量数值（如压力值、流量值等）或对应的物理量占量程的百分比数值等，就需要对模拟量输入的数值进行转换，这称为模拟量的规格化（SCALING）。

不同的模拟量输入信号对应的数值是有差异的，如图 9-7 所示为不同的电压、电流、电阻或温度输入信号对应的数值关系。此处仅选取部分典型信号作为示意，具体对应关系请查看硬件手册。

范围	电压 测量范围 ±10V		电流 测量范围 4～20mA		电阻 测量范围 0～300Ω		温度 测量范围 −200～+850℃	
超上限	≥11.759	32767	≥22.815	32767	≥352.778	32767	≥1000.1	32767
超上界	11.7589 ⋮ 10.0004	32511 ⋮ 27649	22.810 ⋮ 20.0005	32511 ⋮ 27649	352.767 ⋮ 300.011	32511 ⋮ 27649	1000.0 ⋮ 850.1	10000 ⋮ 8501
额定范围	10.00 7.50 ⋮ −7.5 −10.00	27648 20736 ⋮ −20736 −27648	20.000 16.000 ⋮ 4.000	27648 20736 ⋮ 0	300.000 225.000 ⋮ 0.000	27648 20736 ⋮ 0	850.0 ⋮ −200.0	8500 ⋮ −2000
超下界	−10.0004 ⋮ −11.759	−27649 ⋮ −32512	3.9995 ⋮ 1.1852	−1 ⋮ −4864	不允许负值	−1 ⋮ −4864	−200.1 ⋮ −243.0	−2001 ⋮ −2430
超下限	≤−11.76	−32768	≤1.1845	−32768		−32768	≤−243.1	−32768

图 9-7　不同的电压、电流、电阻或温度输入信号对应的数值关系

由图 9-7 可以看出，额定范围内的模拟量输入信号双极性对应数值范围为±27648，如±10 V 对应±27648 并呈现线性关系，单极性信号对应数值范围为 0~27648，如 0~10 V、4~20 mA、0~300 Ω 等都对应 0~27648；而对于 Pt100 测温范围-200~850℃对应的数值范围为-2000~8500，即 10 倍关系。

对于上面的各种模拟量输入信号的对应关系，需要编写相应的处理程序来将 PLC 内部的数值转换为对应的实际工程量（如温度、压力）的值，因为工艺要求是基于具体的工程量而来的，例如“当压力大于 3.5 MPa 时打开排气阀”，如果不进行模拟量转换，就无法知道当前的 0~27648 范围的这个数值到底对应的压力是多少，编程实现也就无从谈起了。

例如，假设某温度传感器的输入信号范围为-10~100℃，输出信号为 4~20 mA，模拟量输入模块将 4~20 mA 的电流信号转换为 0~27648 的数字量，设转换后得到的数字为 N，容易获得对应的实际温度值计算公式为

$$T=\frac{[100-(-10)]\times N}{27648-0}+(-10)$$

模拟输出量的分析过程与模拟输入量刚好相反，PLC 运算的工程量要转换为一个 0~27648 或±27648 的数，再经 D/A 转换变为连续的电压电流信号，不同的数值对应的输出电压、电流关系如图 9-8 所示。

范围	单位	电压 输出范围 0~10V	电压 输出范围 1~5V	电压 输出范围 ±10V	电流 输出范围 0~20mA	电流 输出范围 4~20mA	电流 输出范围 ±20mA
超上限	≥32767	0	0	0	0	0	0
超上界	32511 ⋮ 27649	11.7589 ⋮ 10.0004	5.8794 ⋮ 5.0002	11.7589 ⋮ 10.0004	23.515 ⋮ 20.0007	22.81 ⋮ 20.005	23.515 ⋮ 20.0007
额定范围	27648 ⋮ 0	10.0000 ⋮ 0	5.0000 ⋮ 1.0000	10.0000 ⋮ 0	20.000 ⋮ 0	20.000 ⋮ 4.000	20.000 ⋮ 0
	⋮ −6912	0	0.9999		0	3.9995	
	−6913		0	⋮		0	⋮
	⋮ −27648		0	−10.0000		0	−20.000
超下界	−27649 ⋮ −32512			−10.0004 ⋮ −11.7589			−20.007 ⋮ −23.515
超下限	≤−32513			0			0

图 9-8　不同的数值对应的输出电压、电流关系

9.1.2 PID控制器的基础知识

1. PID控制器功能结构

S7-1200 PLC中PID控制器功能主要依靠三部分实现：循环中断组织块、PID指令块和工艺对象背景数据块。用户在调用PID指令块时需要定义其背景数据块，而此背景数据块需要在工艺对象中添加，称为工艺对象背景数据块。将PID指令插入用户程序时，STEP 7会自动为指令创建工艺对象和背景数据块。背景数据块包含PID指令要使用的所有参数。每个PID指令必须具有自身的唯一背景数据块才能正确工作。插入PID指令并创建工艺对象和背景数据块之后，需组态工艺对象的参数PID指令块与其相对应的工艺对象背景数据块组合使用，形成完整的PID控制器。PID控制器功能结构示意图如图9-9所示。

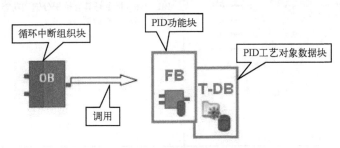

图9-9　PID控制器功能结构示意图

循环中断组织块可按一定周期产生中断，执行其中的程序。PID功能块定义了控制器的控制算法，随着循环中断组织块产生中断而周期性地执行，其背景数据块用于定义输出/输入参数、调试参数以及监控参数。此背景数据块并非普通数据块，需要在目录树视图的工艺对象中才能找到并进行定义。

PID指令见表9-1。

表9-1　PID指令

指　　令	功　　能
%DB1 "PID_Compact_1" PID_Compact EN　　　　　　　ENO 0.0— Setpoint　　　ScaledInput —0.0 0.0— Input　　　　　Output —0.0 0— Input_PER　　Output_PER —0 0.0— Disturbance　Output_PWM —false false— ManualEnable　SetpointLimit_ 0.0— ManualValue　　　　　　H —false false— ErrorAck　SetpointLimit_L —false false— Reset　　InputWarning_H —false false— ModeActivate　InputWarning_L —false 4— Mode　　　　　　State —0 　　　　　　　　　　Error —false 　　　　　　　　ErrorBits —16#0	PID_Compact指令提供可在自动模式和手动模式下自我调节的PID控制器 　PID_Compact指令是具有抗积分饱和功能且对P分量和D分量加权的PID T1控制器

291

指　令	功　能
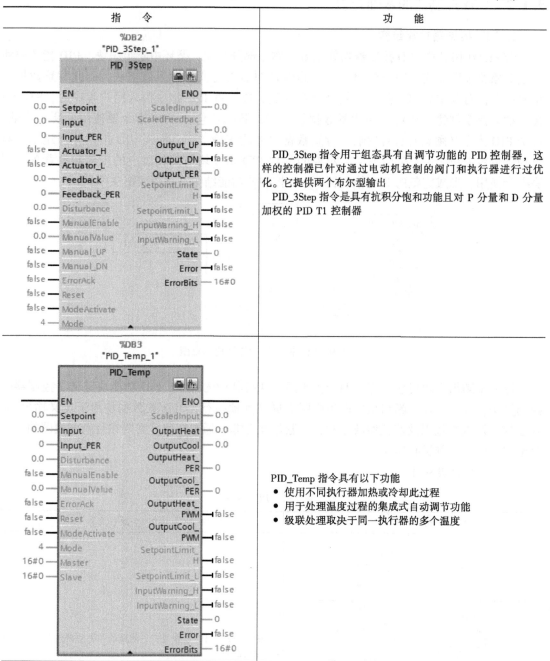	PID_3Step 指令用于组态具有自调节功能的 PID 控制器，这样的控制器已针对通过电动机控制的阀门和执行器进行过优化。它提供两个布尔型输出 PID_3Step 指令是具有抗积分饱和功能且对 P 分量和 D 分量加权的 PID T1 控制器
	PID_Temp 指令具有以下功能 ● 使用不同执行器加热或冷却此过程 ● 用于处理温度过程的集成式自动调节功能 ● 级联处理取决于同一执行器的多个温度

2. PID_Compact 指令

（1）PID_Compact 指令参数

PID_Compact 提供了一种具有调节功能的通用 PID 控制器，连续采集在控制回路内测量的过程值，并将其与所需的设定值进行比较。PID_Compact 指令根据所生成的控制偏差来计算输出值，通过该输出值，可以尽可能快速且稳定地将过程值调整为设定值。它存在以下工作模式：未激活、预调节、精确调节、自动模式、手动模式和带错误监视的替代输出值。

其指令块的输入参数含义见表 9-2，输出参数含义见表 9-3，其状态值含义见表 9-4，ERROR 参数含义见表 9-5。

表 9-2　PID_Compact 指令块输入参数含义

参　　数	数 据 类 型	描　　述
Setpoint	Real	自动模式下的给定值
Input	Real	用户程序的变量用作过程值的源 如果正在使用参数 Input，则必须设置 Config. InputPerOn = FALSE
Input_PER	Word	模拟量输入用作过程值的源 如果正在使用参数 Input_PER，则必须设置 Config. InputPerOn = TRUE
Disturbance	Real	扰动变量或预控制值
ManualEnable	Bool	0 到 1 上升沿使能"手动模式"，1 到 0 下降沿使能"自动模式"
ManualValue	Real	手动模式下的输出值
Reset	Bool	复位控制器与错误

表 9-3　PID_Compact 指令块输出参数含义

参　　数	数 据 类 型	描　　述
ScaledInput	Real	当前的输入值
Output	Real	实数类型输出值
Output_PER	Word	整数类型输出值
Output_PWM	Bool	PWM 输出
SetpointLimit_H	Bool	当给定值大于高限时置位
SetpointLimit_L	Bool	当给定值小于低限时置位
InputWarning_H	Bool	当反馈值超过高限报警时置位
InputWarning_L	Bool	当反馈值低于低限报警时置位
State	Int	控制器状态 0＝Inactive，1＝SUT，2＝TIR，3＝Automatic，4＝Manual

表 9-4　PID_Compact 状态值含义

状　　态	描　　述
0：＝Inactive（未激活）	第一次下载 有错误或 PLC 处于停机状态 Reset = TRUE（复位端激活）
1：＝预调节 2：＝手动精确调节 5：＝通过错误监视替换输出值	相对应的调试过程进行中
3：＝ Automatic Mode 自动模式 4：＝ Manual Mode 手动模式	0 到 1 上升沿，使能"Manual mode"（手动模式） 1 到 0 下降沿，使能"Automatic mode"（自动模式）

表 9-5　ERROR 参数含义

错误代号（W#32#...）	描　　述
0000 0000	无错误
0000 0001	实际值超过组态限制

错误代号（W#32#…）	描　　　述
0000 0002	参数 "Input_PER" 端有非法值
0000 0004	"运行自整定" 模式中发生错误，反馈值的振荡无法被保持
0000 0008	"启动自整定" 模式发生错误，反馈值太接近给定值
0000 0010	自整定时设定值改变
0000 0020	在运行启动自整定模式时，PID 控制器处于自动状态，此状态无法运行启动自整定
0000 0040	"运行自整定" 发生错误
0000 0080	预调节期间出错。输出值限值的组态不正确
0000 0100	非法参数导致自整定错误
0000 0200	反馈参数数据值非法，数据值超出表示范围（值小于 −1e12 或大于 1e12） 数据值格式非法
0000 0400	输出参数数据值非法，数据值超出表示范围（值小于 −1e12 或 大于 1e12） 数据值格式非法
0000 0800	采样时间错误：循环中断组织块在采样时间内没有调用 PID_Compact
0000 1000	设定值参数数据非法，数据值超出表示范围（数据值小于 −1e12 或大于 1e12）数据值格式非法

（2）组态 PID_Compact 控制器

PID_Compact 指令功能的工艺对象背景数据块提供了两种访问方式：参数访问与组态访问。参数访问是通过程序编辑器直接进入数据块内部查看相关参数，而组态访问则是使用 STEP 7 提供的图形化的组态向导查看并定义相关参数。两种方式都可以定义 PID 控制器的控制方式与过程。对于应用相对简单的用户，只使用组态向导即可完成控制器的设计与定义，对于控制过程有较高要求的用户，可通过参数访问的方式定义相关参数，实现控制任务。例如，有些用户需要在自动整定参数时只使用 PI 或 P 环节，这时可通过参数访问进入数据块中选择相应的整定方式实现此功能。

1）组态访问方式。组态访问方式需要先添加循环中断组织块与 PID 指令块，然后为 PID 指令块指定好对应的工艺对象数据块后才能进行组态访问。

添加循环中断组织块 OB202，将指令树中的 "PID_Compact" 指令块拖拽到循环中断组织块中，此时会弹出对话框要求指定背景数据块，在定义完名称、块号等参数后，工艺对象数据块会自动添加到项目树中。

在循环中断组织块中单击 PID 指令块，在属性对话框选择 "组态" 选项，进入基本参数组态，定义控制器的输入/输出、给定值等参数，如图 9-10 所示。

图 9-10 中各项含义如下："控制器类型" 项可以选择控制对象的类型，如温度控制器、压力控制器，默认为以百分比为单位的通用常规控制器，该选择会影响后面参数的单位。勾选 "反转控制逻辑" 会使控制器变为反作用 PID，例如应用在冷却系统中。

① "设定值（Setpoint）" 可按以下步骤设置。

要定义为固定设定值时，选择 "背景 DB"（Instance DB），输入一个设定值，如 80℃，可使指令中的 Setpoint 数值设为固定值。

要定义为可变设定值，请按以下步骤操作：选择 "指令"（Instruction），输入保存设定

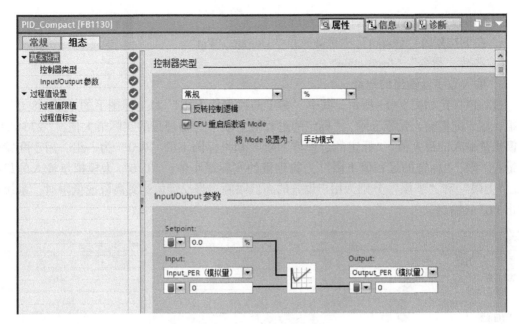

图 9-10　PID 基本参数组态

值的 Real 变量的名称，可通过程序控制的方式来为该 Real 变量分配变量值，如采用时间控制的方式来更改设定值。

②"输入值（Input）"定义反馈值类型，是外设输入（Input_PER（analog））还是从用户程序而来的反馈值（Input）。要使用未经处理的模拟量输入值，请按以下步骤操作：在下拉列表"Input"中选择条目"Input_PER"，选择"指令"（Instruction）作为源，输入模拟量输入的地址。

要使用经过处理的浮点格式的过程值，请按以下步骤操作：在下拉列表"Input"中选择条目"Input"，选择"指令"（Instruction）作为源，输入变量的名称，用来保存经过处理的过程值。

③"输出值（Output）"可定义输出值类型，PID_Compact 提供三个输出值：Output_PER 通过模拟量输出触发执行器，使用连续信号（如 0~10 V、4~20 mA）进行控制；Output 输出至用户程序，需要通过用户程序来处理输出值；Output_PWM 通过数字量输出控制执行器，脉宽调制可产生最短 ON 时间和最短 OFF 时间。

要使用模拟量输出值，请按以下步骤操作。

a. 在下拉列表"Output"中选择条目"Output_PER（模拟量）"（Output_PER（analog））。

b. 选择"指令"（Instruction）。

c. 输入模拟量输出的地址。

要使用用户程序来处理输出值，请按以下步骤操作。

a. 在下拉列表"Output"中选择条目"Output"。

b. 选择"背景数据块"（Instance DB），计算的输出值保存在背景数据块中。

c. 使用输出参数 Output 准备输出值。

d. 通过数字量或模拟量 CPU 输出将经过处理的输出值传送到执行器。

要使用数字量输出值，请按以下步骤操作。

a. 在下拉列表"Output"中选择条目"Output_PWM"。

b. 选择"指令"（Instruction）。

c. 输入数字量输出的地址。

过程值标定如图9-11所示，其中"标定的过程值上限"和坐标图下的"27648.0"为一组，用于配置输入量程上限，"标定的过程值上限"为物理量的实际最大值，"27648.0"为模拟量输入的最大值。"标定的过程值下限"和坐标图下的"0.0"为一组，用于配置输入量程下限，"标定的过程值下限"为物理量的实际最小值，"0.0"为模拟量输入的最小值。"上限"和"下限"分别为用户设置的高低限制，当反馈值达到高限或低限时，系统将停止PID的输出。

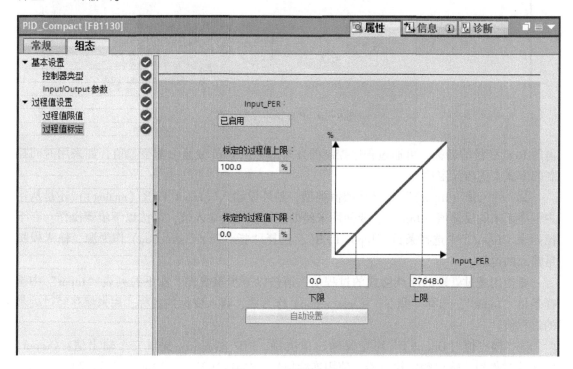

图9-11 过程值标定

组态完基本参数后，还可以进行高级参数组态。双击项目树中的"工艺对象"→"PID"→"Compact"→"组态"项可以打开工艺对象PID组态编辑器，如图9-12所示。在"高级设置"中，可以设置"过程值监视"，当反馈值达到高限或低限时，PID指令块会给出相应的报警位；还可以设置PWM限制和输出限制等。PID参数设置如图9-13所示。

2）参数访问方式。可以通过前面先添加PID指令块再定义数据块的方式添加工艺对象数据块，也可以在不添加PID指令块的方式下直接添加工艺对象数据块。双击项目树PLC设备下工艺对象的"添加新对象"项，在打开的对话框中单击"PID控制器"按钮，输入数据块编号，定义名称，即可新建一个工艺对象数据块。右键单击该工艺对象数据块选择"打开DB编辑器"可以打开背景数据块，如图9-14所示。其主要参数含义见表9-6~

表 9-10 所示。

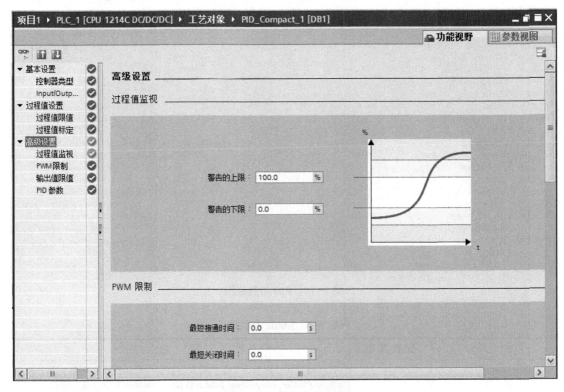

图 9-12　高级参数组态

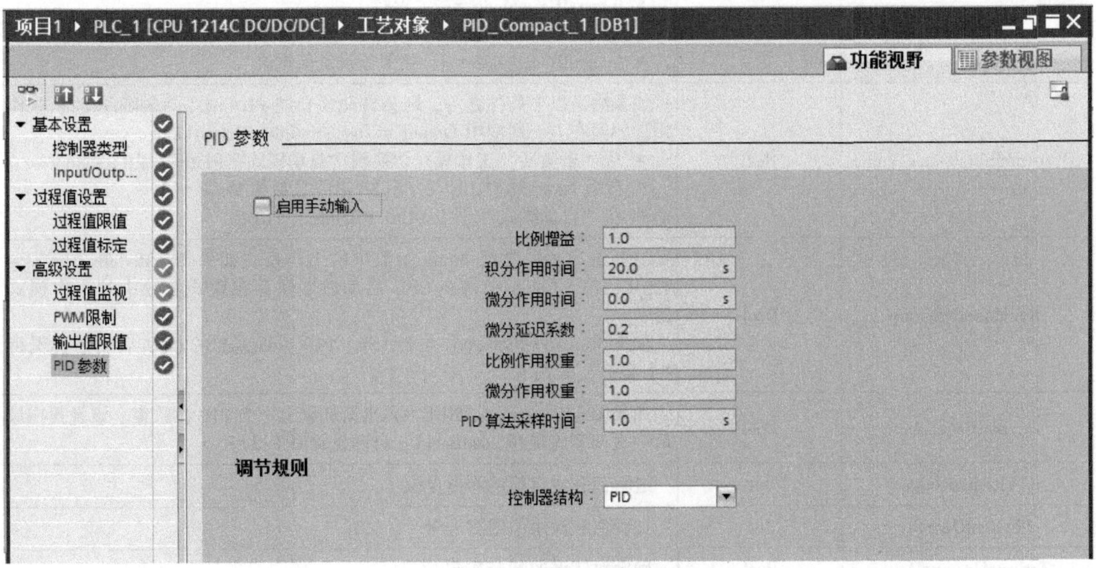

图 9-13　PID 参数设置

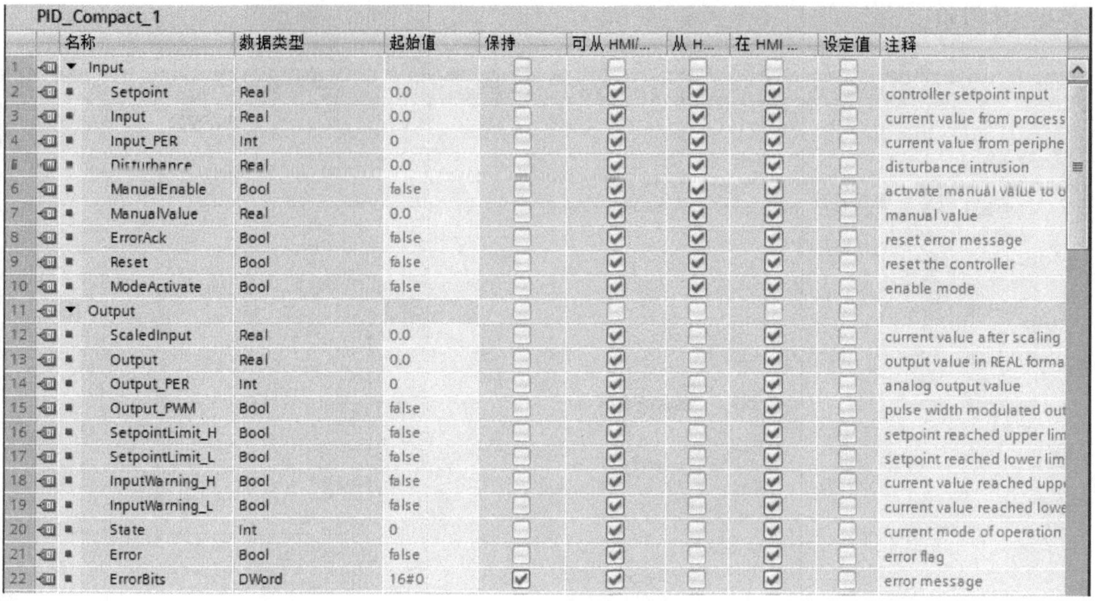

	名称	数据类型	起始值	保持	可从 HMI/...	从 H...	在 HMI ...	设定值	注释
1	▼ Input								
2	Setpoint	Real	0.0	☐	☑	☑	☑	☐	controller setpoint input
3	Input	Real	0.0	☐	☑	☑	☑	☐	current value from process
4	Input_PER	Int	0	☐	☑	☑	☑	☐	current value from periphe
5	Disturbance	Real	0.0	☐	☑	☑	☑	☐	disturbance intrusion
6	ManualEnable	Bool	false	☐	☑	☑	☑	☐	activate manual value to b
7	ManualValue	Real	0.0	☐	☑	☑	☑	☐	manual value
8	ErrorAck	Bool	false	☐	☑	☑	☑	☐	reset error message
9	Reset	Bool	false	☐	☑	☑	☑	☐	reset the controller
10	ModeActivate	Bool	false	☐	☑	☑	☑	☐	enable mode
11	▼ Output				☐				
12	ScaledInput	Real	0.0	☐	☑		☑	☐	current value after scaling
13	Output	Real	0.0	☐	☑		☑	☐	output value in REAL forma
14	Output_PER	Int	0	☐	☑		☑	☐	analog output value
15	Output_PWM	Bool	false	☐	☑		☑	☐	pulse width modulated out
16	SetpointLimit_H	Bool	false	☐	☑		☑	☐	setpoint reached upper lim
17	SetpointLimit_L	Bool	false	☐	☑		☑	☐	setpoint reached lower lim
18	InputWarning_H	Bool	false	☐	☑		☑	☐	current value reached upp
19	InputWarning_L	Bool	false	☐	☑		☑	☐	current value reached lowe
20	State	Int	0	☐	☑		☑	☐	current mode of operation
21	Error	Bool	false	☐	☑		☑	☐	error flag
22	ErrorBits	DWord	16#0	☑	☑		☑	☐	error message

图 9-14 PID 参数视图

表 9-6 Static 参数表

名　称	数据类型	描　述
IntegralResetMode	Int	用于确定从"未激活"工作模式切换到"自动模式"时如何预分配积分作用 PIDCtrl. IntegralSum 此设置仅在一个周期内有效。选项包括 • IntegralResetMode = 0：平滑 • IntegralResetMode = 1：删除 • IntegralResetMode = 2：保持 • IntegralResetMode = 3：预分配 • IntegralResetMode =4：类似于设定值更改
OverwriteInitialOutputValue	Real	如果满足以下条件之一，则会自动预分配 PIDCtrl. IntegralSum 的积分作用，如同在上一周期中 Output = OverwriteInitialOutputValue • 从"未激活"工作模式切换到"自动模式"时 IntegralResetMode = 3 • 参数 Reset 的 TRUE → FALSE 沿并且参数 Mode = 3 • 在"自动模式"下 PIDCtrl. PIDInit = TRUE
RunModeByStartup	Bool	CPU 重启后，激活 Mode 参数中的工作模式如果 RunModeByStartup = TRUE, PID_Compact 将在 CPU 启动后以保存在模式参数中的工作模式启动 如果 RunModeByStartup = FALSE, PID_Compact 在 CPU 启动后仍保持"未激活"模式
LoadBackUp	Bool	如果 LoadBackUp = TRUE, 则重新加载上一个 PID 参数集。该设置在最后一次调节前保存 LoadBackUp 自动设置回 FALSE
PhysicalUnit	Int	过程值和设定值的测量单位
PhysicalQuantity	Int	过程值和设定值的物理量
ActivateRecoverMode	Bool	确定对错误的响应方式
Warning	DWord	警示信息
Progress	Real	百分数形式的调节进度
CurrentSetpoint	Real	始终显示当前设定值。调节期间该值处于冻结状态

名 称	数据类型	描 述
CancelTuningLevel	Real	调节期间允许的设定值拐点。出现以下情况之前，不会取消调节 • Setpoint > CurrentSetpoint + CancelTuningLevel • Setpoint < CurrentSetpoint − CancelTuningLevel
SubstituteOutput	Real	替代输出值 满足以下条件时，使用替代输出值 • 错误发生在自动模式下 • SetSubstituteOutput = TRUE • ActivateRecoverMode = TRUE
SetSubstituteOutput	Bool	如果 SetSubstituteOutput = TRUE，且 ActivateRecoverMode = TRUE，则只要错误未决，便会输出已组态的替代输出值 如果 SetSubstituteOutput = FALSE，且 ActivateRecoverMode = TRUE，则只要错误未决，执行器便会仍保持为当前输出值 如果 ActivateRecoverMode = FALSE，则 SetSubstituteOutput 无效 如果 SubstituteOutput 无效（ErrorBits = 20000H），则不能输出替代输出值

表 9-7　CtrlParams Backup 参数表

名 称	数据类型	描 述
Gain	Real	保存的增益
Ti	Real	保存的积分时间
Td	Real	保存的微分时间
TdFiltRatio	Real	保存的微分延时系数
PWeighting	Real	保存的比例作用权重因子
DWeighting	Real	保存的微分作用权重因子
Cycle	Real	保存的 PID 算法的采样时间

表 9-8　Retain：CtrlParams 参数表

名 称	数据类型	描 述
Gain	Real	有效的比例增益
Ti	Real	CtrlParams. Ti > 0.0：有效积分作用时间 CtrlParams. Ti = 0.0：积分作用取消激活，保持 Ti
Td	Real	CtrlParams. Td > 0.0：有效的微分作用时间 CtrlParams. Td = 0.0：微分作用取消激活，保持 Td
TdFiltRatio	Real	有效的微分延时系数，微分延迟系数用于延迟微分作用的生效 0.0：微分作用仅在一个周期内有效，因此几乎不产生影响 0.5：此值经实践证明对于具有一个优先时间常量的受控系统非常有用 > 1.0：系数越大，微分作用的生效时间延迟越久 保持 TdFiltRatio
PWeighting	Real	有效的比例作用权重
DWeighting	Real	有效的微分作用权重
Cycle	Real	有效的 PID 算法采样时间

表 9-9 Config 参数表

名 称	数 据 类 型	描 述
InputPerOn	Bool	如果 InputPerOn = TRUE，则使用参数 Input_PER。如果 InputPerOn = FALSE，则使用参数 Input
InvertControl	Bool	反转控制逻辑
InputUpperLimit	Real	过程值的上限
InputLowerLimit	Real	过程值的下限
InputUpperWarning	Real	过程值的警告上限
InputLowerWarning	Real	过程值的警告下限
OutputUpperLimit	Real	输出值的上限
OutputLowerLimit	Real	输出值的下限
SetpointUpperLimit	Real	设定值的上限
SetpointLowerLimit	Real	设定值的下限
MinimumOnTime	Real	脉宽调制的最小 ON 时间
MinimumOffTime	Real	脉宽调制的最小 OFF 时间
InputScaling. UpperPointIn	Real	标定的 Input_PER 上限
InputScaling. LowerPointIn	Real	标定的 Input_PER 下限
InputScaling. UpperPointOut	Real	标定的过程值的上限
InputScaling. LowerPointOut	Real	标定的过程值的下限

表 9-10 CycleTime 参数表

名 称	数 据 类 型	描 述
StartEstimation	Bool	如果 CycleTime. StartEstimation = TRUE，将开始自动确定循环时间。完成测量后，CycleTime. StartEstimation = FALSE
EnEstimation	Bool	如果 CycleTime. EnEstimation = TRUE，则计算 PID_Compact 采样时间 如果 CycleTime. EnEstimation = FALSE，则不计算 PID_Compact 采样时间，并且需要手动更正 CycleTime. Value 的组态
EnMonitoring	Bool	如果 CycleTime. EnMonitoring = FALSE，则不会监视 PID_Compact 采样时间。如果不能在采样时间内执行 PID_Compact，则不会输出错误，PID_Compact 也不会切换到"未激活"模式
Value	Real	PID_Compact 采样时间

（3）PID 自整定

PID 控制器能够正常运行，需要符合实际运行系统及工艺要求的参数设置，但由于每套系统都不完全一样，所以，每套系统的控制参数也不尽相同。用户可以自己手动调试，通过参数访问方式修改对应的 PID 参数，在调试面板中观察曲线图，也可以使用系统提供的参数自整定功能进行设定。PID 自整定是按照一定的数学算法，通过外部输入信号激励系统，并根据系统的反应方式来确定 PID 参数。S7-1200 PLC 提供了两种整定方式，Start Up（启动整定）和 Tune in Run（运行中整定）。

调试面板如图 9-15 所示。图中调试面板控制区包含了启动测量功能和停止测量功能按钮，以及调试面板测量功能的采样时间。趋势显示区以曲线方式显示设定值、反馈值及输出值。优化区用于选择整定方式及显示整定状态。当前值显示区可监视给定值、反馈值及输出值，并可手动强制输出值，勾选"手动模式"项，可以在"Output"栏内输入百分比形式的输出值。

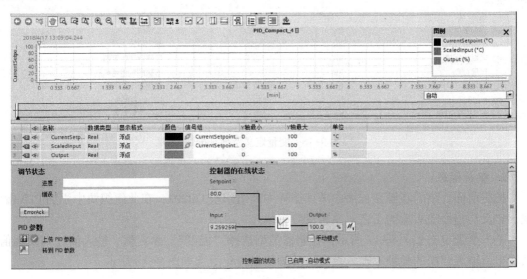

图 9-15　调试面板

趋势显示区可以进行显示模式的选择，有以下 4 种模式。

Strip：条状（连续显示）。新趋势值从右侧输入视图，以前的视图卷动到左侧，时间轴不移动。

Scope：示波图（跳跃区域显示）。新趋势值从左到右进行输入，当到达右边趋势视图时，监视区域移动一个视图宽度到右侧，时间轴在监视区域限制内可以移动。

Sweep：扫动（旋转显示）。新趋势值以旋转方式在趋势视图中显示，趋势值从左到右输出，上一次旋转显示被覆盖，时间轴不动。

Static：静态（静态区域显示）。趋势视图的写入被中断，新趋势的记录在后台执行，时间轴可以移动。

给定值、反馈值及时间值的轴是可以移动和缩放的。另外，在趋势视图中可以使用一个或多个标尺分析趋势曲线的离散值。移动鼠标到趋势区的左边并注意鼠标指示的变化，拖动垂直的标尺到需要分析的测量趋势。趋势输出在标尺的左侧，标尺的时间显示在标尺的底端。激活标尺的趋势值显示在测量值与标尺交点处。如果多个标尺拖动到趋势区域，各自的上一个标尺被激活。激活的标尺由相应颜色符号显示，通过单击可以重新激活一个停滞的标尺。

9.1.3　PID 应用举例

假设有一加热系统，加热源采用脉冲控制的灯泡。干扰源采用电位计控制的小风扇，使用传感器测量系统的温度，灯泡亮时会使灯泡附近的温度传感器温度升高，风扇运转时可给传感器周围降温，设定值为 0～10V 的电压信号送入 PLC，温度传感器作为反馈接入 PLC 中，干扰源给定直接输出至风扇。

1. I/O 分配

分配 I/O 并在变量表中定义变量，如图 9-16 所示。

PLC 变量

		名称 ▲	数据类型	地址	保持性	注释
1		当前温度	Int	%IW66	☐	反馈值
2		给定温度	Int	%IW64	☐	给定值
3		风扇给定值	Int	%IW96	☐	风扇转速给定值
4		风扇控制	Int	%QW80	☐	干扰源输出给风扇
5		加热器	Bool	%Q0.0	☐	加热器
6		PID错误	DWord	%MD12	☐	PID错误代码
7		给定实数温度	Real	%MD20	☐	将给定整数形式的温度转化为实数形式

图 9-16 变量定义及地址分配

2. 参数组态

按照前面介绍的步骤在程序中添加循环中断组织块 OB202，在此组织块中添加 PID 指令块，定义与指令块对应的工艺对象背景数据块。

基本参数组态如图 9-17 所示，控制器类型选择"温度"，给定值、输入值（即反馈值）及输出值输入相应的地址。输入设定即反馈值量程化组态如图 9-18 所示。

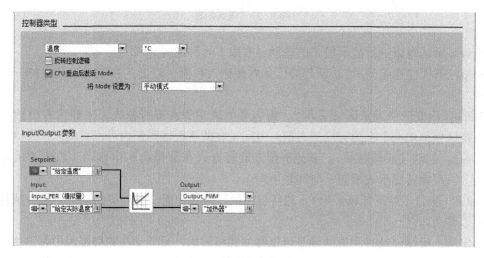

图 9-17 基本参数组态

进入高级设置界面，"最小接通时间"和"最小关闭时间"都设置为 0.5 s，如图 9-19 所示，此参数只对自整定时的输出有影响，当系统完成自整定后会自动计算 PWM 周期，此周期时间与 PID 控制器采样时间相同。其他设置保持默认即可。注意：选择 PID 参数时，若有已调试好的参数可选择手动设置；也可先选择系统默认参数，后面使用自整定功能由系统设置参数。

最后，定义循环中断组织块的中断间隔时间为 20 ms。注意：此处的中断时间并非 PID 控制器的采样时间。采样时间为中断时间倍数，由系统自动计算得出。

至此，参数定义部分已完成。

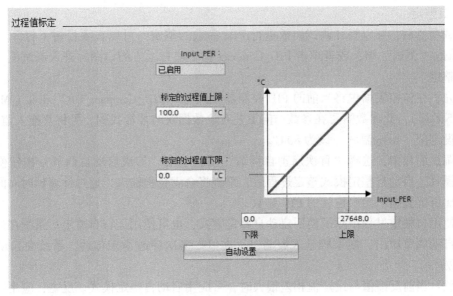

图 9-18   输入设定

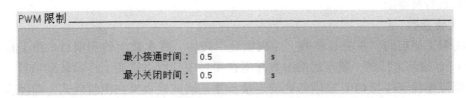

图 9-19   PWM 脉宽限制

3. 程序编制

循环中断子程序（OB202）如图 9-20 所示。

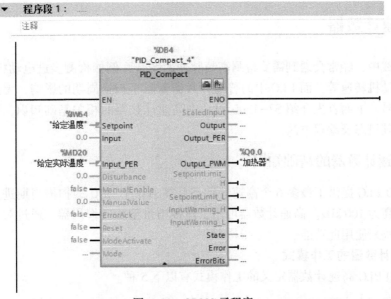

图 9-20   OB202 子程序

4. 自整定

下载项目后，可以打开调试面板进行 PID 参数的整定。可以在项目树下打开"工艺对象"，双击"调试"项，或者单击 PID_Compact 指令块右上方的▣图标进入调试面板，进行参数自整定。

首先，在监控表格中将当前的 PID 控制器模式（"PID_Compact_DB".sRet.i_Mode）设为 0（不激活），此参数需要在参数访问工艺对象数据块时才能找到，可将其拖入监控表中。之后将设定值"给定温度"设为 80℃。

在调试面板中，选择"首次启动自调节"项，单击"首次启动自调节"按钮使能启动自整定模式。启动自整定模式整定过程后，系统将会满量程输出，通过计算延时时间与平衡时间的比值等数据来给出建议的 PID 参数。

在使用自整定过程中除了使用启动自整定模式，也可使用运行自整定。系统在进入此模式时会自动调整输出，使系统进入振荡，反馈值在多次穿越设定值后，系统会自动计算出 PID 参数。

注意：当前反馈值与设定值相差很大时，可应用启动自整定模式。反之，应用运行自整定模式。当激活运行自整定模式时，若系统满足启动自整定的条件，则将会先运行启动自整定再执行运行自整定。

5. 上传参数

单击调试面板的"将 PID 参数上传到项目"按钮，将参数上传到项目。由于自整定过程是在 CPU 内部进行的，整定后的参数并不在项目中，所以需要上传参数到项目。上传参数时要保证编程软件与 CPU 之间的在线连接，并且调试模板要在测量模式，即能实时监控状态值。单击"上传"按钮后，PID 工艺对象数据块会显示与 CPU 中的值不一致，因为此时项目中工艺对象数据块的初始值与 CPU 中的不一致。可将此块重新下载，方法是：右击该数据块选择"在线比较"选项，进入在线比较编辑器，将模式设为"下载到设备"，单击"执行"按钮，完成参数同步。

9.2 高速计数器

生产实践中，经常会遇到需要检测高频脉冲的场合，例如检测步进电动机的运动距离、计算异步电动机转速等，而 PLC 中的普通计数器受限于扫描周期的影响，无法计量频率较高的脉冲信号。下面首先介绍 S7-1200 PLC 中高速计数器的相关基础知识，再通过一个应用实例演示其组态及编程方法。

9.2.1 高速计数器的基础知识

S7-1200 PLC 提供了最多 6 个高速计数器，其独立于 CPU 的扫描周期进行计算，可测量的频率最高为 100 kHz。高速计数器可用于连接增量型旋转编码器，通过对硬件组态和调用相关指令块来使用此功能。

1. 高速计数器的工作模式

S7-1200 PLC 高速计数器定义的工作模式有以下 5 种。

1) 单相计数器，外部方向控制，如图 9-21 所示。

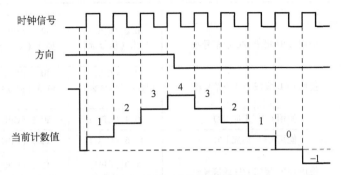

图 9-21　单相计数器原理图

2) 单相计数器，内部方向控制。

3) 双相加/减计数器，双脉冲输入，如图 9-22 所示。

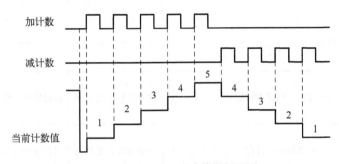

图 9-22　双相加/减计数器原理图

4) A/B 计数器，图 9-23 所示为 1 倍速 A/B 相正交输入示意图。

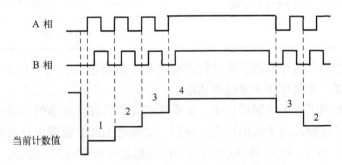

图 9-23　1 倍速 A/B 相正交输入示意图

5) AB 计数器四倍频。

每种高速计数器有外部复位和内部复位两种工作状态。所有的计数器无须启动条件设置，在硬件设备中设置完成后下载到 CPU 中即可启动高速计数器。高速计数功能所能支持的输入电压为 DC 24V，目前不支持 DC 5V 的脉冲输入。表 9-11 列出了高速计数器的工作模式和硬件输入信号定义。

表 9-11　高速计数器的工作模式和硬件输入信号定义

		描述	输入点定义		
HSC	HSC1	使用 CPU 集成 I/O 或信号板	I0.0（CPU） I4.0（信号板）	I0.1（CPU） I4.1（信号板）	I0.3（CPU） I4.3（信号板）
	HSC2	使用 CPU 集成 I/O 或信号板	I0.2（CPU） I4.2（信号板）	I0.3（CPU） I4.3（信号板）	I0.1（CPU） I4.1（信号板）
	HSC3	使用 CPU 集成 I/O	I0.4（CPU）	I0.5（CPU）	I0.7（CPU）
	HSC4	使用 CPU 集成 I/O	I0.6（CPU）	I0.7（CPU）	I0.5（CPU）
	HSC5	使用 CPU 集成 I/O 或信号板	I1.0（CPU） I4.0（信号板）	I1.1（CPU） I4.1（信号板）	I1.2（CPU）
	HSC6	使用 CPU 集成 I/O	I1.3（CPU）	I1.4（CPU）	I1.5（CPU）
计数/ 频率 计数		单相计数，内部方向控制	时钟脉冲发生器		复位
计数/ 频率 计数		单相计数，外部方向控制	时钟脉冲发生器	方向	复位
计数/ 频率 计数		双相计数，两路时钟输入	增时钟脉冲发生器	减时钟脉冲发生器	复位
计数/ 频率 计数		A/B 相正交计数	时钟脉冲发生器 A	时钟脉冲发生器 B	复位
运动轴		脉冲发生器 PWM/PTO 输出	在使用 PTO 脉冲发生器时，相应的高速计数器支持运动轴计数模式 对于 PTO1，HSC1 默认使用 Q0.0 输出来确定脉冲数 对于 PTO2，HSC2 默认使用 Q0.2 输出来确定脉冲数 Q0.1 用作运动方向输出		

　　用户不仅可以为高速计数器分配计数器模式和计数器输入，还可以为其分配一些功能，如时钟脉冲发生器、方向控制和复位等功能。

　　一个输入不能用于两个不同的功能。如果所定义的高速计数器的当前计数器模式不需要某个输入，则可将该输入用于其他用途。例如，如果将 HSC1 设置为计数器模式 1，使用默认输入点 I0.0 和 I0.3，则可将 I0.1 用于沿中断或用于 HSC2。例如，当设置 HSC1 和 HSC5，在计数和频率计数器模式下使用默认输入点 I0.0（HSC1）和 I1.0（HSC5），则运行计数器时，以上两个输入不能用于任何其他功能。如果使用数字信号板，则可使用一些附加输入。

　　在"硬件输入"参数组中，硬件输入均已确定。在此，可接受这些默认输入的设置结果。也可以在"时钟发生器""时钟生成器上边沿""时钟生成器下边沿"或"复位输入"中单击"..."按钮，然后选择一个输入。

　　注意：高速计数器功能的硬件指标，如最高计数器频率等，请以最新的系统手册为准。

　　并非所有的 CPU 都可以使用 6 个高速计数器，例如 1211C 只有 6 个集成输入点，所以最多只能支持 4 个（使用信号板的情况下）高速计数器。

使用高速计数器，激活脉冲生成器并将其用作 PTO 控制步进电动机时，当 CPU 的固件版本为 3.0 及以上版本时，使用内部（附加）HSC；CPU 的固件版本低于 V3.0 时，PTO1 处使用 HSC1，PTO2 处使用 HSC2。这些计数器将不再适用于其他计数任务。使用此模式时，不需要外部接线，CPU 在内部已做了硬件连接。

S7-1200 CPU 除了提供技术功能外，还提供了频率测量功能，有 3 种不同的频率测量周期：1.0 s、0.1 s 和 0.01 s。频率测量周期是这样定义的：计算并返回频率值的时间间隔。返回的频率值为上一个测量周期中所有测量值的平均值，无论测量周期如何选择，测量出的频率值总是以 Hz（每秒脉冲数）为单位。

2. 高速计数器寻址

CPU 将每个高速计数器的测量值以 32 位双整型有符号数的形式存储在输入过程映像区内，在程序中可直接访问这些地址，也可以在设备组态中修改这些存储地址。由于过程映像区受扫描周期的影响，在一个扫描周期内高速计数器的测量数值不会发生变化，但高速计数器中的实际值有可能会在一个扫描周期内发生变化，因此可通过直接读取外设地址的方式读取到当前时刻的实际值。以 IDI000 为例，其外设地址为 "ID100：P"。表 9-12 为高速计数器默认地址列表。

表 9-12　高速计数器默认地址列表

高速计数器号	数据类型	默认地址	高速计数器号	数据类型	默认地址
HSC1	Dint	ID1000	HSC4	Dint	ID1012
HSC2	Dint	ID1004	HSC5	Dint	ID1016
HSC3	Dint	ID1008	HSC6	Dint	ID1020

3. 中断功能

S7-1200 CPU 在高速计数器中提供了中断功能，用以在某些特定条件下触发程序，共有以下 3 种中断条件。

1）当前值等于预置值。

2）利用外部信号复位。

3）带有外部方向控制时，计数方向发生改变。

4. 高速计数器指令块

高速计数器指令块需要使用背景数据块用于存储参数，如图 9-24 所示，其参数含义见表 9-13。

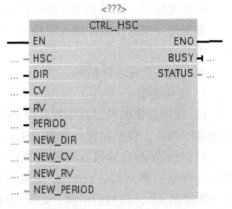

图 9-24　高速计数器指令块

表 9-13　高速计数器指令块参数

参　　数	数据类型	含　　义
HSC	HW_HSC	高速计数器硬件标识号
DIR	Bool	为 1 表示使能新方向
CV	Bool	为 1 表示使能新初始值

参　数	数据类型	含　义
RV	Bool	为 1 表示使能新参考值
PERIODE	Bool	为 1 表示使能新频率测量周期
NEW_DIR	Int	方向选择：1 表示正向，0 表示反向
NEW_CV	Dint	新初始值
NEW_RV	Dint	新参考值
NEW_PERIODE	Int	新频率测量周期

9.2.2　应用举例

高速计数器的应用步骤主要包括以下内容。

1) 在 CPU 的属性对话框中激活高速计数器并设置相关参数。

2) 添加硬件中断块，关联相对应的高速计数器所产生的预置值中断。

3) 在中断块中添加高速计数器指令块，编写修改预置值程序，设置复位计数器等参数。

4) 将程序下载，执行功能。

为了便于理解如何使用高速计数器功能，下面通过一个例子来学习该功能的组态及应用。

假设在旋转机械上有单相增量编码器作为反馈，接入到 S7-1200 PLC。要求在计数 25 个脉冲时，计数器复位，置位 M0.5，并设定新预设值为 50 个脉冲。当计满 50 个脉冲后复位 M0.5，并将预置值再设为 25，周而复始执行此功能。

针对此应用，选择 CPU 1214C，高速计数器为 HSC1，模式为单相计数，内部方向控制，无外部复位。据此，脉冲输入应接入 I0.0，使用 HSC1 的预置值中断（CV=RV）功能实现此应用。

此实例的设置步骤如下。

1. 硬件组态

1) 在项目视图项目树中打开设备配置对话框，选中 CPU，在"属性"对话框的"高速计数器"项中，选择高速计数器 HSC1，如图 9-25 所示。勾选"启用该高速计数器"项。

2) 计数类型和计数方向组态如图 9-25 所示。其中，计数类型分为 4 种：计数、周期、频率（测量）和 Motion control，此处选择"计数"。工作模式分为 4 种：单相，两相位，A/B 计数器和 AB 计数器四倍频，此处选择"单相"。计数方向选择"用户程序（内部方向控制）"。初始计数方向选择"加计数"。

3) 初始值及复位组态如图 9-26 所示，设定计数器初始值为 0，初始预设值即参考值为 25，不使用外部同步输入。

4) 预置值中断组态，如图 9-27 所示，勾选"为计数器值等于参考值这一事件生成中断"项，在"硬件中断"下拉框中选择新建的硬件中断（Hardware interrupt）组织块 OB201。图 9-27 中还有另外两种中断事件可以选择，即外部复位事件中断与方向改变事件中断，勾选相应的中断并选择硬件中断组织块即可。注意：使能外部复位事件中断需确认使用外部复位信号，使能方向改变中断事件需先选择外部方向控制。

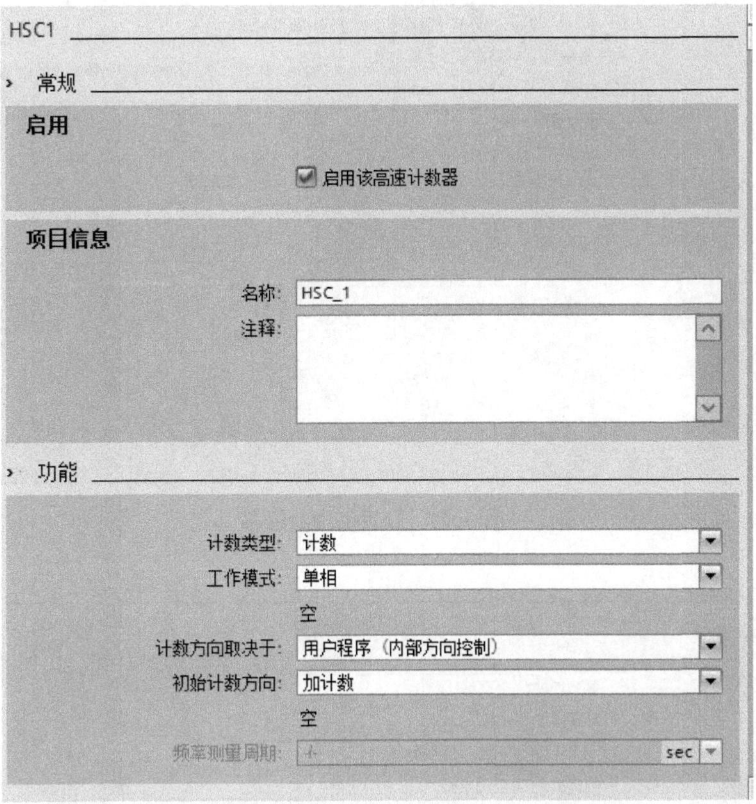

图 9-25　激活高速计数功能

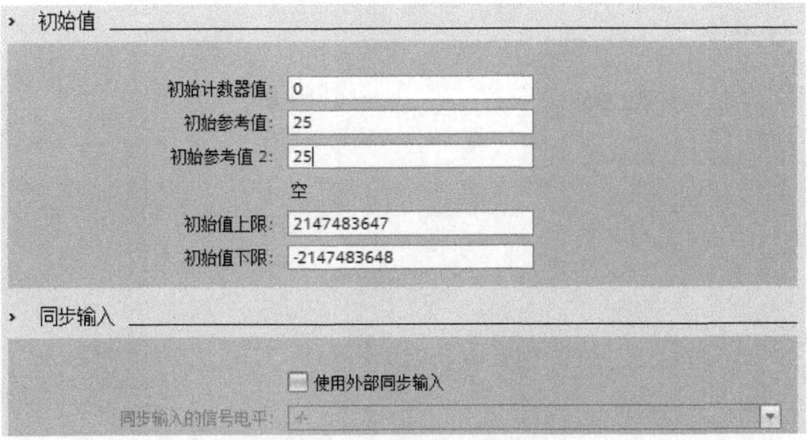

图 9-26　初始值及复位组态

5）地址分配设置如图 9-28 所示。

6）硬件输入设置如图 9-29 所示。

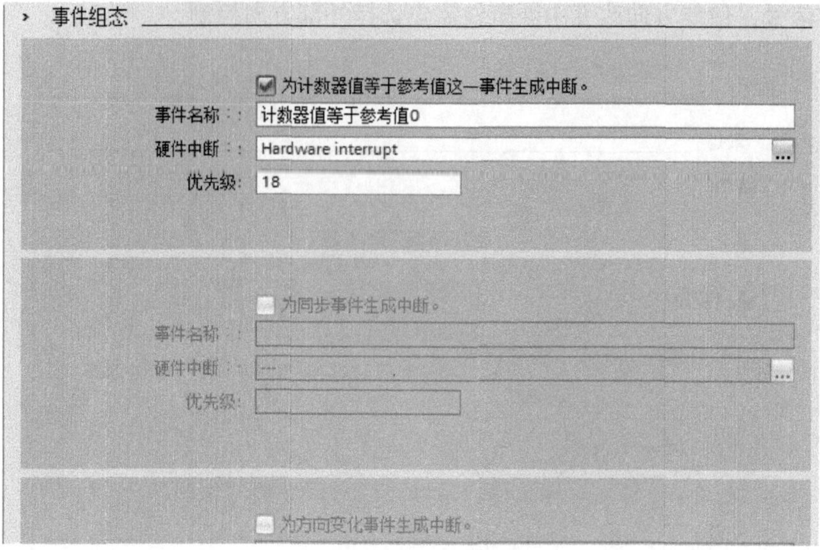

图 9-27　预置值中断组态

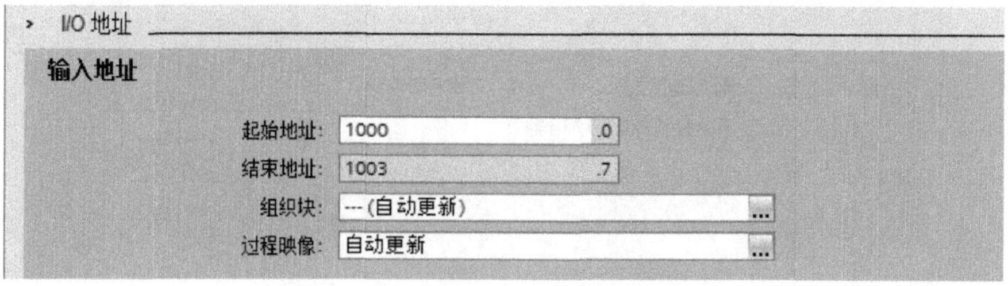

图 9-28　地址分配设置

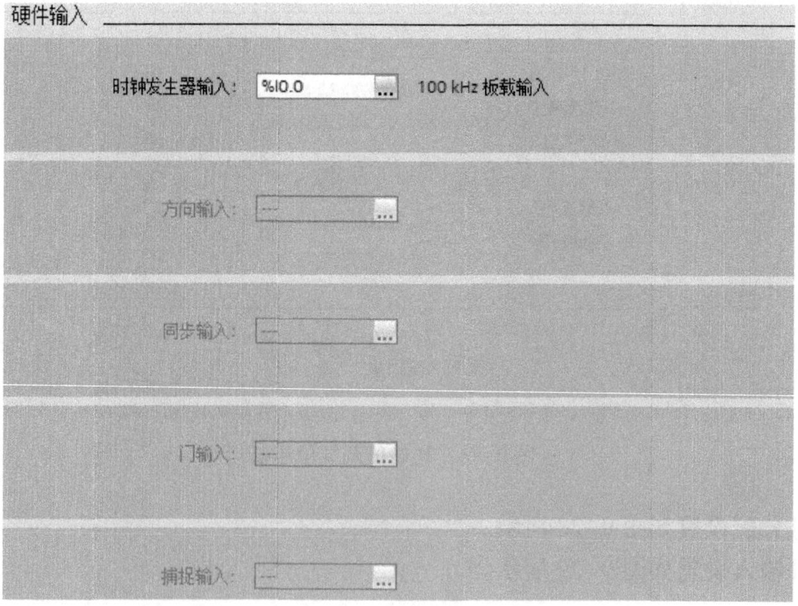

图 9-29　硬件输入设置

至此，硬件组态及硬件中断设置部分已经完成，下面进行程序编写。

2. 编写程序

在项目视图项目树中打开硬件中断程序块 OB201，将计数器指令下的高速计数器指令块拖拽到硬件中断程序编程界面中，选择添加默认的背景数据块，输入高速计数器指令块的参数，如图 9-30 所示，其含义见图中程序注释。

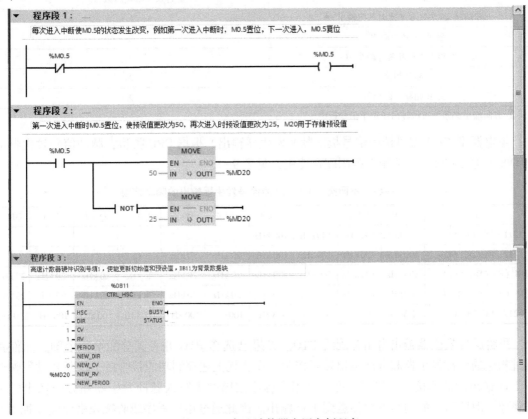

图 9-30　高速计数器应用实例程序

至此，程序编制部分完成，将完成的硬件组态与程序下载到 CPU 后即可执行功能，当前的计数值可在 ID1000 中读出。关于高速计数器指令块，若不需要修改硬件组态中的参数，可不用进行调用，系统仍然可以计数，也就是说，高速计数器指令块并不是使能高速计数的必要条件。

9.3　运动控制

S7-1200 PLC 在运动控制中使用了轴的概念，通过对轴的组态，包括硬件接口、位置定义、动态特性及机械特性等，与相关的指令块（符合 PLCopen 规范）组合使用，可实现绝对位置、相对位置、点动、转速控制及自动寻找参考点的功能。

9.3.1　运动控制功能的原理

CPU 可用驱动器的数目取决于 PTO（脉冲串输出）数目以及可用的脉冲发生器输出数

目，每个配备工艺版本 V4 的 CPU 都可使用 4 个 PTO，也就是说最多可以控制 4 个驱动器。根据 PTO 的信号类型，每个 PTO（驱动器）需要 1~2 个脉冲发生器输出，PTO 的信号类型见表 9-14。

表 9-14　PTO 的信号类型

信 号 类 型	脉冲发生器输出数目/个
脉冲 A 和方向 B（禁用方向输出）①	1
脉冲 A 和方向 B①	2
时钟增加 A 和时钟减少 B	2
A/B 相移	2
A/B 相移，四相位	2

① 方向输出必须为板载输出或位于信号板中。

继电器型 CPU 仅可访问信号板的脉冲发生器输出。根据 CPU 类型，脉冲信号发生器输出 Q0.0~Q1.1 可与以下频率范围配合使用，见表 9-15。

表 9-15　不同类型 CPU 脉冲信号发生器输出的频率范围

CPU	Q0.0	Q0.1	Q0.2	Q0.3	Q0.4	Q0.5	Q0.6	Q0.7	Q1.0	Q1.1
1211（DC/DC/DC）	100 kHz	100 kHz	100 kHz	100 kHz						
1212（DC/DC/DC）	100 kHz	100 kHz	100 kHz	100 kHz	20 kHz	20 kHz				
1214（F）（DC/DC/DC）	100 kHz	100 kHz	100 kHz	100 kHz	20 kHz	20 kHz	20 kHz	20 kHz	20 kHz	20 kHz
1215（F）（DC/DC/DC）	100 kHz	100 kHz	100 kHz	100 kHz	20 kHz	20 kHz	20 kHz	20 kHz	20 kHz	20 kHz
1217（DC/DC/DC）	1 MHz	1 MHz	1 MHz	1 MHz	100 kHz	100 kHz	100 kHz	100 kHz	100 kHz	100 kHz

可将脉冲发生器输出自由分配给 PTO。如果已选择 PTO 并将其分配给某个轴，固件将通过相应的脉冲发生器和方向输出接管控制。在实现上述控制功能接管后，将断开过程映像和 I/O 输出间的连接。虽然用户可通过用户程序或监视表写入脉冲发生器和方向输出的过程映像，但所写入的内容不会传送到 I/O 输出。因此通过用户程序或监视表格无法监视 I/O 输出。读取的信息反映过程映像中的值，与 I/O 输出的实际状态不一致。

S7-1200 PLC 输出脉冲和方向信号至 Servo Drive（伺服驱动器），伺服驱动器再将从 CPU 输入的给定值经过处理后输出到伺服电动机，控制伺服电动机加速/减速和移动到指定位置，如图 9-31 所示。伺服电动机的编码器信号输入伺服驱动器形成闭环控制，用于计算速度与当前位置，而 S7-1200 PLC 内部的高速计数器则测量 CPU 上的脉冲输出，计算速度与位置，但此数值并非电动机编码器所反馈的实际速度与位置。S7-1200 PLC 提供了运行中修改速度和位置的功能，可以使运动系统在停止的情况下，实时改变目标速度与位置。

运动控制功能原理示意图如图 9-32 所示。可以看出，S7-1200 PLC 运动控制功能的实现包含以下 4 部分。

1）相关执行设备。

2）CPU 硬件输出。

3）定义工艺对象"轴"。

4）程序中的控制指令块。

执行设备主要包括伺服驱动器和伺服电动机，CPU 通过硬件输出，给出脉冲与方向信

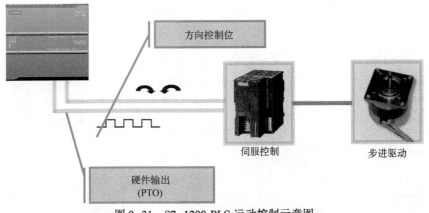

图 9-31　S7-1200 PLC 运动控制示意图

图 9-32　运动控制功能原理示意图

号用于控制执行设备的运转。

CPU 通过集成或信号板上硬件输出点，输出一串占空比为 50% 的脉冲串（PTO），CPU 通过改变脉冲串的频率以达到加速/减速的目的。

集成点输出的最高频率为 100 kHz，信号板输出的最高频率为 20 kHz，CPU 在使能 PTO 功能时虽然使用了过程映像区的地址，但是其输出点会被 PTO 功能独立使用，不会受扫描周期的影响，其作为普通输出点的功能将被禁止。

下面介绍硬件输出的组态。

在项目视图中打开设备配置，选中 CPU，在其属性对话框的"脉冲发生器（PTO/PWM）"项中，选择 PTO1/PWM1，如图 9-33 所示，勾选"启用该脉冲发生器"项。"脉冲选项"中，脉冲发生器有两种类型：PTO 与 PWM，使用运动控制功能时需要选择 PTO 方式。其中，PTO 有四种信号类型："PTO（脉冲 A 和方向 B）""PTO（脉冲上升沿 A 和脉冲下降沿 B）"（版本 V4 及以上版本）；"PTO（A/B 相移）"（版本 V4 及以上版本）；"PTO（A/B 相移-四倍频）"（版本 V4 及以上版本）。

（1）PTO（脉冲 A 和方向 B）

该信号类型评估脉冲输出脉冲和方向输出电平。脉冲通过 CPU 的脉冲输出进行输出。CPU 的方向输出指定驱动器的旋转方向，其信号与行进方向之间的关系如图 9-34 所示。

方向输出上输出 5 V/24 V ⇒ 正向旋转。

方向输出上输出 0 V ⇒ 反向旋转。

指定的电压取决于所使用的硬件。

（2）PTO（脉冲上升沿 A 和脉冲下降沿 B）

该信号类型评估一路输出的脉冲。分别使用一个正向和负向运动的脉冲输出控制步进电

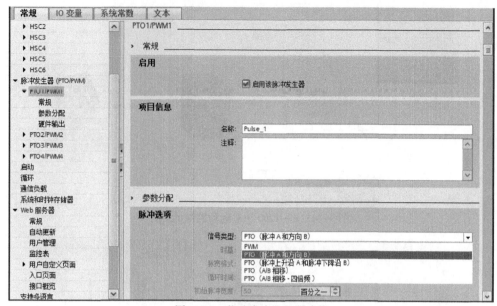

图 9-33　激活脉冲发生器功能

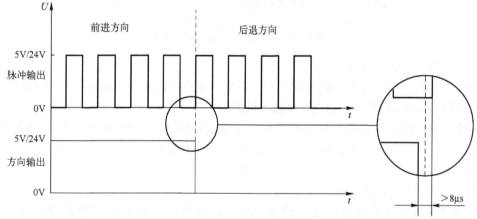

图 9-34　PTO（脉冲 A 和方向 B）信号与行进方向之间的关系图

动机，正转脉冲通过"脉冲上升沿"输出；反转脉冲通过"脉冲下降沿"输出。指定的电压取决于所使用的硬件，其信号与行进方向之间的关系如图 9-35 所示。

（3）PTO（A/B 相移）

该信号类型评估每种情况下一个输出的上升沿。A 相和 B 相的两个脉冲输出在同一频率下运行。在驱动器步进结束时会评估这两个脉冲输出的周期。A 相和 B 相之间的相位偏移量决定了运动方向。输出之间的相移定义了旋转方向：

信号 A 超前信号 B 90° ⇒ 正转。

信号 B 超前信号 A 90° ⇒ 反转。

其信号与行进方向之间的关系如图 9-36a 所示。

（4）PTO（A/B 相移-四倍频）

该信号类型评估两个输出的上升沿和下降沿。一个脉冲周期有四沿两相（A 和 B）。因此，输出中的脉冲频率会减小到 1/4。A 相和 B 相的两个脉冲输出在同一频率下运行。在驱

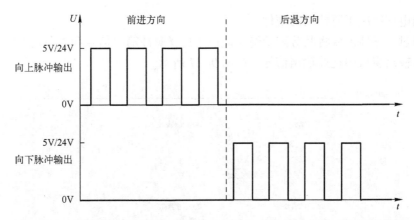

图 9-35　PTO（脉冲上升沿 A 和脉冲下降沿 B）信号与行进方向之间的关系

动器步进结束时会评估 A 相和 B 相的所有上升沿和下降沿。A 相和 B 相之间的相位偏移量决定了运动方向。输出之间的相移定义了旋转方向：

信号 A 超前信号 B 90° ⇒ 正转。

信号 B 超前信号 A 90° ⇒ 反转。

其信号与行进方向之间的关系如图 9-36b 所示。

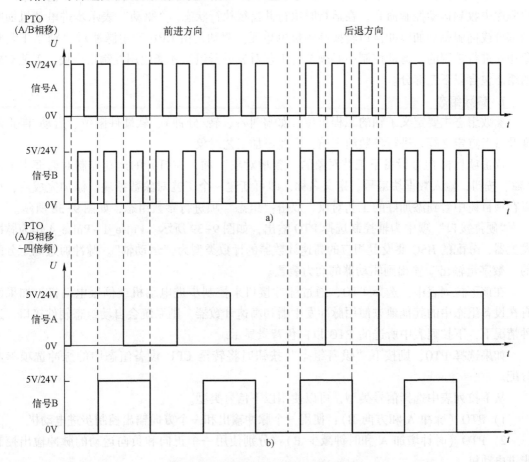

图 9-36　信号与行进方向之间的关系

指定的电压取决于所使用的硬件。

可以通过符号地址或将其分配给绝对地址来选择脉冲输出信号和方向输出信号。

在硬件输出窗口中选择输出信号,如图9-37所示。

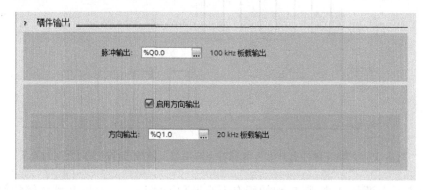

图9-37　硬件输出设置

9.3.2　工艺对象"轴"

"轴"表示驱动的工艺对象。"轴"工艺对象是用户程序与驱动的接口。工艺对象从用户程序中收到运动控制命令,在运行时执行并监视执行状态。"驱动"表示步进电动机加电源部分或伺服驱动加脉冲接口转换器的机电单元。驱动是由CPU产生脉冲对"轴"工艺对象操作进行控制的。运动控制中必须要对工艺对象进行组态才能应用控制指令块,工艺对象的组态包含以下三部分。

1. 参数组态

参数组态主要定义了轴的工程单位(如脉冲/s、转/分钟)、软硬件限位、启动/停止速度及参考点定义等。进行参数组态前,需要添加工艺对象。

双击项目树PLC设备下工艺对象的"新增对象"项,在打开的运动控制对话框中单击"轴"按钮,输入数据块编号,定义名称,即可新建一个工艺对象数据块。添加完成后,可以在项目树中看到添加好的工艺对象,双击"组态"项进行参数组态,如图9-38所示。

"硬件接口"项中为轴控制选择PTO输出,如图9-39所示。Pulse_1~Pulse_4作为脉冲发生器;分配的HSC要设置相应的高速计数器的计数类型为"运动轴"。脉冲通过固定分配的"数字量输出"输出到驱动器的动力装置。

在该下拉列表中,选择PTO,通过脉冲接口来控制步进电动机或伺服电动机。如果没有在设备组态中的其他地方使用脉冲发生器和高速计数器,则系统会自动组态硬件接口。这种情况下,下拉列表中所选的PTO以白色背景显示。

如果选择PTO,则按下"设备组态"按钮时将转至CPU设备组态中的脉冲选项参数分配。

从下拉列表中选择信号类型,可以使用以下信号类型。

1) PTO(脉冲A和方向B):使用一个脉冲输出和一个方向输出控制步进电动机。

2) PTO(时钟增加A和时钟减少B):分别使用一个正向和负向运动的脉冲输出控制步进电动机。

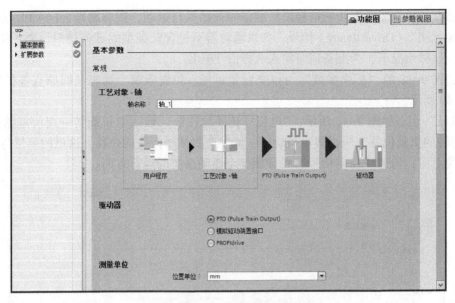

图 9-38　设置轴的基本参数

图 9-39　轴的硬件接口

3）PTO（A/B 相移）：A 相和 B 相的两个脉冲输出在同一频率下运行。在驱动器步进结束时会评估这两个脉冲输出的周期。A 相和 B 相之间的相位偏移量决定了运动方向。

4）PTO（A/B 相位偏移量－四重）：A 相和 B 相的两个脉冲输出在同一频率下运行。在驱动器步进结束时会评估 A 相和 B 相的所有上升沿和下降沿。A 相和 B 相之间的相位偏移量决定了运动方向。

"驱动装置的使能和反馈"项中组态驱动器使能信号的输出以及驱动器的"驱动器准备就绪"（Drive Ready）反馈信号的输入。

使能输出：在此域中为驱动器使能信号选择使能输出。

就绪输入：在此域中为驱动器的"驱动器准备就绪"（Drive Ready）反馈选择准备就绪输入。驱动器使能信号由运动控制指令"MC_Power"控制，可以启用对驱动器的供电。如果驱动器在接收到驱动器使能信号之后准备好开始执行运动，则驱动器会向 CPU 发送"驱动器准备就绪"（Drive Ready）信号。如果驱动器不包含此类型的任何接口，则无须组态这些参数。这种情况下，为准备就绪输入选择值 TRUE。

单击图 9-38 的"扩展参数"可以来设置机械、位置限制、动态及回原点等扩展参数，如图 9-40 所示。

"机械"组态如图 9-40 所示，"电机每转的脉冲数"输入电机旋转一周所需脉冲个数；"电机每转的负载位移"项设置电机旋转一周生产机械所产生的位移，这里的单位与图 9-38 中的单位对应；勾选"反向信号"可颠倒整个驱动系统的运行方向。

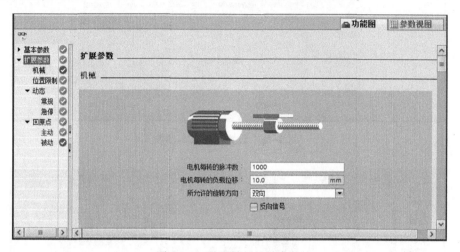

图 9-40　设置轴的扩展参数

"位置限制"组态如图 9-41 所示。其中，勾选"启用硬限位开关"项使能机械系统的硬件限位功能，在下拉列表中，选择硬件限位开关下限或上限的数字量输入。在轴到达硬件限位开关时，它将使用急停减速斜坡停车。

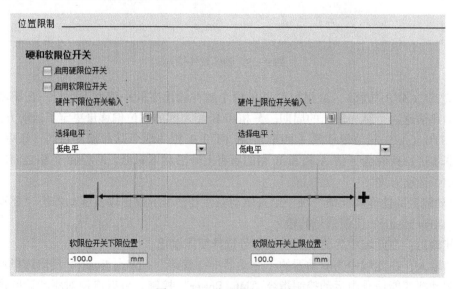

图 9-41　"位置限制"组态

"选择电平"信号：在此下拉列表中，可选择逼近硬限位开关时 CPU 输入端的信号电平。

选择"低电平"（Low Level，常闭触点），CPU 输入端电平为 0 V（FALSE）时表示已逼近硬限位开关。

选择"高电平"（High Level，常开触点），CPU 输入端电平为 5 V/24 V（TRUE）时表示已逼近硬限位开关（实际电压取决于使用的硬件）。

勾选"启用软限位开关"项使能机械系统的软件限位功能，此功能通过程序或组态定义系统的极限位置。在轴到达软件限位位置时，激活的运动停止。工艺对象报故障，在故障被确认以后，轴可以恢复在工作范围内的运动。软限位开关的上限值必须大于或等于软限位开关的下限值。

动态参数中常规参数的组态如图 9-42 所示。其中，"速度限值的单位"项选择速度限制值单位，包括"转/分钟""脉冲/s"和"mm/s"三种；可以定义系统的最大运行速度，系统自动运算以 mm/s 为单位的最大速度；"启动/停止速度"项定义系统的启动/停止速度，考虑到电机的转矩等机械特性，其启动/停止速度不能为 0，系统自动运算以 mm/s 为单位的启动/停止速度；可以设置加、减速度和加、减速时间。

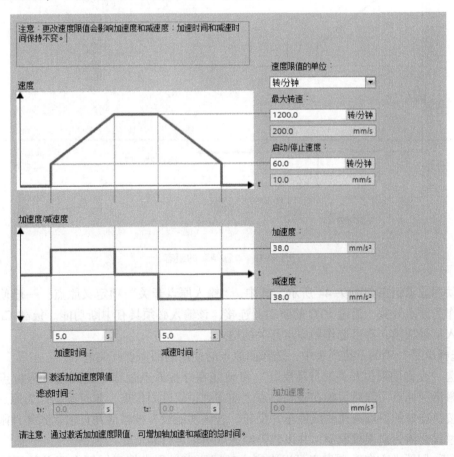

图 9-42 动态参数中常规参数的组态

如果激活了加加速度限值，则不会突然停止轴加速和轴减速，而是根据设置的步进或滤波时间逐渐调整。

在"加加速度"框中，可以为加速和减速斜坡设置所需的加加速度。

在"滤波时间"框中，可设置斜坡加速所需的滤波时间。需要注意的是，在组态中，设置的滤波时间仅适用于斜坡加速。

当加速度 > 减速度时，斜坡减速所用的滤波时间<斜坡加速的滤波时间。

当加速度 < 减速度时，斜坡减速所用的滤波时间>斜坡加速的滤波时间。

当加速度 = 减速度时，斜坡加速和减速的滤波时间相等。

"急停"的组态如图 9-43 所示。其中，"紧急减速度"定义从最大速度急停减速到启动/停止速度的减速度；"急停减速时间"定义从最大速度急停减速到启动/停止速度的减速时间。

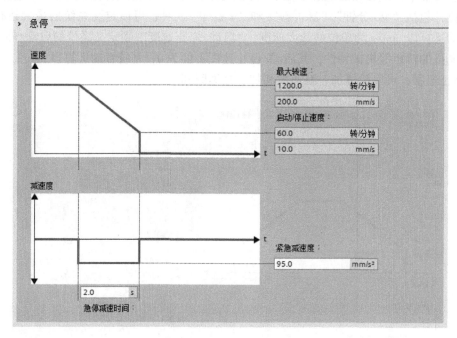

图 9-43 "急停"的组态

主动回原点组态如图 9-44 所示。其中，"输入原点开关"项定义原点，一般使用数字量输入作为原点开关，通过 PTO 的驱动器连接，该输入必须具有中断功能。板载 CPU 输入和所插入信号板输入都可选作回原点开关的输入。

"选择电平"项的下拉列表中，选择回原点时使用的回原点开关电平。

勾选"允许硬限位开关处自动反转"可使能在寻找原点过程中碰到硬件限位点自动反向，在激活回原点功能后，轴在碰到原点之前碰到了硬件限位点，此时系统认为原点在反方向，会按组态好的斜坡减速曲线停车并反转。若该功能没有被激活并且轴达到硬件限位，则回原点过程会因为错误被取消，并以急停减速度对轴进行制动。

"逼近/回原点方向"项定义可以决定主动回原点过程中搜索回原点开关的逼近方向以及回原点的方向。回原点方向指定执行回原点操作时轴用于逼近组态的回原点开关端的行进

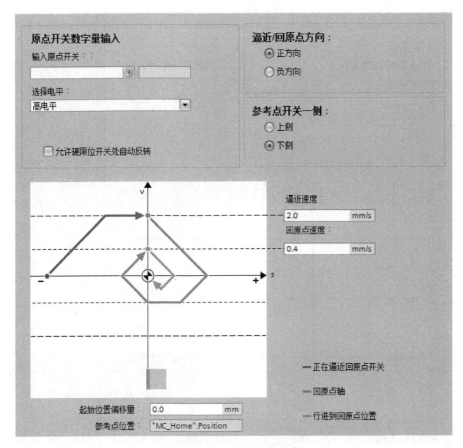

图 9-44　主动回原点组态

方向。

　　"参考点开关一侧"项可以选择轴是在回原点开关的上侧还是下侧进行回原点。

　　"逼近速度"项定义在进入原点区域时的速度。

　　"回原点速度"项定义进入原点区域后，到达原点位置时的速度。

　　"起始位置偏移量"项中，如果指定的回原点位置与回原点开关的位置存在偏差，则可在此域中指定起始位置偏移量。如果该值不等于0，轴在回原点开关处回原点后将执行以下动作。

　　1）以回原点速度使轴移动"起始位置偏移值"指定的一段距离。

　　2）达到"起始位置偏移值"时，轴处于运动控制指令"MC_Home"的输入参数"Position"中指定的起始位置处。

　　"参考点位置"项定义参考点坐标，参考点坐标由 MC_Home 指令块的 Position 参数确定。

　　被动回原点组态如图9-45图所示，"输入原点开关"项为归位开关的数字量输入，该输入必须具有中断功能，板载 CPU 输入和所插入信号板输入都可选作归位开关的输入。数字量输入的滤波时间必须小于归位开关的输入信号持续时间。

　　"选择电平"项的下拉列表中，选择归位时使用的归位开关电平。

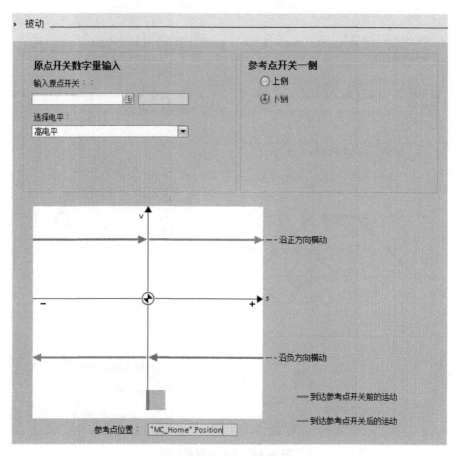

图 9-45　被动回原点组态

"参考点开关一侧"可以选择轴是在归位开关的上侧还是下侧进行归位。

"参考点位置"项是利用运动控制指令"MC_Home"中所组态的位置作起始位置。

如果未使用轴运动命令进行被动归位（轴处于停止状态），则将在下一个归位开关的上升沿或下降沿处执行归位操作。

2. 控制面板

编程软件提供了控制面板以调试驱动设备，测试轴和驱动功能，控制面板允许用户设置主控制、轴、命令、当前值和轴状态等功能。

在项目视图中打开已添加的工艺对象，双击"调试"项打开调试控制面板，如图 9-46 所示。

1）"主控制"：在此区域中，用户可获取工艺对象的主控制权限，或将其返回给用户程序。

单击"激活"按钮，将与 CPU 建立在线连接，并获取对所选工艺对象的主控制权限。获取主控制权限时，请注意以下事项。

① 要获取主控制权限，必须在用户程序中禁用工艺对象。

② 在返回主控制权限之前，用户程序对该工艺对象的功能无任何影响。系统拒绝将运动控制作业从用户程序传送到工艺对象中，并报告错误。

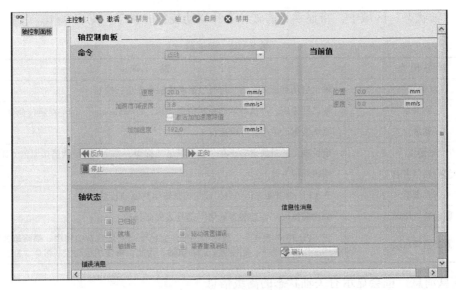

图 9-46　调试控制面板

单击"取消激活"按钮，可将主控制权限返回给用户程序。

2)"轴"：在此区域中，可启用或禁用工艺对象使用轴控制面板进行优化：

单击"启用"按钮可启用所选择的工艺对象。单击"禁用"按钮，可禁用所选的工艺对象。

3)"命令"：仅当轴启用后，才能执行"命令"区域中的操作。可以选择以下命令之一。

① 点动：该命令相当于用户程序中的运动控制命令"MC_MoveJog"。

② 定位：该命令相当于用户程序中的运动控制命令"MC_MoveAbsolute"和"MC_MoveRelative"。必须使轴回原点以便进行绝对定位。

③ 回原点：该命令相当于用户程序中的运动控制命令"MC_Home"。

"设置参考点"按钮相当于 Mode = 0（绝对式直接回原点）。

"主动回原点"按钮相当于 Mode = 3（主动回原点），对于主动回原点，必须在轴组态中组态回原点开关。

逼近速度、回原点速度和参考位置偏移的值取自尚未更改的轴组态。根据选择，将显示相关的设定值输入框和命令启动按钮。勾选"激活加加速度限值"复选框，将激活加加速度限值。默认情况下，加加速度为组态值的 10%。可根据需要更改该值。

出于安全考虑，激活轴控制面板时，仅使用 10% 的组态值对"速度""加速度/减速度"和"加加速度"参数进行初始化。

在组态视图中选择"扩展参数"→"动态"→"常规"后显示的值可用于初始化。

轴控制面板中的"速度"参数基于组态中的"最大速度"，"加速度/减速度"参数则基于"加速度"。

在轴控制面板中，"速度""加速度/减速度"和"加加速度"参数可以更改，而不会影响组态中的值。

4)"当前值"：在该区域中，将显示轴的位置和速度实际值。

5）"轴状态"区域中，将显示当前轴状态和驱动装置的状态，见表 9-16。

表 9-16 轴状态

状态消息	说　明
已启用	轴已启用且准备就绪，可通过运动控制命令进行控制
已回原点	轴已回原点，可执行运动控制指令"MC_MoveAbsolute"的绝对定位命令
就绪	驱动装置已就绪，可以运行
轴错误	定位轴工艺对象出错。在"错误消息"框中，将显示有关该错误原因的详细信息
编码器值有效	编码器值有效
仿真激活	在 CPU 中对轴进行仿真。设定值未输出到驱动装置中
驱动装置错误	驱动装置因"驱动装置就绪"信号丢失而报错
需要重新启动	在 CPU RUN 模式下，修改后的轴组态已下载到装载存储器中。要将修改后组态下载到工作存储器中，则需重新启动该轴。为此，可使用运动控制指令"MC_Reset"

"信息消息"框会显示有关轴状态的高级信息。

"错误消息"框会显示当前错误。

单击"确认"按钮，确认所有已清除的错误。

可以选择手动控制或自动控制。手动控制时需要将指令块 MC_POWER 的使能端复位，否则无法切换到手动调试模式。在"手动控制"模式中，控制面板有控制轴和驱动功能的优先权，用户程序对轴不起作用。单击"自动模式"结束"手动模式"模式。控制优先权再一次传给控制器。通过运动控制指令块 MC_Power 的输入参数 Enable 端上升沿重新使能轴。通过"启用"和"禁用"按钮能够选择是否激活电机，选择手动模式后，需要单击"启用"按钮激活电机才能进行后续操作。

"命令"项可选择如何驱动电机，包括点动控制、位置控制及寻找参考点等。点动控制操作设置点动速度，点动时的加速度/减速度以及向后点动、向前点动、停止等。定位操作设置目标位置/距离、运行速度、加速度/减速度、绝对位移、相对位移和停止等。回原点操作设置原点坐标和回原点时的加速度/减速度，将 Home Position 中的数值设为原点坐标，执行回原点功能以及停止回原点功能等。

轴状态显示轴已启用、已回原点及驱动器准备就绪等信息。此参数需要在前面的组态中定义才会显示实际状态。实际值包括当前位置和当前速度两个数值。出现故障时，单击"确认"按钮进行确认。

在手动模式下，错误显示信息栏会显示最近发生的错误。若要清除错误，单击状态显示栏中的"确认"按钮进行复位。

3. 诊断面板

在项目树视图中打开已添加的"轴"工艺对象，双击"诊断"项可以打开图 9-47 所示的诊断面板，它包括了状态和错误位、运动状态和动态设置。

轴状态消息含义见表 9-17，驱动状态消息含义见表 9-18，运动状态消息含义见表 9-19，运动类型消息含义见表 9-20，限位开关状态消息含义见表 9-21，错误消息含义见表 9-22。

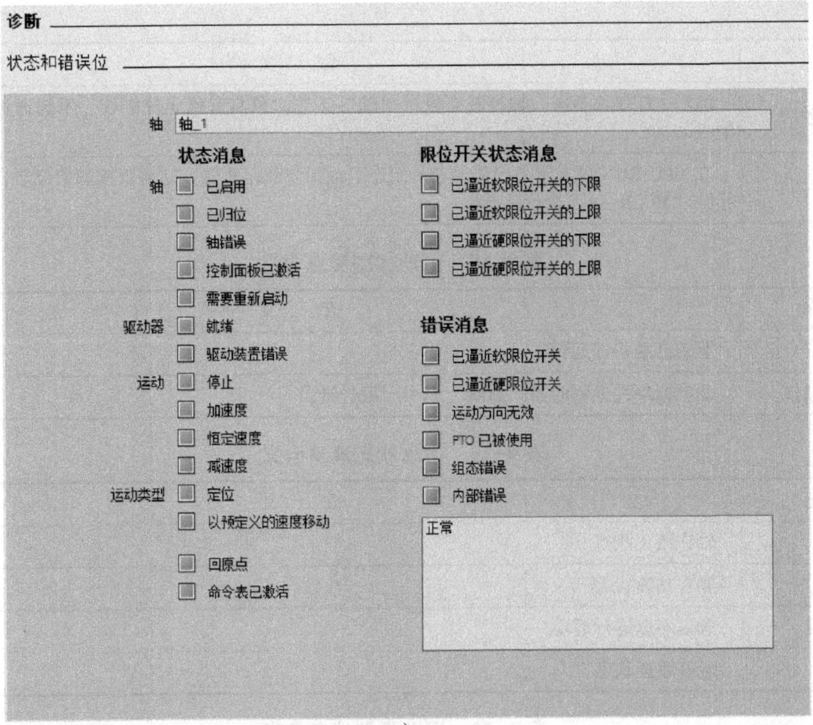

a)

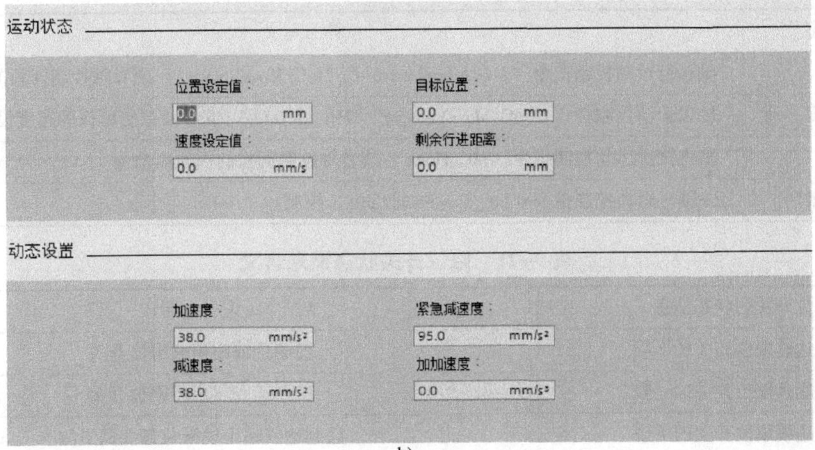

b)

图 9-47 诊断面板

表 9-17 轴状态消息含义

状 态	含 义
已启用	轴已启用且准备就绪,可通过运动控制命令进行控制
已归位	轴已回原点,可执行运动控制指令"MC_MoveAbsolute"的绝对定位命令。对于相对定位而言,轴不必回原点。特殊情况如下 • 主动回原点过程中,该状态为 FALSE • 如果回原点的轴经受被动回原点,则在被动回原点过程中该状态设置为 TURE
轴错误	轴工艺对象产生错误。根据错误类型,轴停止或拒绝命令

状　态	含　义
控制面板激活	激活主控制面板时，轴控制面板对"轴"工艺对象具有优先控制权。不能通过用户程序来控制轴
需要重新启动	在 CPU RUN 模式下将已修改的轴组态下载到装载存储器，则需要重新启动轴。使用运动控制指令"MC_Reset"执行此操作

表 9-18　驱动状态消息含义

状　态	含　义
就绪	驱动已准备好运行
驱动装置错误	驱动器因丢失驱动器"就绪"信号而报告错误

表 9-19　运动状态消息含义

状　态	含　义
停止	轴在停止状态
加速度	轴在加速状态
恒定速度	轴以匀速进行运动
减速度	轴在减速状态

表 9-20　运动类型消息含义

状　态	含　义
定位	轴执行运动控制指令"MC_MoveAbsolute""MC_MoveRelative"或者轴控制面板的定位命令
以预定义速度移动	轴以运动控制指令"MC_MoveVelocity""MC_MoveJog"或者轴控制面板的速度设定值执行命令
回原点	轴将执行运动控制指令"MC_Home"或者轴控制面板的回原点命令
命令表已激活	该轴由运动控制指令"MC_CommandTable"控制

表 9-21　限位开关状态消息含义

限位开关的状态消息	说　明
已到达软限位开关的下限	已到达或超出软限位开关
已到达软限位开关的上限	已到达或超出硬限位开关
已到达硬限位开关的下限	已到达或超出硬限位开关的下限
已到达硬限位开关的上限	已到达或超出硬限位开关的上限

表 9-22　错误消息含义

错误状态位	含　义
已逼近软限位开关	已到达或超出软限位开关
已逼近硬限位开关	已到达或超出硬限位开关
运动方向无效	命令的运动方向与组态的运动方向不符
PTO 已在使用	另一个轴正在使用此 PTO 和 HSC 并且该轴已通过"MC_Power"启用
编码器	编码器系统中发生错误

错误状态位	含　义
数据交换	与所连接设备进行通信时发生错误
定位	在定位运动的末端，轴定位错误
跟随误差	超出了允许的最大跟随误差
编码器值无效	编码器值无效
组态错误	错误地组态了"轴"工艺对象，或者在用户程序运行期间错误地修改了可编辑的组态数据
内部错误	发生内部错误

如图 9-47b 所示，当轴激活时，可以在线显示运动状态和动态设置参数。

9.3.3 程序指令块

运动控制程序指令块使用 PTO 功能和"轴"工艺对象的接口控制运动机械的运行，运动控制指令块被用于传输指令到工艺对象，以完成处理和监视。S7-1200 PLC 运动控制指令块见表 9-23。

表 9-23 运动控制指令

指　令	功　能
MC_Power	系统使能指令块
MC_Reset	错误确认指令块
MC_Home	归位轴/设置原点指令块
MC_Halt	停止轴指令块
MC_MoveAbsolute	绝对位移指令块
MC_MoveRelative	相对定位指令块
MC_MoveVelocity	以设定速度移动轴指令块
MC_MoveJog	点动指令块
MC_CommandTable	按照运动顺序运行轴命令指令块
MC_ChangeDynamic	更改轴的动态设置指令块
MC_WriteParam	写入工艺对象变量指令块
MC_ReadParam	连续读取定位轴的运动数据指令块

1. MC_Power 系统使能指令块

MC_Power 系统使能指令块如图 9-48 所示，其参数含义见表 9-24。轴在运动之前必须先被使能。MC_Power 块的 Enable 端变为高电平后，CPU 按照工艺对象中组态好的方式使能外部伺服驱动，当 Enable 端变为低电平后，轴将按 StopMode 中定义的模式停车，当 Enable 端为 0 时，将按照组态好的急停方式停车；当 Enable 端值为 1 时将会立即终止输出。用户程序中，针对每个轴只能调用一次"启用和禁用轴"指令，需要指定背景数据块。

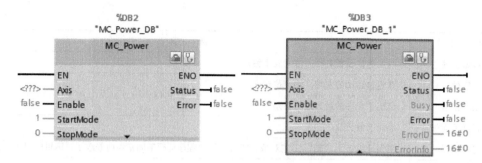

图 9-48　MC_Power 系统使能指令块

表 9-24　MC_Power 参数含义

参　　数	名　　称	数据类型	含　　义
Axis	轴	TO_Axis_PTO	轴工艺对象
Enable	使能端	Bool	为 1 时尝试启用轴；为 0 时根据组态的"StopMode"中断当前所有作业，停止并禁用轴
StartMode	启用模式	Int	为 0 时，启用位置不受控的定位轴 为 1 时，启用位置受控的定位轴 使用带 PTO 驱动器的定位轴时忽略该参数 此参数在启用定位轴时（Enable 从 FALSE 变为 TRUE）以及在成功确认导致轴被禁用的中断后再次启用轴时执行一次
StopMode	停止模式	Int	为 0 时，紧急停止：如果禁用轴的请求处于待决状态，则轴将以组态的急停减速度进行制动。轴在变为静止状态后被禁用 为 1 时，立即停止：如果禁用轴的请求处于待决状态，则会输出该设定值 0，并禁用轴。轴将根据驱动器中的组态进行制动，并转入停止状态。对于通过 PTO 的驱动器连接，禁用轴时，将根据基于频率的减速度，停止脉冲输出 为 2 时，带有加速度变化率控制的紧急停止：如果禁用轴的请求处于待决状态，则轴将以组态的急停减速度进行制动。如果激活了加速度变化率控制，会将已组态的加速度变化率考虑在内。轴在变为静止状态后被禁用
Status	状态	Bool	轴的使能状态：为 0 时，禁用轴；为 1 时，轴已启用
Busy	忙	Bool	为 1 表示命令正在执行
Error	错误	Bool	为 1 表示命令启动过程出错
ErrorID	错误 ID	Word	错误 ID
ErrorInfo	错误信息	Word	错误信息

2. MC_Reset 错误确认指令块

MC_Reset 错误确认指令块如图 9-49 所示，其参数含义见表 9-25，需要指定背景数据块。如果存在一个需要确认的错误，可通过上升沿激活 MC_Reset 块的 Execute 端，进行错误复位。

表 9-25　MC_Reset 参数含义

参　　数	名　　称	数据类型	含　　义
Axis	轴	TO_Axis	已组态好的轴工艺对象
Execute	执行端	Bool	在上升沿启动命令

参　数	名　称	数据类型	含　义
Restart	重启	Bool	为1时，将轴组态从装载存储器下载到工作存储器。仅可在禁用轴后，才能执行该命令 为0时，确认待决的错误
Done	完成	Bool	为1表示错误已确认
Busy	忙	Bool	为1表示命令正在执行
Error	错误	Bool	为1表示命令启动过程出错
ErrorID	错误ID	Word	错误ID
ErrorInfo	错误信息	Word	错误信息

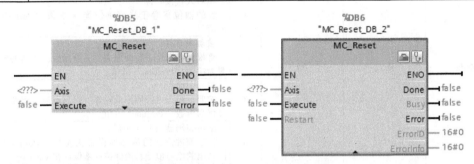

图9-49　MC_Reset 错误确认指令块

3. MC_Home 归位轴/设置原点指令块

MC_Home 归位轴/设置原点指令块如图9-50所示，其参数含义见表9-26，需要指定背景数据块。该指令块用于定义原点位置，上升沿使能 Execute 端，指令块按照模式中定义好的值执行定义参考原点的功能，回原点过程中，轴在运行中时，MC_Home 指令块中的 Busy 位始终输出高电平，一旦整个回原点过程执行完毕，工艺对象数据块中的 HomingDone 位被置1。

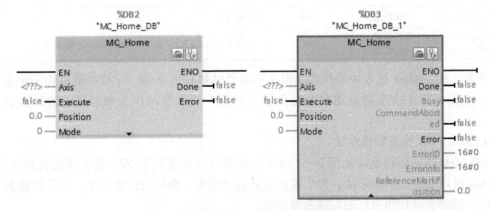

图9-50　MC_Home 归位轴/设置原点指令块

表9-26　MC_Home 参数含义

参　数	名　称	数据类型	含　义
Axis	轴	TO_Axis	已组态好的轴工艺对象

参　　数	名　　称	数据类型	含　　义
Execute	执行端	Bool	在上升沿启动命令
Position	位置	Real	Mode = 0、2 和 3 时：完成回原点操作之后，轴的绝对位置 Mode = 1 时：对当前轴位置的修正值
Mode	模式	Int	回原点模式 0　绝对式直接归位 　　新的轴位置为参数"Position"位置的值 1　相对式直接归位 　　新的轴位置等于当前轴位置 + 参数"Position"位置的值 2　被动回原点 　　将根据轴组态进行回原点。回原点后，将新的轴位置设置为参数"Position"的值 3　主动回原点 　　按照轴组态进行回原点操作。回原点后，将新的轴位置设置为参数"Position"的值 6　绝对编码器调节（相对） 　　将当前轴位置的偏移值设置为参数"Position"的值。计算出的绝对值偏移值保持性地保存在 CPU 内 7　绝对编码器调节（绝对） 　　将当前的轴位置设置为参数"Position"的值。计算出的绝对值偏移值保持性地保存在 CPU 内
Done	完成	Bool	为 1 表示错误已确认
Busy	忙	Bool	为 1 表示命令正在执行
CommandAborted	命令取消	Bool	为 1 表示该命令由另一命令取消或由于执行期间出错而取消
Error	错误	Bool	为 1 表示命令启动过程出错
ErrorID	错误 ID	Word	错误 ID
ErrorInfo	错误信息	Word	错误信息
Reference-MarkPosition	工艺对象归位位置	Real	显示工艺对象归位位置（"Done"=TRUE 时有效）

注意：MC_Home 指令块的模式 0 和 1 不需要轴做任何移动，一般在机械校准和安装时使用，模式 2 和 3 需要轴运动并触发在工艺对象中组态好的作为参考原点的外部物理输入点。

4. MC_Halt 停止轴指令块

MC_Halt 停止轴指令块如图 9-51 所示，其参数含义见表 9-27，需要指定背景数据块。MC_Halt 块用于停止轴的运动，每个被激活的运动指令，都可由此块停止，上升沿使能 Execute 后，轴会立即按组态好的减速曲线停车。

表 9-27　MC_Halt 参数含义

参　　数	名　　称	数据类型	含　　义
Axis	轴	TO_SpeedAxis	已组态好的轴工艺对象
Execute	执行端	Bool	在上升沿启动命令使能停止功能

参 数	名 称	数据类型	含 义
Done	完成	Bool	为 1 表示速度达到零
Busy	忙	Bool	为 1 表示命令正在执行
CommandAborted	命令取消	Bool	为 1 表示命令在执行过程中被另一命令中止
Error	错误	Bool	为 1 表示命令启动过程出错
ErrorID	错误 ID	Word	错误 ID
ErrorInfo	错误信息	Word	错误信息

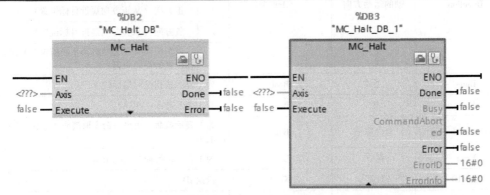

图 9-51　MC_Halt 停止轴指令块

5. MC_MoveAbsolute 绝对位移指令块

MC_MoveAbsolute 绝对位移指令块如图 9-52 所示，其参数含义见表 9-28，需要指定背景数据块。

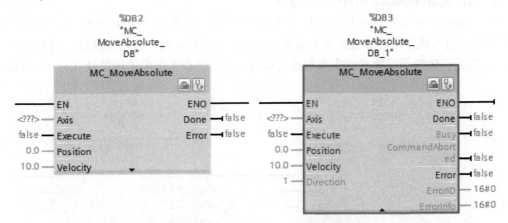

图 9-52　MC_MoveAbsolute 绝对位移指令块

表 9-28　MC_MoveAbsolute 参数含义

参 数	名 称	数据类型	含 义
Axis	轴	TO_PositioningAxis	已组态好的轴工艺对象
Execute	执行端	Bool	在上升沿启动命令

参　数	名　称	数据类型	含　义		
Position	目标位置	Real	绝对目标位置值		
Velocity	运行速度	Real	用户定义的运行速度，必须大于或等于组态的启动/停止速度		
Direction	轴的运动方向	Int	仅在"模数"已启用的情况下才评估。对于 PTO 轴忽略该参数		
			0	速度的符号（"Velocity"参数），用于确定运动的方向	
			1	正方向（从正方向逼近目标位置）	
			2	负方向（从负方向逼近目标位置）	
			3	最短距离（工艺将选择从当前位置开始，到目标位置的最短距离）	
Done	完成	Bool	为 1 表示达到绝对目标位置		
Busy	忙	Bool	为 1 表示命令正在执行		
CommandAborted	命令取消	Bool	为 1 表示该命令由另一命令取消或由于执行期间出错而取消		
Error	错误	Bool	为 1 表示执行命令期间出错		
ErrorID	错误 ID	Word	错误 ID		
ErrorInfo	错误信息	Word	错误信息		

MC_MoveAbsolute 指令块需要在定义好参考原点建立起坐标系统后才能使用，通过指定参数可到达机械限位内的任意一点。当上升沿使能调用选项后，系统会自动计算当前位置与目标位置之间的脉冲数，并加速到指定速度，在到达目标位置时减速到启动/停止速度。

6. MC_MoveRelative 相对位移指令块

MC_MoveRelative 相对位移指令块如图 9-53 所示，其参数含义见表 9-29，需要指定背景数据块。它的执行不需要建立参考原点，只需定义运行距离、方向及速度。当上升沿使能 Execute 端后，轴按照设置好的距离与速度运行，其方向根据距离值的符号（+/−）决定。

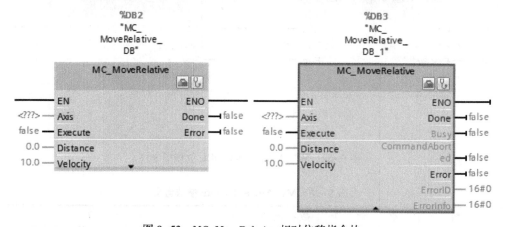

图 9-53　MC_MoveRelative 相对位移指令块

表 9-29　MC_MoveRelative 参数含义

参　数	名　称	数据类型	含　义
Axis	轴	TO_PositioningAxis	已组态好的轴工艺对象
Execute	执行端	Bool	在上升沿启动命令使能停止功能
Distance	运行距离	Real	运行的距离（正或负）
Velocity	运行速度	Real	用户定义的运行速度，必须大于或等于组态的启动/停止速度
Done	完成	Bool	为 1 表示目标位置已到达
Busy	忙	Bool	为 1 表示命令正在执行
CommandAborted	命令取消	Bool	为 1 表示该命令由另一命令取消或由于执行期间出错而取消
Error	错误	Bool	为 1 表示命令启动过程出错
ErrorID	错误 ID	Word	错误 ID
ErrorInfo	错误信息	Word	错误信息

绝对位移指令与相对位移指令的主要区别在于是否需要建立坐标系统，即是否需要原点（参考点）。绝对位移指令需要知道目标位置在坐标系中的坐标，并根据坐标自动决定运动方向，此时需要定义原点；而相对位移只需知道当前点与目标位置的距离，由用户给定方向，无须建立坐标系统，此时不需要定义原点。

7. MC_MoveVelocity 以设定速度移动轴指令块

MC_MoveVelocity 以设定速度移动轴指令块如图 9-54 所示，其参数含义见表 9-30，需要指定背景数据块。MC_MoveVelocity 指令块可使轴按预设速度运动，需要在 Velocity 端设定速度，并上升沿使能 Execute 端，激活此指令块。使用 MC_Halt 指令块可使运动的轴停止。

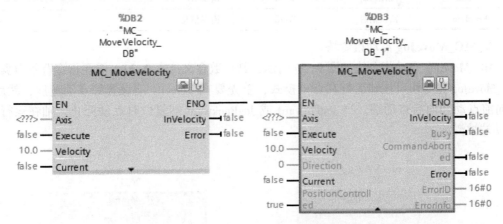

图 9-54　MC_MoveVelocity 以设定速度移动轴指令块

表 9-30　MC_MoveVelocity 参数含义

参　数	名　称	数据类型	含　义
Axis	轴	TO_SpeedAxis	已组态好的轴工艺对象
Execute	执行端	Bool	在上升沿启动命令

参 数	名 称	数据类型	含 义
Velocity	运行速度	Real	用户定义的运行速度，必须大于或等于组态的启动/停止速度
Direction	方向选择	Int	指定方向
			0　旋转方向取决于参数"Velocity"值的符号
			1　正旋转方向（将忽略参数"Velocity"值的符号）
			2　负旋转方向（将忽略参数"Velocity"值的符号）
Current	是否保持当前速度	Bool	保持当前速度
			0　"保持当前速度"已禁用。将使用参数"Velocity"和"Direction"的值
			1　"保持当前速度"已启用。而不考虑参数"Velocity"和"Direction"的值。当轴继续以当前速度运动时，参数"InVelocity"返回值TRUE
Position-Controlled	位置控制	Bool	为0时，非位置控制操作；为1时，位置控制操作使用PTO轴时忽略该参数
InVelocity	速度指示	Bool	当Current=0，InVelocity=1时表示预定速度已达到 当Current=1，InVelocity=1时表示速度已被保持
Busy	忙	Bool	为1表示命令正在执行
CommandAborted	命令取消	Bool	为1表示该命令由另一命令取消或由于执行期间出错而取消
Error	错误	Bool	为1表示命令启动过程出错
ErrorID	错误ID	Word	错误ID
ErrorInfo	错误信息	Word	错误信息

8. MC_MoveJog 点动指令块

MC_MoveJog 点动指令块如图 9-55 所示，其参数含义见表 9-31，需要指定背景数据块。MC_MoveJog 指令块可让轴运行在点动模式，首先要在 Velocity 端设置好点动速度，然后置位向前点动和向后点动端，当 JogForward 或 JogBackward 端复位时点动停止。轴在运行时，Busy 端被激活。

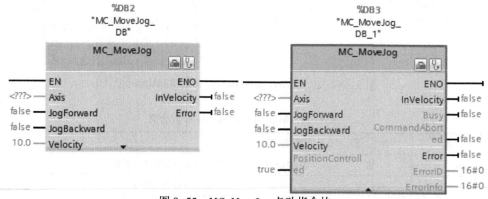

图 9-55　MC_MoveJog 点动指令块

表 9-31   MC_MoveJog 参数含义

参　数	名　称	数据类型	含　义
Axis	轴	TO_SpeedAxis	已组态好的轴工艺对象
JogForward	向前点动	Bool	为 1 时轴正向移动
JogBackward	向后点动	Bool	为 1 时轴负向移动
Velocity	运行速度	Real	点动模式下的运行速度
InVelocity	速度指示	Bool	为 1 表示参数 Velocity 的速度已达到
Busy	忙	Bool	为 1 表示命令正在执行
CommandAborted	命令取消	Bool	为 1 表示该命令由另一命令取消或由于执行期间出错而取消
Error	错误	Bool	为 1 表示命令启动过程出错
ErrorID	错误 ID	Word	错误 ID
ErrorInfo	错误信息	Word	错误信息

9. MC_CommandTable 按照运动顺序运行轴命令指令块

运动控制指令 "MC_CommandTable" 可将多个单独的轴控制命令组合到一个运动顺序中。"MC_CommandTable" 适用于采用通过 PTO 的驱动器连接的轴。MC_CommandTable 按照运动顺序运行轴命令指令块如图 9-56 所示。其参数含义见表 9-32。

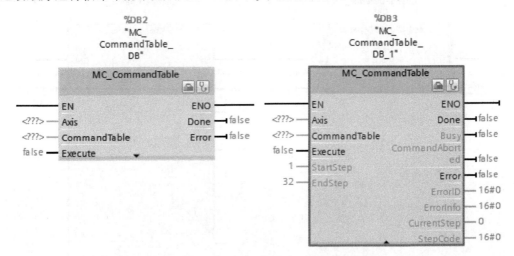

图 9-56   MC_CommandTable 按照运动顺序运行轴命令指令块

表 9-32   MC_CommandTable 参数含义

参　数	数据类型	含　义
Axis	TO_SpeedAxis	轴工艺对象
CommandTable	TO_CommandTable	命令表工艺对象
Execute	Bool	命令表在上升沿时启动
StartStep	Int	定义命令表应开始执行的步
EndStep	Int	定义命令表应结束执行的步

参　　数	数据类型	含　　义
Done	Bool	为 1 表示已成功执行命令表
Busy	Bool	为 1 表示正在执行命令表
CommandAborted	Bool	为 1 表示已通过另一个命令取消命令表
Error	Bool	为 1 表示执行命令表期间出错
ErrorID	Word	参数 "Error" 的错误
ErrorInfo	Word	参数 "ErrorID" 的错误信息
CurrentStep	Int	当前正在执行的命令表中的步
StepCode	Word	当前正在执行的步的用户定义的数值/位模式

10. MC_ChangeDynamic 更改轴的动态设置指令块

使用运动控制指令 "MC_ChangeDynamic" 可以更改轴的下列设置：更改加速时间（加速度）值；更改减速时间（减速度）值；更改急停减速时间（急停减速度）值；更改平滑时间（冲击）值。MC_ChangeDynamic 更改轴的动态设置指令块如图 9-57 所示。执行该指令要求定位轴工艺对象已正确组态。指令各参数含义见表 9-33。

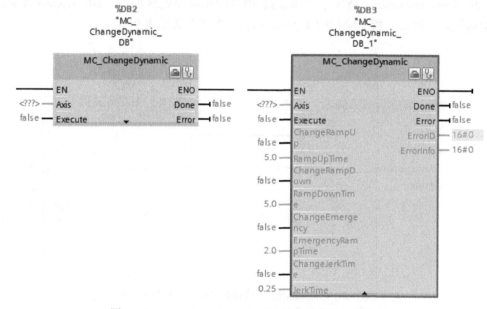

图 9-57　MC_ChangeDynamic 更改轴的动态设置指令块

表 9-33　MC_ChangeDynamic 参数含义

参　　数	数据类型	含　　义
Axis	TO_SpeedAxis	轴工艺对象
Execute	Bool	上升沿时启动命令
ChangeRampUp	Bool	为 1 时，按照输入参数 "RampUpTime" 更改加速时间
RampUpTime	Real	不使用冲击限制时，将轴从停止状态加速到组态的最大速度所需的时间（以 s 为单位）

参　　数	数据类型	含　　义
ChangeRampDown	Bool	为 1 时，更改减速时间以与输入参数 "RampDownTime" 相对应
RampDownTime	Real	不使用冲击限制器时，将轴从组态的最大速度减速到停止状态所需的时间（以 s 为单位）
ChangeEmergency	Bool	为 1 时，按照输入参数 "EmergencyRampTime" 更改急停减速时间
EmergencyRampTime	Real	在急停模式下不使用冲击限制器时，将轴从组态的最大速度减速到停止状态所需的时间（以 s 为单位）
ChangeJerkTime	Bool	为 1 时，按照输入参数 "JerkTime" 更改平滑时间
JerkTime	Real	用于轴加速斜坡和轴减速斜坡的平滑时间
Done	Bool	为 1 时，更改的值已写入工艺数据块
Error	Bool	为 1 时，执行命令表期间出错
ErrorID	Word	参数 "Error" 的错误
ErrorInfo	Word	参数 "ErrorID" 的错误信息

11. MC_WriteParam 写入工艺对象变量指令块

运动控制指令 "MC_WriteParam" 可在用户程序中写入定位轴工艺对象的变量。与用户程序中变量的赋值不同的是，"MC_WriteParam" 还可以更改只读变量的值。执行该指令时，要求定位轴工艺对象已正确组态；要在用户程序中写入只读变量，必须禁用轴；更改需要重新启动的变量不能使用 "MC_WriteParam" 写入。MC_WriteParam 写入工艺对象变量指令块如图 9-58 所示。指令的参数含义见表 9-34。

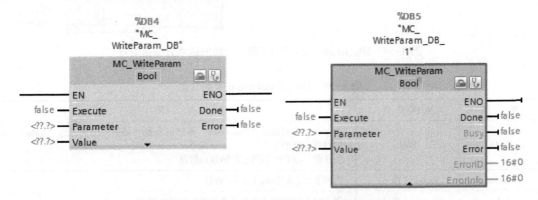

图 9-58　MC_WriteParam 写入工艺对象变量指令块

表 9-34　MC_WriteParam 参数含义

参　　数	数据类型	含　　义
Parameter	Variant（Bool, Int, DInt, UDInt, Real）	指向要写入的工艺对象变量定位轴（目标地址）的 Variant 指针
Value	Variant（Bool, Int, DInt, UDInt, Real）	指向要写入的值（源地址）的 Variant 指针
Execute	Bool	上升沿时启动命令
Done	Bool	为 1 时，值已写入

参　数	数据类型	含　义
Busy	Bool	为 1 时，命令正在执行
Error	Bool	为 1 时，执行命令表期间出错
ErrorID	Word	参数 "Error" 的错误
ErrorInfo	Word	参数 "ErrorID" 的错误信息

12. MC_ReadParam 连续读取定位轴的运动数据指令块

"MC_ReadParam" 运动控制指令可连续读取轴的运动数据和状态消息。相应变量的当前值在命令的起始处决定，包括轴的实际位置、轴的实际速度、当前的跟随误差、驱动器状态、编码器状态、状态位及错误位。

执行该指令要求定位轴工艺对象已正确组态，指令块如图 9-59 所示。其指令参数含义见表 9-35。

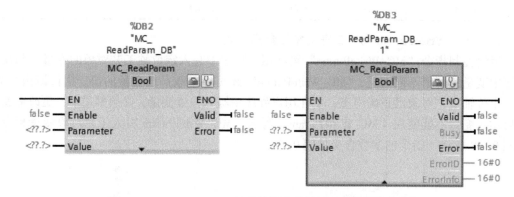

图 9-59　MC_ReadParam 连续读取定位轴的运动数据指令块

表 9-35　MC_ReadParam 参数含义

参　数	数据类型	含　义
Enable	Bool	为 1 时，读取通过 "Parameter" 指定的变量并将值存储在通过 "Value" 指定的目标地址中 为 0 时，不会更新已分配的运动数据
Parameter	Variant（Real）	指向要读取的值的 Variant 指针
Value	Variant（Real）	指向写入所读取值的目标变量或目标地址的 Variant 指针
Valid	Bool	为 1 时，读取的值有效
Busy	Bool	为 1 时，命令正在执行
Error	Bool	为 1 时，执行命令表期间出错
ErrorID	Word	参数 "Error" 的错误
ErrorInfo	Word	参数 "ErrorID" 的错误信息

上述运动控制指令块在输出参数 Error、ErroeID 和 ErroInfo 中显示所有工艺对象的错误。错误的原因要查看输出参数 ErrorID，详细的原因要查看 ErroInfo。错误分以下错误等级。

（1）不造成使轴停止的错误

在运动控制语句执行期间发生的运行错误不造成轴的停止，只在控制语句中显示。控制语句可以在错误补救后不需要确认重启。

（2）使轴停止的错误

在运动控制语句执行期间发生的运行错误造成轴的停止，轴会按照配置的急停减速率停止。工艺对象只能在通过 MC_Reset 复位错误后执行命令。

（3）指令块参数错误

运动控制指令块的输入参数配置不正确会造成错误。该错误仅在出发运动控制语句时显示。运动控制语句可以在错误补救后不需要确认重启。

（4）配置错误

配置错误是轴的参数没有正确配置，该错误会在运动控制语句和在 MC_Power 语句触发显示。

（5）内部错误

内部错误在运动控制和 MC_Power 语句触发时显示，如果需要复位错误则必须重启控制器。

9.3.4 应用举例

假设有一个伺服电动机带动一滑块在轨道上左右滑行，伺服电动机转速 3000 r/min，旋转编码器一圈为 1000 个脉冲，电动机每转一圈滑块运行 10 mm，左限位开关为输入点 I0.1，右限位开关为输入点 I0.2，参考点输入为 I0.0。系统示意图如图 9-60 所示。要求从参考点位置，向左极限方向运动 30 mm。

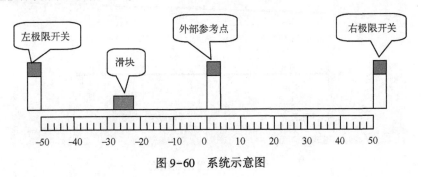

图 9-60　系统示意图

1. I/O 分配和定义变量表

根据要求定义的变量表如图 9-61 所示。

2. 组态 CPU 脉冲输出

在设备配置中组态 CPU 属性的"脉冲发生器"项，勾选"激活脉冲发生器"，脉冲输出类型为 PTO（脉冲 A 和方向 B）型，设定 Q0.0 为脉冲输出，Q0.1 为方向输出，HSC1 为此脉冲发生器功能的高速计数器。

3. 组态工艺对象

在项目视图项目树中添加轴工艺对象，再定义轴的相关参数。硬件接口组态选择 Pulse_1 作为轴控制 PTO，长度单位为 mm。驱动器接口组态 Q0.4 作为"启用"输出，其他默认。

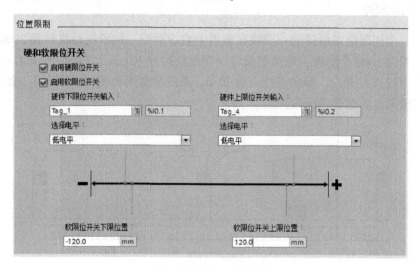

PLC变量				
		名称	数据类型	地址
1		限位左极限	Bool	%I0.1
2		限位右极限	Bool	%I0.2
3		参考点	Bool	%I0.0
4		急停	Bool	%I0.5
5		轴使能	Bool	%Q0.4
6		急停输出	Bool	%Q0.5
7		脉冲输出	Bool	%Q0.0
8		方向	Bool	%Q0.1
9		运行控制使能	Bool	%M50.0
10		原点模式	Int	%MW100
11		原点激活	Bool	%M102.0

图 9-61　变量表

机械组态电动机每转的脉冲数为 1000，每转的运载距离为 10 mm。位置限制组态如图 9-62 所示。最大速度、启动/停止速度组态以及加减速曲线组态如图 9-63 所示。急停组态如图 9-64 所示。主动回原点的组态如图 9-65 所示。

图 9-62　位置限制组态

4. 编写程序

首先添加全局数据块，建立相关的控制变量和状态指示，再建立 FC，将相关的控制指令拖入 FC 中，在主程序块中循环调用 FC。

新建全局数据块 DB15，定义控制变量与状态变量，如图 9-66 所示。

添加 FC 块 FC6，编写程序如图 9-67 所示，程序含义见注释。

FC 中程序编写完成后，需要在 Main（OB1）中调用此 FC。至此，程序组态部分完成。程序组态完毕后，将整个项目下载到 CPU 中。

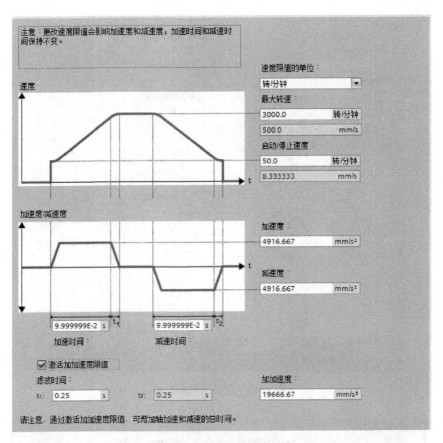

图 9-63　速度和加速度组态

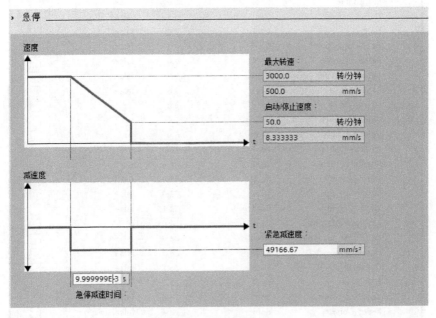

图 9-64　急停组态

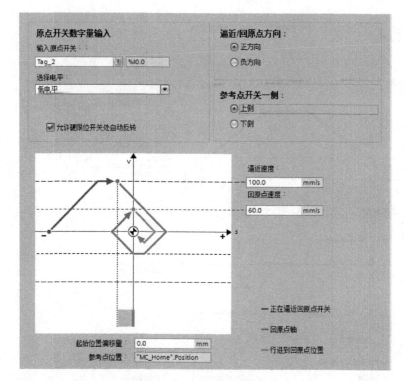

图 9-65　主动回原点组态

Control Data					
名称	数据类型	偏移量	初始值	保持性	
1	▼ Static				☐
2	MC_enable	Bool	0.0	false	☐
3	Home_Active	Bool	0.1	false	☐
4	Halt	Bool	0.2	false	☐
5	Absolute_active	Bool	0.3	false	☐
6	Relative_active	Bool	0.4	false	☐
7	Velocity_active	Bool	0.5	false	☐
8	Reset_active	Bool	0.6	false	☐
9	Home_Mode	Int	2.0	0	☐
10	Velocity_direction	Int	4.0	0	☐
11	Velocity_value	Real	6.0	0.0	☐
12	Relative_value	Real	10.0	0.0	☐
13	Absolute_value	Real	14.0	0.0	☐
14	Home_Position	Real	18.0	0.0	☐
15	MC_Power_Busy	Bool	22.0	false	☐
16	MC_Power_Error	Bool	22.1	false	☐
17	MC_Power_ErrorID	Word	24.0	0	☐
18	MC_Power_ErrorInfo	Word	26.0	0	☐
19	Home_Done	Bool	28.0	false	☐
20	Home_Error	Bool	28.1	false	☐
21	Halt_Done	Bool	28.2	false	☐
22	Absolute_Done	Bool	28.3	false	☐
23	Reset_Done	Bool	28.4	false	☐

图 9-66　定义数据块

程序段 1： 急停

急停按钮I0.5被按下后，将复位MC_Power的使能点，使系统进入急停状态，同时使能急停输出

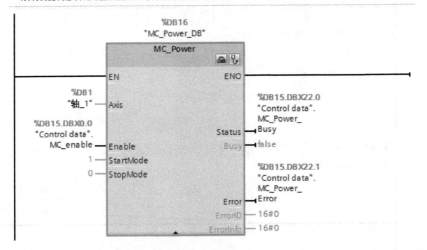

程序段 2： 使能

系统使能块必须调用且使能后其他功能块才能正常使用

程序段 3： 回原点

回原点指令块需要在使能回参考点功能前定义好回参考点模式，由参数Mode决定

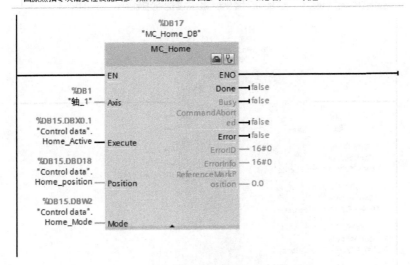

图 9-67 例子程序 FC6

程序段 4： ____

复位Execute端的使能点，实现上升沿

```
                                          %DB15.DBX0.1
                                          "Control data".
                                          Home_Active
                                              ─( R )─
```

程序段 5： 轴停止

停止指令块，上升沿使能Execute后，将会停止任何当前进行的运动，使轴减速停车

```
                        %DB18
                      "MC_Halt_DB"

                        MC_Halt
                                    🔒 🔓
           ─── EN              ENO ───────────────
  %DB1                        Done ├─ false
 "轴_1" ─── Axis              Busy ├─ false
                     CommandAbort
  %DB15.DBX0.2                 ed ├─ false
 "Control data".            Error ├─ false
   Halt ─── Execute        ErrorID ─ 16#0
                          ErrorInfo ─ 16#0
                              ▲
```

程序段 6： ____

复位Execute端的使能点，实现上升沿

```
                                          %DB15.DBX0.2
                                          "Control data".
                                          Halt
                                              ─( R )─
```

程序段 7： 绝对位移

绝对位置移动指令块必须在定义原点后才能使用，激活前要定义位置和速度，上升沿激活

```
                          %DB19
                          "MC_
                       MoveAbsolute_
                          DB"

                      MC_MoveAbsolute
                                      🔒 🔓
             ─── EN                ENO ───────────────
  %DB1                            Done ├─ false
 "轴_1" ─── Axis                  Busy ├─ false
                          CommandAbort
  %DB15.DBX0.3                     ed ├─ false
 "Control data".                Error ├─ false
 Absolute_Active ─── Execute   ErrorID ─ 16#0
                              ErrorInfo ─ 16#0
  %DB15.DBD14
 "Control data".
 Absolute_value ─── Position
  %DB15.DBD6
 "Control data".
 Velocity_value ─── Velocity
              1 ─── Direction
                              ▲
```

图 9-67 例子程序 FC6（续）

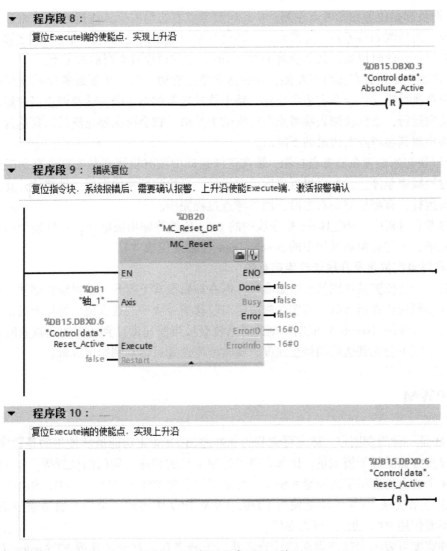

程序段 8:

复位Execute端的使能点,实现上升沿

```
                                                    %DB15.DBX0.3
                                                    "Control data".
                                                    Absolute_Active
                                                    ─( R )─
```

程序段 9: 错误复位

复位指令块,系统报错后,需要确认报警,上升沿使能Execute端,激活报警确认

```
                        %DB20
                        "MC_Reset_DB"
                         MC_Reset
                    EN              ENO
      %DB1                        Done ─ false
      "轴_1" ─ Axis               Busy ─ false
   %DB15.DBX0.6                   Error ─ false
   "Control data".             ErrorID ─ 16#0
   Reset_Active ─ Execute     ErrorInfo ─ 16#0
        false ─ Restart
```

程序段 10:

复位Execute端的使能点,实现上升沿

```
                                                    %DB15.DBX0.6
                                                    "Control data".
                                                    Reset_Active
                                                    ─( R )─
```

图 9-67 例子程序 FC6 (续)

5. 相关控制位使能

通过监视表格使能相关控制位实现向左极限运动 30 mm 的功能,具体操作步骤如下。

1) 将变量 Control data. MC_enable 置为 "1",使能 MC_Power 指令块。

2) 设置 Control data. Home_mode 为 "3",主动回原点。

3) 将 Control data. Hone_Active 置为 "1",执行回原点功能。

4) 令 Control data. Velocity_value = 100. 0,设置速度为 100。

5) 令 Control data. Absolute_value = -30. 0,设定绝对位置为 -30。

6) 令 Control data. Absolute_active 为 "1",激活绝对位置移动。

7) 可通过状态位监控程序运行状态。若程序在运行过程中出现报错,如到达软件限位,可通过 MC_Reset 指令块复位错误后再进行下一步操作。

需要注意的是,在此例中,回参考点过程会有如下 3 种情况。

1）滑块起始位置在参考点左侧，在到达参考点右边沿时。从逼近速度减速至到达速度已经完成。当检测到参考点左边沿时，电动机开始减速至到达速度，轴按此速度移动到参考点右边并停止，此时位置计数器会将参数 Position 中的值设置为当前参考点。

2）滑块起始位置在参考点左侧，在到达参考点右边沿时，从逼近速度减速至到达速度的过程没有执行完。由于在右边沿位置，轴未能减速至到达速度，轴会停止当前运动并以到达速度反向运行，直到检测到参考点右边沿的上升沿，轴会再次停止然后以到达速度正向运动，直到检测到参考点右边沿的下降沿。

3）滑块起始位置在参考点右侧，轴在正向运动中没有检测到参考点，直到碰到右限位点，此时轴减速至停止，并以逼近速度反向运行，当检测到左边沿后，轴减速停止并以到达速度正向运行，直到检测到右边沿，回参考点过程完毕。

回参考点过程中，MC_Home 指令块中的 Busy 位始终输出高电平，一旦整个回参考点过程执行完毕，工艺对象数据块中的 HomingDone 位被置位成"1"。

6. 获得当前位置及在线修改组态参数

要获得当前位置及在线修改组态参数，需在编辑模式下打开工艺对象数据块。以当前应用为例，当滑块正在运行时，可实时修改绝对位移指令块中的速度值，并用上升沿重新触发绝对位移指令块的 Execute 使能端，则此时系统会按当前速度计算所需的加减速时间及所用脉冲数，系统不会先到达启动停止速度，实时改变速度后运动到指定位置。

9.4 PWM

PWM 是一种周期固定、脉宽可调节的脉冲输出。PWM 功能虽然使用的是数字量输出，但其在很多方面类似于模拟量，比如它可以控制电机的转速、阀门的位置等。S7-1200 PLC 提供了 4 个输出通道用于高速脉冲输出，分别可组态为 PTO 或 PWM：PTO 的功能只能由运动控制指令来实现，PWM 功能使用 CTRL_PWM 指令块实现，当一个通道被组态为 PWM 时，将不能使用 PTO 功能。反之亦然。

脉冲宽度可表示为脉冲周期的百分之几、千分之几、万分之几或 S7 Analog（模拟量）形式，脉宽的范围可从 0（无脉冲，数字量输出为 0）到全脉冲周期（无脉冲，数字量输出为 1）。

9.4.1 PWM 的基础知识

CPU 的 4 个脉冲发生器使用特定的输出点，见表 9-36。用户可使用 CPU 集成输出点或信号板的输出点，表 9-36 所列为默认情况下的地址分配，可以更改输出地址。无论输出点的地址如何变化，PTO1/PWM1 总是使用第一组输出，PTO2/PWM2 使用紧接着的一组输出，接着输出 PTO3/PWM3、PTO4/PWM4。对于 CPU 集成点和信号板上的点都是如此。PTO 在使用脉冲输出时一般占用两个输出点，而 PWM 只使用一个点，另一个没有使用的点可用作其他功能。可以将脉冲发生器自由地分配给 PWM。

表 9-36 脉冲功能输出点

描　述	默认的输出分配	脉　冲	方　向
PTO1	CPU	Q0.0	Q0.1
	SB	Q4.0	Q4.1
PWM1	CPU	Q0.0	—
	SB	Q4.0	—
PTO2	CPU	Q0.2	Q0.3
	SB	Q4.2	Q4.3
PWM2	CPU	Q0.2	—
	SB	Q4.2	—
PTO3	CPU	Q0.4	Q0.5
	SB	Q4.4	Q4.5
PWM3	CPU	Q0.4	—
	SB	Q4.4	—
PTO4	CPU	Q0.6	Q0.7
	SB	Q4.6	Q4.7
PWM4	CPU	Q0.6	—
	SB	Q4.6	—

PWM 的组态步骤如下。

在项目视图的项目树中打开设备配置对话框，选中 CPU，在"常规"对话框"脉冲发生器"项中，选择 PTO1/PWM1，如图 9-68 所示。勾选"启用该脉冲发生器"项。组态脉冲发生器参数，"脉冲选项"中设置脉冲发生器用作 PWM，"时基"选择毫秒或微秒，还可设置"脉宽格式"以及"循环时间"等。"硬件输出"为 CPU 的默认输出点，可以在组态窗口中修改。

"I/O 地址"的设置如图 9-69 所示。"输出地址"项为 PWM 所分配的脉宽调制地址，此地址为 Word 类型，用于存放脉宽值，可以在系统运行时修改此值达到修改脉宽的目的。默认情况下，PWM1 地址为 QW1000，PWM2 为 QW1002，PWM3 为 QW1004，PWM4 为 QW1006。

S7-1200 PLC 使用 CTRL_PWM 指令块实现 PWM 输出，如图 9-70 所示。在使用此指令块时需要添加背景数据块，用于存储参数信息。CTRL_PWM 指令块参数含义见表 9-37。当 EN 端变为 1 时，指令块通过 ENABLE 端使能或禁止脉冲输出，脉冲宽度通过组态好的 QW 来调节，当 CTRL_PWM 指令块正在运行时，BUSY 位将一直为 1。

表 9-37　CTRL_PWM 参数含义

参　数	数据类型	含　义
PWM	HW_PWM	硬件标识符，即组态参数中的 HW ID
ENABLE	Bool	为 1 时使能指令块
BUSY	Bool	功能应用中
STATUS	Word	状态显示

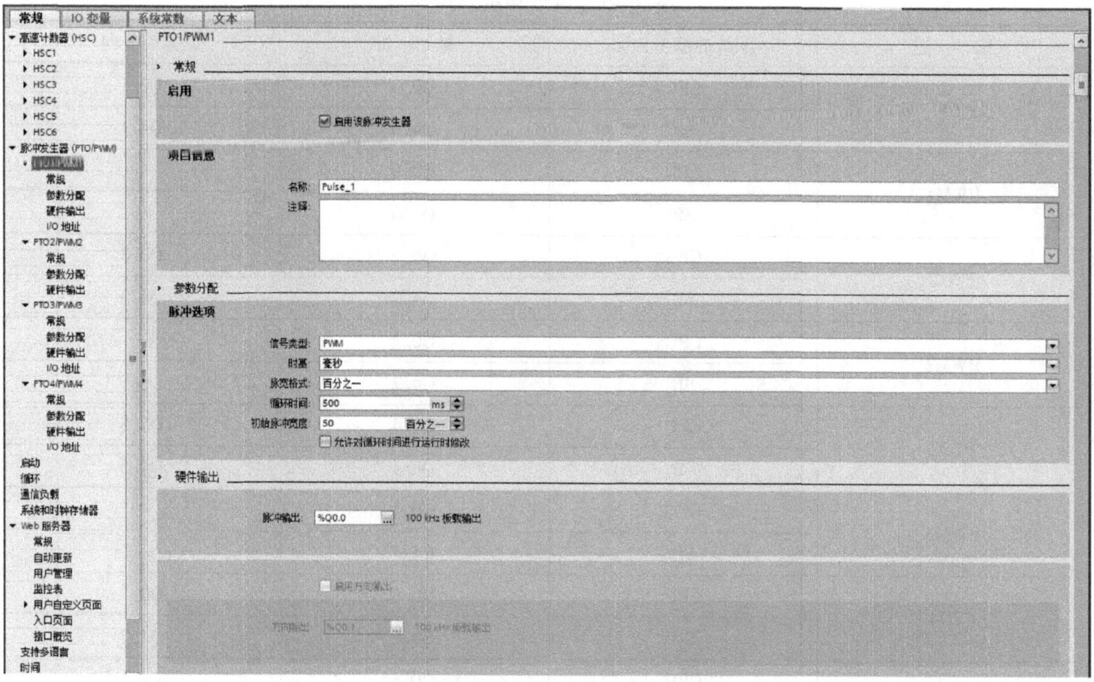

图 9-68　PWM 的属性设置

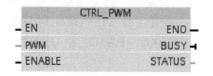

图 9-69　I/O 地址设置

```
               CTRL_PWM
    EN                      ENO
    PWM                    BUSY
    ENABLE               STATUS
```

图 9-70　CTRL_PWM 指令块

9.4.2　应用举例

使用模拟量控制数字量输出，当模拟量发生变换时，CPU 输出的脉冲宽度随之改变，但周期不变，可用于控制脉冲方式的加热设备。此应用通过 PWM 功能实现，脉冲周期为 1 s，模拟量值在 0~27648 之间变化。

1. 硬件组态

在硬件组态中定义相关输出点，并进行参数组态，双击硬件组态选中 CPU，定义 IW64 为模拟量输入，输入信号为 DC 0~10 V。PWM 参数组态如图 9-71 所示，使用默认的脉冲输出点和 I/O 地址。

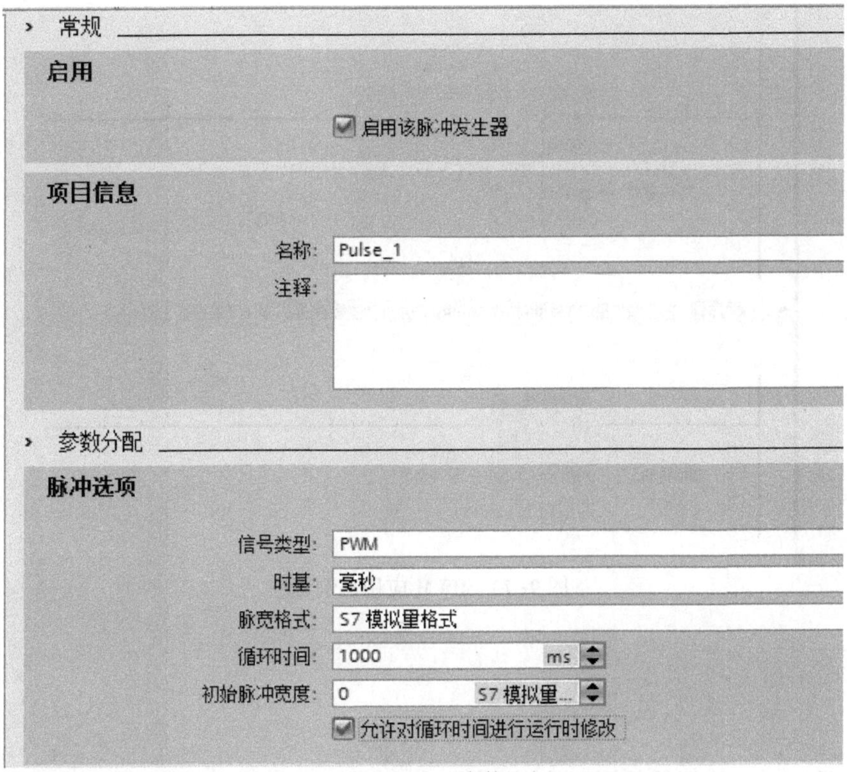

图 9-71　PWM 参数组态

2. 建立变量

在变量表中新建变量，如图 9-72 所示。

PLC 变量

	名称	数据类型	地址
1	PWM使能	Bool	%M10.0
2	PWM忙	Bool	%M10.1
3	PWM状态	Word	%MW12
4	模拟量输入	Word	%IW64
5	脉冲宽度	Word	%QW1000

图 9-72　变量表

3. 编写程序

将 CTRL_PWM 指令块拖入 OB1 中，定义背景数据块，添加模拟量赋值程序，如图 9-73所示。

4. 监控

在监视表格中监控变量，使能 PWM_Enable，通过外部模拟电位计改变输入电压值，脉冲以 1 s 为固定周期，脉宽随 Pulse Width 变化而变化。

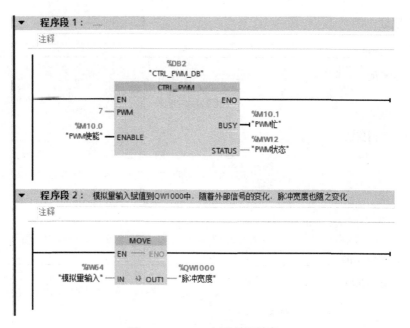

图 9-73 PWM 应用实例程序

习题

1. 请画出 PLC 模拟量单闭环控制系统的框图。

2. Portal 软件中如何进行模拟量模块的配置？

3. 假设某温度传感器的输入信号范围为 $-10 \sim 100{}^\circ\text{C}$，输出信号为 $4 \sim 20\,\text{mA}$，模拟量输入模块将 $4 \sim 20\,\text{mA}$ 的电流信号转换为 $0 \sim 27648$ 的数字量，设转换后得到的数字量为 N，请写出对应的实际温度值的计算公式。

4. 如何访问 PID_Compact 指令的工艺背景数据块？

5. 简述 PID 控制器功能的结构。

6. S7-1200 PLC 的高速计数器有哪些工作模式？

7. S7-1200 PLC 中高速计数器都可以实现哪些功能？

8. 请简述 S7-1200 PLC 中高速计数器的寻址方式。

9. S7-1200 PLC 中运动控制功能是如何实现的？

10. 请简述 S7-1200 PLC 中 PWM 的功能。

参 考 文 献

[1] 西门子（中国）有限公司. 深入浅出西门子 S7-1200 PLC［M］. 北京：北京航空航天大学出版社, 2009.

[2] 廖常初. S7-1200 PLC 编程及应用［M］. 3 版. 北京：机械工业出版社, 2017.

[3] 廖常初. S7-200 PLC 编程及应用［M］. 3 版. 北京：机械工业出版社, 2019.

[4] 廖常初. S7-300/400 PLC 应用技术［M］. 4 版. 北京：机械工业出版社, 2016.

[5] 廖常初. 西门子人机界面（触摸屏）组态与应用技术［M］. 3 版. 北京：机械工业出版社, 2018.

[6] 刘华波, 何文雪, 王雪. 西门子 S7-300/400 PLC 编程与应用［M］. 2 版. 北京：机械工业出版社, 2015.

[7] 刘华波, 张赟宁. 基于 SIMATIC S7 的高级编程［M］. 北京：电子工业出版社, 2007.

[8] 刘华波, 等. 组态软件 WinCC 及其应用［M］. 2 版. 北京：机械工业出版社, 2018.

[9] 何文雪, 刘华波, 吴贺荣. PLC 编程与应用［M］. 北京：机械工业出版社, 2010.

[10] 西门子（中国）有限公司. SIMATIC S7-1200 可编程控制器系统手册［Z］. 2015.

[11] 西门子（中国）有限公司. SIMATIC S7-1200 可编程控制器产品样本［Z］. 2019.

[12] 西门子（中国）有限公司. WinCC flexible 2008 系统手册［Z］. 2008.

参考文献